गणित-II

गरिमा सिंह

KHANNA BOOK PUBLISHING CO. (P) LTD.
PUBLISHER OF ENGINEERING AND COMPUTER BOOKS
4C/4344, Ansari Road, Darya Ganj, New Delhi-110002
Phone: 011-23244447-48 **Mobile:** +91-99109 09320
E-mail: contact@khannabooks.com
Website: www.khannabooks.com

Dear Readers,

To prevent the piracy, this book is secured with HIGH SECURITY HOLOGRAM on the front title cover. In case you don't find the hologram on the front cover title, please write us to at contact@khannabooks.com or whatsapp us at +91-99109 09320 and avail special gift voucher for yourself.

Specimen of Hologram on front Cover title:

Moreover, there is a SPECIAL DISCOUNT COUPON for you with EVERY HOLOGRAM.

How to avail this SPECIAL DISCOUNT:

Step 1: Scratch the hologram

Step 2: Under the scratch area, your "coupon code" is available

Step 3: Logon to www.khannabooks.com

Step 4: Use your "coupon code" in the shopping cart and get your copy at a special discount

Step 5: Enjoy your reading!

ISBN: 978-93-5538-191-0
Book Code: DIP180HI

Mathematics - II *by* Garima Singh
[Hindi Edition]

First Edition: 2021
Reprint: Oct 2022, Feb 2023

Published by:
Khanna Book Publishing Co. (P) Ltd.
CIN: U22110DL1998PTC095547

Visit us at: **www.khannabooks.com**
Write us at: **contact@khannabooks.com**

To view complete list of books, Please scan the QR Code: KPH

Printed in India.

प्रो. अनिल डी. सहस्रबुद्धे
अध्यक्ष
Prof. Anil D. Sahasrabudhe
Chairman

सत्यमेव जयते

अखिल भारतीय तकनीकी शिक्षा परिषद्
(भारत सरकार का एक सांविधिक निकाय)
(शिक्षा मंत्रालय, भारत सरकार)
नेल्सन मंडेला मार्ग, वसंत कुंज, नई दिल्ली–110070
दूरभाष : 011–26131498
ई–मेल : chairman@aicte-india.org

ALL INDIA COUNCIL FOR TECHNICAL EDUCATION
(A STATUTORY BODY OF THE GOVT. OF INDIA)
(Ministry of Education, Govt. of India)
Nelson Mandela Marg, Vasant Kunj, New Delhi-110070
Phone : 011-26131498
E-mail : chairman@aicte-india.org

प्राक्कथन

इंजीनियरिंग ने सदियों से समाज की प्रगति और विस्तार में बहुत महत्वपूर्ण भूमिका निभाई है। भारतीय उपमहाद्वीप में उपजे इंजीनियरिंग विचारों ने संपूर्ण विश्व के चिंतन को प्रभावित किया है।

अखिल भारतीय तकनीकी शिक्षा परिषद (अभातशिप) ने वर्ष 1987 में अपने स्थापना से ही तकनीकी विद्यार्थियों को सर्व संभव सहायता देने में अग्रणी भूमिका का निर्वहन किया है। अभातशिप का लक्ष्य गुणवत्तापूर्ण तकनीकी शिक्षा को प्रोत्साहन देते हुए इसके माध्यम से उद्योग जगत को नवीन उत्कर्ष पर पहुँचाना एवं अंततः मातृभूमि भारत को एक आधुनिक विकसित राष्ट्र के रूप में स्थापित करना है| यहां यह उल्लेख करना अनुचित नहीं होगा कि इंजीनियर आधुनिक समाज की रीढ़ हैं - बेहतर इंजीनियर अर्थात बेहतर उद्योग और उद्योग जितने बेहतर होंगे राष्ट्र उतना ही विकास करेगा।

राष्ट्रीय शिक्षा नीति 2020 की परिकल्पना है कि सभी के लिए क्षेत्रीय भाषा में शिक्षा उपलब्ध हो, जो सुनिश्चित करती है कि प्रत्येक विद्यार्थी समग्र रूप से सक्षम एवं दक्ष हो ताकि राष्ट्रीय विकास में सकल योगदान दे सके।

अभातशिप का विगत कुछ वर्षों से यह अथक प्रयास रहा है कि, इंजीनियरिंग के सभी विद्यार्थियों को उच्च गुणवत्ता वाली अंतरराष्ट्रीय स्तर की पुस्तकें क्षेत्रीय भाषाओं में तैयार कर, उचित मूल्य पर उपलब्ध कराई जाएँ। ये पुस्तकें न केवल सरल भाषा में व्यावहारिक जीवन के उदाहरणों तथा समृद्ध विषय सामग्री को ध्यान में रखकर तैयार की गई हैं, अपितु इनमें दिन प्रति दिन बदलते वैश्विक परिदृश्य तथा उद्योग जगत की आवश्यकताओं का भी ध्यान रखा गया है। क्षेत्रीय भाषाओँ में तैयार की गई ये पुस्तकें, अभातशिप के इंजीनियरिंग एवं प्रौद्योगिकी के मॉडल पाठ्यक्रम - 2018 के अनुरूप हैं।

संपूर्ण भारत के अनुभवी एवं विषय के निष्णात प्रख्यात प्राध्यापकों द्वारा इन पुस्तकों को अकादमिक समुदाय के लाभ के लिए लिखा गया है। अभातशिप को पूर्ण विश्वास है कि, विषय सामग्री की दृष्टि से समृद्ध, ये पुस्तकें तकनीकी शिक्षा के विद्यार्थियों को अधिक सुगमता और गुणवत्ता के साथ विषयों में दक्षता प्राप्त करने में सहायक होंगी|

अभातशिप इन पुस्तकों और इंजीनियरिंग विषयों को अधिक सुस्पष्ट एवं प्रभावी बनाने के लिए सभी मूल लेखकों, समन्वयकों तथा अनुवादकों के अथक प्रयास और परिश्रम की प्रशंसा करता है।

(Anil D. Sahasrabudhe)

आभार

इंजीनियरिंग एवं प्रौद्योगिकी के विद्यार्थियों के लिए तकनीकी पुस्तकों के प्रकाशन हेतु कुशल नियोजन, संयोजन एवं क्रियान्वयन हेतु अखिल भारतीय तकनीकी शिक्षा परिषद् के प्रति लेखक हृदय से कृतज्ञ हैं।

पुस्तक को विद्यार्थियों के अनुकूल रोचक एवं कलात्मक रूप देने में पुस्तक के समीक्षक श्री बिल्लू राम सैनी के बहुमूल्य योगदान के प्रति भी लेखक हृदय से आभारी है।

लेखक के लिए अत्यंत गौरव का विषय है कि यह पुस्तक एआईसीटीई के मॉडल पाठ्यक्रम एवं राष्ट्रीय शिक्षा नीति (NEP)-2020 के दिशानिर्देशों के अनुरूप तैयार की गई है। साथ ही क्षेत्रीय भाषाओं में शिक्षा को बढ़ावा देने के लिए इस पुस्तक का अनुसूचित भारतीय क्षेत्रीय भाषाओं में भी अनुवाद किया जा रहा है।

हम इस पुस्तक के हिंदी भाषा में अनुवाद के लिए डॉ. ओम प्रकाश चौहान और डॉ. विशाल जोशी एवं समीक्षा के लिए डॉ. जीतेन्द्र ऐरन के प्रति आभार व्यक्त करते हैं।

हम श्री बुद्धा चंद्रशेखर, मुख्य समन्वय अधिकारी (CCO), NEAT, एआईसीटीई के प्रति हार्दिक सम्मान व्यक्त करते हैं जिनके द्वारा विकसित आर्टिफिशियल इंटेलिजेंस (AI) आधारित ट्रांसलेशन टूल का उपयोग अनुवाद के लिए किया गया।

अंत में, लेखक, खन्ना बुक पब्लिशिंग कंपनी प्राइवेट लिमिटेड, नई दिल्ली, के सभी सदस्यों का (जिन्होंने प्रकाशन के दौरान तत्परता से सहयोग प्रदान किया एवं इसे एक स्मरणीय अनुभव बनाया) हार्दिक धन्यवाद ज्ञापित करते हैं।

–गरिमा सिंह

प्रस्तावना

गणित मानव जाति के सभी तकनीकी पहलुओं से अभिन्न रूप से जुड़ा हुआ है। जब कोई विद्यार्थी प्रौद्योगिकी की दुनिया में प्रवेश करता है तो गणित का गहन ज्ञान सर्वोपरि होता है। जब गणितीय ज्ञान को प्रौद्योगिकी पर लागू किया जाता है, तो यह वैज्ञानिकों और अभियंताओं को व्यवस्थित, प्रतिलिपि प्रस्तुत करने योग्य और संचारणीय ज्ञान का उत्पादन करने में अत्यंत सहायक होता है। "गणित-II" पुस्तक मुख्य रूप से डिप्लोमा इंजीनियरिंग के विद्यार्थियों के लिए (सभी शाखाओं के लिए एक समान) 21 वीं सदी एवं आगे की तकनीकी चुनौतियों का सामना के लिए तैयार की गई है। यह पुस्तक नई राष्ट्रीय शिक्षा नीति-2020 के अनुसार विद्यार्थी उन्मुख और स्व-शिक्षण गतिविधियों को शामिल करते हुए इंजीनियरिंग और प्रौद्योगिकी में डिप्लोमा पाठ्यक्रम के लिए एआईसीटीई के मॉडल पाठ्यक्रम के साथ दृढ़ता से सम्बंधित है। परिणाम आधारित शिक्षा और ब्लूम टैक्सोनॉमी अवधारणाएं, पुस्तक के अभिन्यास के पीछे केंद्रीय विचार हैं। गणितीय भाषा को सरल और स्पष्ट बनाने के लिए पुस्तक में प्रत्येक विषय को स्पष्ट और आसान शैली में रखा गया है। विषय से समझौता किए बिना पुस्तक में पृष्ठों की संख्या को न्यूनतम रखने का भरपूर प्रयास किया गया है। पांडुलिपि तैयार करते समय, विभिन्न मानक पाठ्यपुस्तकों, संदर्भ पुस्तकों (संदर्भ अनुभाग में भी कुछ उल्लेखित) का उल्लेख किया गया है और तदानुसार वर्गों को विकसित किया गया है। इस पुस्तक में विषय की मूलभूत अवधारणाओं को सरलतम तरीके से समझाने का प्रयास किया गया है जिससे सीख को आनंदमय बनाया जा सके।

इस पुस्तक में पाँच इकाइयाँ हैं। सभी इकाइयों के लेखन में एकरूपता बनी हुई है। प्रत्येक इकाई, यूनिट विशिष्ट की बारीकियों, तर्क और पूर्व-आवश्यकताओं के साथ शुरू होती है। सिद्धांतों का सरलतम स्पष्टीकरण और हल किए गए उदाहरणों के अलावा, मिनी-प्रोजेक्ट (लघु परियोजना), गतिविधियाँ, रोचक तथ्य, क्यूआर कोड, वस्तुस्थिति अध्ययन (केस स्टडी), वीडियो संसाधन एवं वास्तविक जीवन में विषय के अनुप्रयोगों को शामिल किया गया है ताकि संवाद मूलक (इंटरैक्टिव) समझ और विद्यार्थी के प्रयोज्यता कौशल को बढ़ाया जा सके, जो उन्हें प्रतिस्पर्धी और रोजगार योग्य बनाने में सक्षम है। इस पुस्तक में अध्ययन किए गए सभी इकाइयों को MATLAB के साथ जोड़कर विद्यार्थी की जिज्ञासा को सक्रिय करने के लिए चेक-आउट अनुभाग प्रस्तुत किया गया है। यूनिट को नोट्स, टिप्पणियों के साथ पूरक किया गया है, ग्रे बॉक्स के भीतर 'याद रखें', इसके अतिरिक्त, 'अधिक जानें' शीर्षक के अंतर्गत कुछ उपयोगी जानकारी दी गई है। प्रासंगिक आवश्यक बुनियादी जानकारी परिशिष्टों में शामिल की गई है। अनुलग्नक भाग में कुछ गतिविधियों को शामिल करके पुस्तक को समृद्ध करने का प्रयास किया गया है। कुल मिलाकर विद्यार्थियों में विषय के प्रति एक दृष्टिकोण विकसित करने का प्रयास किया गया है, ताकि रटने को हतोत्साहित किया जा सके। मुख्य अवधारणाओं, सूत्रों और परिणामों लिए यूनिट का संक्षिप्त सारांश दिया गया है। प्रत्येक यूनिट के अंत में, प्रख्यात भारतीय गणितज्ञों से संबंधित एक अंश दिया गया है ताकि छात्रों को विशेष रूप से गणित के क्षेत्र में समृद्ध भारतीय विरासत की एक झलक मिल सके। मुझे पूरी उम्मीद है कि पुस्तक छात्रों को गणित की मूल बातें सीखने और लागू करने के लिए प्रेरित करेगी और निश्चित रूप से विषय के मजबूत आधार निर्माण में योगदान देगी। मैं भविष्य के संस्करणों में पुस्तक के और सुधार के लिए शिक्षकों / छात्रों / पाठकों की टिप्पणियों / सुझावों को स्वीकार करने के लिए आभारी रहूंगी। भविष्य के प्रतिनिधियों के लिए समाज के प्रति मौलिक योगदान देने के लिए विभिन्न विषयों को एक भुरभुरे तरीके से कवर करने वाली पुस्तक लिखना वास्तव में प्रसन्नता की बात है।

–गरिमा सिंह

परिणाम आधारित शिक्षा

परिणाम आधारित शिक्षा (आउटकम बेस्ड एजुकेशन) के क्रियान्वयन के लिए प्रथम आवश्यकता है, परिणाम आधारित पाठ्यक्रम विकसित करना एवं शिक्षा प्रणाली में परिणाम आधारित मूल्यांकन का समावेश करना। परिणाम आधारित आकलन के माध्यम से मूल्यांकनकर्ता यह मूल्यांकन करने में सक्षम हो सकेंगे कि क्या विद्यार्थियों ने उल्लेखित मानक, विशिष्ट और मापने योग्य लक्ष्यों (परिणामों) को प्राप्त कर लिया है। परिणाम-आधारित शिक्षा के उचित समावेश से सभी विद्यार्थियों में, प्रोग्राम बीच में छोड़े बिना, न्यूनतम मानक अर्जित करने के लिए एक निश्चित प्रतिबद्धता होगी। परिणाम आधारित शिक्षा युक्त प्रोग्राम के अंत में, विद्यार्थी निम्नलिखित लक्ष्यों (परिणामों) तक पहुंचने में सक्षम होगे।

PO1. मूलभूत एवं अध्ययन संकाय विशिष्ट ज्ञान: गणित, विज्ञान, इंजीनियरिंग के आधारभूत ज्ञान और इंजीनियरिंग विशेषज्ञता को इंजीनियरिंग समस्याओं के समाधान के लिए उपयोग करना।

PO2. समस्या विश्लेषण: संहिताबद्ध मानक विधियों का उपयोग करके सुपरिभाषित इंजीनियरिंग समस्याओं को पहचानना एवं उनका विश्लेषण करना।

PO3. समाधानों की रूपरेखा / विस्तार: सुपरिभाषित तकनीकी समस्याओं के लिए समाधानों की रूपरेखा (डिजाईन) तैयार करना और निर्दिष्ट आवश्यकताओं को पूरा करने के लिए प्रणाली के घटकों या प्रक्रियाओं के डिजाइन में सहायता करना।

PO4. इंजीनियरिंग उपकरण, प्रयोग और परीक्षण: मानक परीक्षण और माप करने के लिए आधुनिक इंजीनियरिंग उपकरण और उपयुक्त तकनीक का उपयोग करना।

PO5. समाज एवं पर्यावरणीय स्थायित्व के लिए इंजीनियरिंग कार्यप्रणाली: समाज, स्थिरता, पर्यावरण और नैतिक कार्यप्रणालियों के संदर्भ में उपयुक्त प्रौद्योगिकी का उपयोग करना।

PO6. परियोजना प्रबंधन: इंजीनियरिंग और प्रबंधन के सिद्धांतों का उपयोग व्यक्तिगत एवं समूह के सदस्य अथवा प्रमुख के रूप में परियोजना प्रबंधन करना एवं सुपरिभाषित इंजीनियरिंग गतिविधियों के विषय में प्रभावी ढंग से संप्रेषित करना।

PO7. जीवन-पर्यन्त सीखना: व्यक्तिगत आवश्यकताओं का विश्लेषण करने की क्षमता और तकनीकी परिवर्तनों के व्यापक संदर्भ में जीवन-पर्यन्त सीखना।

कोर्स आउटकम्स

पाठ्यक्रम के पूरा करने पर विद्यार्थी निम्न में सक्षम होंगे:

CO-1: आव्युहों और सारणीकों की आवश्यक पृष्ठभूमि जानना एवं उन्हें हल प्राप्त करने में लागू किया जा सके और रैखिक निकायों की व्याख्या/विश्लेषण, ऑप्टिमाइजेशन निति में उपयोग किया जा सके।

CO-2: समकल कलन की सरल तकनीकों को उपयोग कर विशेष रूप से क्षेत्रफल और आयतन का निर्धारण।

CO-3: यह विश्लेषण करने के लिए कि निर्देशांक ज्यामिति रेखाओं और वक्रों के रेखांकन के माध्यम से बीजगणित और ज्यामिति के बीच संबंध प्रदान करती है।

CO-4: एक परिणामी और एक संगामी बल के बीच अंतर बताने के लिए; अवकल समीकरण के रूप में सरल भौतिक समस्याओं की व्याख्या और विश्लेषण करना।

CO-5: सीखे गए विषयों की प्रयोज्यता का उपयोग करके और MATLAB की कुछ बुनियादी बातों की मदद से डेटा का पता लगाने और कल्पना करने के लिए।

कोर्स आउटकम्स (COs)	प्रोग्राम आउटकम्स (POs) के साथ अपेक्षित संबंध (*1-कमजोर सहसंबंध; 2-मध्यम सहसंबंध; 3-मजबूत सहसंबंध*)						
	PO-1	**PO-2**	**PO-3**	**PO-4**	**PO-5**	**PO-6**	**PO-7**
CO-1	3	3	3	3	1	1	3
CO-2	3	2	2	2	1	1	3
CO-3	3	2	2	2	1	1	3
CO-4	3	2	2	3	1	1	3
CO-5	3	3	3	3	1	1	3

संक्षेपण और प्रतीक

प्रतीक/संक्षिप्त नाम	चिन्ह का नाम/फुल फॉर्म	प्रतीक/संक्षिप्त नाम	चिन्ह का नाम/फुल फॉर्म
[A:B] या [A/B]	संवर्धित मैट्रिक्स	$\frac{dy}{dx}$	चर y का चर x के सापेक्ष अवकल गुणांक
$\overline{AB}$	रेखा खंड AB	$\int$	समाकल
$\|AB\|$	$\overline{AB}$ की लम्बाई	!	क्रमगुणित (फैक्टोरियल)
$\overrightarrow{AB}$	किरण AB	$\in$	का अवयव है
CO	कोर्स आउटकम	$\notin$	का अवयव नहीं है
UO	यूनिट आउटकम	$\neq$	के बराबर नहीं है
PO	प्रोग्राम आउटकम	$\sim$	के समान है
N	प्राकृत संख्याओं का समुच्चय	$\|\|$	के सामानांतर है
W	पूर्ण सख्याओं का समुच्चय	$\approx$	लगभग के बराबर है
Z	पूर्णांक संख्याओं का समुच्चय	( )	छोटा कोष्ठक
Q	परिमेय संख्याओं का समुच्चय	[ ]	वक्रीय कोष्ठक
R	वास्तविक संख्याओं का समुच्चय	{ }	बड़ा कोष्ठक
C	सम्मिश्र संख्याओं का समुच्चय	$\cong$	के सर्वांसम है
I	अपरिमेय संख्याओं का समुच्चय	$\sqrt[3]{\ }$	घनमूल
Lf' (a)	'f' का बिन्दु 'a' पर वाम अवकल गुणांक	Σ	का योग
Rf' (a)	'f' का बिन्दु 'a' पर दक्षिण अवकल गुणांक	$\subset$ or $\subseteq$	का उपसमूच्चय

L.H.S.	वाम पक्ष	$\not\subset$ or $\not\subseteq$	का उपसमुच्चय नहीं है
R.H.S.	दक्षिण पक्ष	$\cup$	का संघ
adj (A)	आव्यूह A का सहखंडज	$\cap$	का सर्वनिष्ठ
lim	सीमा	ϕ	रिक्त समुच्च/शून्य समुच्चय
$f^n(a)$	'f' का बिन्दु 'a' पर n वा अवकल गुणांक	$\Rightarrow$	का तात्पर्य है
s.t.	इस प्रकार	$\Leftrightarrow$	यदि और केवल यदि
w.r.t	के सापेक्ष	$\| \; \|$	मापांक
	सभी के लिए	;	सेमीकोलन (अर्धविराम)
$\|\| \; \|\|$	मानक	$\therefore$	क्योंकि
:	कोलन	$\because$	इसलिए

चित्र सूची

यूनिट 4: सदिश बीजगणित

यूनिट 5: अवकल समीकरण

शिक्षकों के लिए दिशानिर्देश

परिणाम आधारित शिक्षा (OBE) की रुपरेखा के क्रियान्वयन और ब्लूम टैक्सोनॉमी के उपयोग पर अधिक ध्यान देने के लिए आवश्यक है कि विद्यार्थियों के ज्ञान एवं व्यावसायिक कौशल को बढ़ाया जाना चाहिए। इसके उचित क्रियान्वयन के लिए शिक्षकों को एक बड़ी जिम्मेदारी लेनी चाहिए। परिणाम आधारित शिक्षा प्रणाली में शिक्षकों के असीमित उत्तरदायित्वों में से कुछ निम्न प्रकार के हो सकते है:

- यथोचित प्रतिबंधो के अंतर्गत, सभी विद्यार्थियों के सर्वोत्तम लाभ के लिए उन्हें युक्तिपूर्ण तरीके से समय का प्रबंधन करना चाहिए।
- उन्हें विद्यार्थियों का आकलन किसी भेदभाव या अन्य संभावित अपात्रता पर विचार किए बिना केवल कुछ निश्चित मानदंडों के आधार पर ही करना चाहिए।
- उन्हें विद्यार्थियों के संस्थान छोड़ने के पूर्व उनकी सीखने की क्षमता को एक निश्चित स्तर तक बढ़ाने का प्रयास करना चाहिए
- उन्हें यह सुनिश्चित करने का प्रयास करना चाहिए कि शिक्षा पूर्ण करने तक सभी विद्यार्थी गुणवत्ता पूर्ण ज्ञान एवं योग्यता ग्रहण कर चुके हों।
- उन्हें विद्यार्थियों को उनकी श्रेष्ठ प्रदर्शन करने की क्षमताओं को विकसित करने के लिए हमेशा प्रोत्साहित करना चाहिए।
- उन्हें नए दृष्टिकोण को सुदृढ़ करने के लिए सामूहिक एवं दलगत रूप में कार्य करने के लिए सुविधा एवं प्रोत्साहन देना चाहिए।
- उन्हें आकलन के प्रत्येक चरण में ब्लूम्स टैक्सोनॉमी का पालन करना चाहिए।

ब्लूम्स टैक्सोनॉमी

स्तर	शिक्षक को जाँचना चाहिए	विद्यार्थी को सक्षम होना चाहिए	आकलन का संभावित तरीका
सृजन (Creating)	विद्यार्थियों की सृजन क्षमता	डिजाइन या सृजन	लघु परियोजना
मूल्यांकन (Evaluating)	विद्यार्थियों की तर्क एवं मूल्यांकन की क्षमता	तर्क या प्रतिरक्षा	निर्दिष्ट कार्य
विश्लेषण (Analyzing)	विद्यार्थियों की विश्लेषण क्षमता	पृथक करना या भेद करना	परियोजना/प्रयोगशाला पद्धति
अनुप्रयोग (Applying)	विद्यार्थियों में जानकारी के उपयोग की क्षमता	प्रचालन या प्रदर्शन	तकनीकी प्रस्तुति/प्रदर्शन
समझ (Understanding)	विद्यार्थियों में विचारों की व्याख्या करने की क्षमता	व्याख्या/या वर्गीकरण	प्रस्तुति/संगोष्ठी
स्मरण (Remembering)	विद्यार्थियों की याद करने की क्षमता (या याद रखना)	परिभाषित या याद करना	प्रश्नोतरी

विद्यार्थियों के लिए दिशानिर्देश

विद्यार्थियों को परिणाम आधारित शिक्षा (OBE) को लागू करने के लिए समान जिम्मेदारी लेनी चाहिए। परिणाम आधारित शिक्षा प्रणाली में विद्यार्थियों के लिए असीमित जिम्मेदारियों में से कुछ इस प्रकार हैं:

- प्रत्येक पाठ्यक्रम में यूनिट शुरू होने से पहले विद्यार्थियों को प्रत्येक UO के बारे में अच्छी तरह से अवगत होना चाहिए।
- पाठ्यक्रम शुरू होने से पहले विद्यार्थियों को प्रत्येक CO के बारे में अच्छी तरह से अवगत होना चाहिए।
- पाठ्यक्रम शुरू होने से पहले विद्यार्थियों को प्रत्येक PO के बारे में अच्छी तरह से अवगत होना चाहिए।
- विद्यार्थियों को उचित चिंतन और क्रिया के साथ आलोचनात्मक और तर्कसंगत रूप से सोचना चाहिए।
- विद्यार्थियों के सीखने को व्यावहारिक और दैनिक जीवन के परिणामों के साथ सम्बद्ध और एकीकृत किया जाना चाहिए।
- विद्यार्थियों को परिणाम आधारित शिक्षा के प्रत्येक स्तर पर अपनी योग्यता से अच्छी तरह अवगत होना चाहिए।

विषय-सूची

1 सारणिक एवं आव्यूह

यूनिट विशिष्ट

इस इकाई में तृतीय क्रम तक के सारणीकों के प्राथमिक गुण, समीकरणों की संगतता, क्रैमर का नियम, आव्यूहों का बीजगणित, आव्यूह का व्युत्क्रम, तीन चरों में रैखिक समीकरणों के एक निकाय को हल करने के लिए मैट्रिक्स व्युत्क्रम विधि की अवधारणा को सम्मिलित किया गया है। उदाहरणों के माध्यम से सारणिकों और आव्युहों की उपयोगिता को समझाने पर भी जोर दिया गया है।

भूमिका

हम जो कुछ भी सीखते हैं उन सभी में एक अनुप्रयोग होता है और जब यह बात सारणिक एवं आव्यूह की आती है, तो वे सर्वव्यापी होते हैं। यह हमारे आसपास हर जगह होते है। आव्यूह वस्तुओं को व्यक्त करने का एक सघन और आसान तरीका है, जिसे आसानी से देखा जा सकता है। वर्त्तमान समय में आप जितने अभिकलित्र अनुकार (कंप्यूटर सिमुलेशन) देखते हैं उनमें अधिकांशतः अव्युहों का उपयोग किया जाता हैं। अभियांत्रिकी की प्रत्येक शाखा, भौतिकी, अर्थशास्त्र, कॉम्बिनेटरिक्स, नेटवर्क विश्लेषण, संक्रिया विज्ञान (ऑपरेशन रिसर्च), महामारी विज्ञान, संचार और कई अन्य विधाओं में आव्युहों का उपयोग किया जाता है। सारणिक इन आव्यूहों को एक निश्चित मान देते हैं और वे आव्यूह रूपी सिक्के के दूसरे पहलू की तरह है।

इसलिए, जब किसी की योग्यता की बात आती है, विशेषतः तकनीकी रूप से तो इनके गहन अध्ययन से इंकार नहीं किया जा सकता है। कई विषयों में उच्च अध्ययन के लिए भी इनका ज्ञान आवश्यक प्रतीत होता हैं। मूल ज्ञान स्पष्ट समझने के उपरांत ही उपयोगिता के बारे में सोचा जा सकता है। आज की दुनिया में जब हम लगभग प्रत्येक विषय के लिए कई 'ऐप्स' से घिरे हुए हैं और इन परिस्तिथियों में आव्युहों और सारणिकों की समझ आवश्यक है।

संक्षेप में, चूंकि आव्युह और सारणिक इतने अधिक विषयों से जुड़े हुए हैं कि ये वस्तुओं को गणितीय रूप में परिवर्तित करने में बेहद कुशल उपकरण हैं।

पूर्व-अपेक्षित ज्ञान

- संख्याओं और बहुपदों का योग, अंतर, गुणा।
- रैखिक समीकरणों की मूल अवधारणा।
- त्रिकोणमितीय सूत्रों का मूल ज्ञान।

यूनिट-1 सारणिक एवं आव्यूह	यूनिट आउटकम्स (UOs) यूनिट के पूर्ण अध्ययन के बाद विद्यार्थी निम्न में सक्षम होंगे
U1-O1	विभिन्न गणितीय प्रश्नों को हल करने में सारणीकों के गुणों का उपयोग करना।
U1-O2	वास्तविक जीवन में आने वाली गणितीय स्तिथियों को रैखिक समीकरणों के निकाय के साथ सहसंबंधित करने के लिए और, विशेष रूप से क्रैमर के नियम की सहायता से समीकरणों की संगतता के परीक्षण/व्याख्या हेतु।
U1-O3	योग, अदिश गुणन, गुणन, परिवर्त जैसे सामान्य आव्यूह संक्रिया करने के लिए।
U1-O4	आव्यूह का उपयोग करके रैखिक समीकरणों के निकाय को हल करना।
U1-O5	प्रश्नों को पूरी तरह से समझने के लिए आव्यूहों और सारणीकों का उपयोग करना।

कोर्स आउटकम्स (COs) के साथ यूनिट आउटकम्स (UOs) का परस्पर संबंध

यूनिट-1 आउटकम्स	कोर्स आउटकम्स (COs) के साथ अपेक्षित संबंध *(1-कमजोर सहसंबंध; 2-मध्यम सहसंबंध; 3-मजबूत सहसंबंध)*				
	CO-1	CO-2	CO-3	CO-4	CO-5
U1-O1	3	1	-	2	1
U1-O2	3	-	1	-	1
U1-O3	3	-	2	-	1
U1-O4	3	-	1	-	1
U1-O5	3	-	1	-	2

1. सारणिक

1.1 प्रस्तावना

सारणिकों (Determinants) की अवधारणा कई वर्षों में विकसित हुई। 1750 में, एक जर्मन गणितज्ञ गेब्रियल क्रैमर ने क्रैमर का नियम देकर समीकरणों के समुच्चय के संबंध में सारणिकों के सिद्धांत को जोड़ा। तत्पश्चात कई अन्य शिक्षाविदों जैसे आर्थर केली, सी.जी.जे. जैकोबी, जे जे सिल्वेस्टर आदि ने सारणिकों के सिद्धांत को समृद्ध किया।

तकनीकी अनुप्रयोगों के क्षेत्र में सारणीकों का ज्ञान विशेष रूप से अनिवार्य है, साथ ही विज्ञान, सामाजिक विज्ञान, अर्थशास्त्र आदि जैसे अनेक क्षेत्रों में उनके व्यापक अनुप्रयोग हैं। इस इकाई में, हम तृतीय कोटि तक के सारणिकों का अध्ययन करेंगे।

परिभाषा

सारणिकों को वर्ग आव्युहों से सम्बद्ध एक अदिश मान के रूप में परिभाषित किया जाता है। अत:, कोटि n के प्रत्येक वर्ग आव्यूह $A = [a_{ij}]$ को हम एक संख्या (वास्तविक या सम्मिश्र) द्वारा सम्बंधित कर सकते है, जिसे वर्ग आव्यूह* A का सारणिक कहा जाता है। इसे det A या |A| या Δ से निरुपित किया जाता है।

> क्रैमर का नियम स्विस गणितज्ञ गेब्रियल क्रैमर (1704-1752) द्वारा 1750 में 'अल एनालिसिस डेस लिग्नेस कोर्टबेस अल्जेब्रिक्स' भूमिका में दिया गया था।

*-आव्यूह के लिए इकाई का अगला सेक्शन देखें

कोटि 1 का सारणिक

ये उपेक्षणीय सारणिक होते हैं और सारणिक का मान आव्यूह में स्थित केवल एक संख्या है। उनमे केवल एक पंक्ति और एक स्तंभ होते है

उदाहरण के लिए: यदि $[A] = [2]_{1\times1}$, $|A| = 2$ ।

कोटि 2 का सारणिक

समीकरण निकाय $a_1x + b_1 = 0$ और $a_2x + b_2 = 0$ पर विचार करें। यदि ये निकाय x के किसी समान मान से संतुष्ट होते हैं, तो $a_1b_2 + a_2b_1 = 0$ और तब व्यंजक $a_1b_2 + a_2b_1$ कोटि 2 के सारणिक का मान कहलाता है और इसे निम्न. लिखित रूप से निरुपित किया जाता है

$$\Delta = \begin{vmatrix} a_1 & b_2 \\ a_2 & b_2 \end{vmatrix}$$

मात्राओं a_1, a_2, b_1, b_2 को सारणिक के तत्व या अवयव कहा जाता है। कोटि 2 के एक सारणिक में दो पंक्ति (क्षैतिज तत्व) और दो स्तंभ (ऊर्ध्वाधर तत्व) होते हैं।

अब दो सारणीकों पर विचार कीजिये

$$\begin{vmatrix} 9 & 1 \\ 4 & 2 \end{vmatrix} = (9 \times 2) - (4 \times 1) = 18 - 4 = 14$$

पुनः यदि $$\begin{vmatrix} 7 & 0 \\ 20 & 2 \end{vmatrix} = (7 \times 2) - (20 \times 0) = 14 - 0 = 14$$

$$\therefore \quad \begin{vmatrix} 9 & 1 \\ 4 & 2 \end{vmatrix} = \begin{vmatrix} 7 & 0 \\ 20 & 2 \end{vmatrix}$$

अतः सारणिक केवल संख्याओं की एक प्रणाली ही नहीं है अपितु इसका एक संख्यात्मक मान होता है।

> **नोट:** कोटि 2 के सारणिक के लिए चिन्हों का नियोजन $\begin{vmatrix} + & - \\ - & + \end{vmatrix}$ प्रकार होता है।

उदाहरण 1: x के मान की गणना करे, यदि $\Delta = \begin{vmatrix} x & 3 \\ 4 & 2 \end{vmatrix} = \begin{vmatrix} 3 & 2 \\ 1 & 2 \end{vmatrix}$

हल: प्रदत्त है कि $\begin{vmatrix} x & 3 \\ 4 & 2 \end{vmatrix} = \begin{vmatrix} 3 & 2 \\ 1 & 2 \end{vmatrix}$

अतः $(x \times 2) - (4 \times 3) = (3 \times 2) - (1 \times 2)$

$\Rightarrow \quad 2x - 12 = 6 - 2$

$\Rightarrow \quad 2x = 16$

$\Rightarrow \quad x = 8$ **उत्तर**

> **रोचक तथ्य**
>
> 'Determinant' शब्द को पहली बार **कार्ल फ्रेडरिक गॉस** ने अपनी पुस्तक 'डिक्विक्विजिशन्स अंकगणित' में 1798 में (1801 में प्रकाशित) 21 साल की उम्र में प्रस्तुत किया था।

कोटि 3 के सारणिक

समीकरण निकाय $a_1x + b_1y + c_1 = 0, a_2x + b_2y + c_2 = 0, a_3x + b_3y + c_3 = 0$ पर विचार करें।

यदि ये समीकरण x और y के किसी मान के लिए संतुष्ट होती है तब एक x और y को विलोपित करने पर हम पाते हैं कि $a_1(b_2c_3 - b_3c_2) + b_1(c_2a_3 - c_3a_2) + c_1(a_2b_3 - a_3b_2) = 0$

उपरोक्त वाम पक्ष का व्यंजक तृतीय कोटि का सारणिक कहलाता है एवं इसे निम्नानुसार निरूपित किया जाता है–

$$\begin{vmatrix} a_1 & b_1 & c_1 \\ a_2 & b_2 & c_2 \\ a_3 & b_3 & c_3 \end{vmatrix}$$

तृतीय कोटि के सारणिक में तीन पंक्तियां और तीन स्तंभ होते हैं। मात्राओं $a_1, a_2, a_3, b_1, b_2, b_3, c_1, c_2, c_3$, को सारणिक के तत्व या अवयव कहा जाता है।

नोट 1: तृतीय कोटि के सारणिक में चिन्ह नियोजन निम्नानुसार होता है।

$$\begin{vmatrix} + & - & + \\ - & + & - \\ + & - & + \end{vmatrix}$$ (मुख्य अवयव से '+' से शुरु करते हुए बारी-बारी '+' और '–' का चिन्ह लेते हैं)

नोट 2: मापांक फलन सारणिकों से बिल्कुल अलग होता है। उदाहरण के लिए, मापांक में $|-2| = 2$, जबकि सारणीकों में $|-2| = -2$ होता है।

1.1.1 तृतीय कोटि के सारणिक का मान/विस्तार

(*a*) प्रथम पंक्ति के अनुदिश प्रसारण,

$$\begin{vmatrix} a_1\ldots & b_1\ldots & c_1\ldots \\ a_2 & b_2 & c_2 \\ a_3 & b_3 & c_3 \end{vmatrix} = a_1\begin{vmatrix} b_2 & c_2 \\ b_3 & c_3 \end{vmatrix} - b_1\begin{vmatrix} a_2 & c_2 \\ a_3 & c_3 \end{vmatrix} + c_1\begin{vmatrix} a_2 & b_2 \\ a_3 & b_3 \end{vmatrix}$$

$$= a_1(b_2c_3 - b_3c_2) - b_1(a_2c_3 - a_3c_2) + c_1(a_2b_3 - a_3b_2)$$

(*b*) द्वितीय स्तंभ के अनुदिश प्रसारण,

$$\begin{vmatrix} a_1 & b_1 & c_1 \\ & \vdots & \\ a_2 & b_2 & c_2 \\ & \vdots & \\ a_3 & b_3 & c_3 \end{vmatrix} = -b_1\begin{vmatrix} a_2 & c_2 \\ a_3 & c_3 \end{vmatrix} + b_2\begin{vmatrix} a_1 & c_1 \\ a_3 & c_3 \end{vmatrix} - b_3\begin{vmatrix} a_1 & c_1 \\ a_2 & c_2 \end{vmatrix}$$

$$= -b_1(a_2c_3 - a_3c_2) + b_2(a_1c_3 - a_3c_1) - b_3(a_1c_2 - a_2b_1)$$

टिप्पणी: एक सारणिक को उसकी किसी भी पंक्ति या स्तंभ के अनुदिश विस्तारित किया जाता है। प्रत्येक स्थिति में सारणिक का मान समान रहता है।

सारस का नियम: यह तृतीय कोटि के सारणिक का मान निम्नानुसार प्राप्त करने के लिए एक स्मरणीय युक्ति है।

–ve –ve –ve

$$\Delta = \begin{vmatrix} a_1 & b_1 & c_1 \\ a_2 & b_2 & c_2 \\ a_3 & b_3 & c_3 \end{vmatrix} = \begin{vmatrix} a_1 & b_1 & c_1 \\ a_2 & b_2 & c_2 \\ a_3 & b_3 & c_3 \end{vmatrix}\begin{matrix} a_1 & b_1 \\ a_2 & b_2 \\ a_3 & b_3 \end{matrix}$$

+ve +ve +ve

$$= (a_1b_2c_3 + a_2b_3c_1 + a_3b_1c_2) - (a_3b_2c_1 + a_2b_1c_3 + a_1b_3c_2)$$

ध्यान दीजिये कि पहले कोष्ठक में पदों का गुणनफल (अर्थात $a_1a_2a_3\,b_1b_2b_3\,c_1c_2c_3$) दूसरे कोष्ठक के पद के गुणनफल के समान है।

उदाहरण 2: सारणिक $\begin{vmatrix} 1 & 2 & 3 \\ -1 & 3 & 3 \\ 2 & -1 & 1 \end{vmatrix}$ का मान ज्ञात कीजिये–

हल:
$$\Delta = \begin{vmatrix} 1 & 2 & 3 \\ -1 & 3 & 3 \\ 2 & -1 & 1 \end{vmatrix} = 1\begin{vmatrix} 3 & 3 \\ -1 & 1 \end{vmatrix} - 2\begin{vmatrix} -1 & 3 \\ 2 & 1 \end{vmatrix} + 3\begin{vmatrix} -1 & 3 \\ 2 & -1 \end{vmatrix}$$
$$= (3 + 3) - 2(-1-6) + 3(1-6) = 5$$

वैकल्पिक रूप से सारस नियम द्वारा

$$\begin{vmatrix} 1 & 2 & 3 \\ -1 & 3 & 3 \\ 2 & -1 & 1 \end{vmatrix} = \begin{vmatrix} 1 & 2 & 3 \\ -1 & 3 & 3 \\ 2 & -1 & 1 \end{vmatrix}\begin{matrix} 1 & 2 \\ -1 & 3 \\ 2 & -1 \end{matrix}$$
$$= (3 + 12 + 3) - (18 - 3 - 2) = 18 - 13 = 5$$

1.1.2 उपसारणिक और सहखंड

परिभाषा उपसारणिक: सारणिक के दिए गए अवयव का उपसाणिक वह सारणिक है जो उस पंक्ति और स्तंभ के विलोपन से प्राप्त किया जाता है जिसमें दिया गया अवयव स्थित होता है।

उदाहरणार्थ, सारणिक $\begin{vmatrix} a_1 & b_1 & c_1 \\ a_2 & b_2 & c_2 \\ a_3 & b_3 & c_3 \end{vmatrix}$ में a_1 का उपसारणिक $\begin{vmatrix} b_2 & c_2 \\ b_3 & c_3 \end{vmatrix}$ है एवं b_2 का उपसारणिक $\begin{vmatrix} a_1 & c_1 \\ a_3 & c_3 \end{vmatrix}$

इस तरह तृतीय कोटि के सारणिक के 9 उपसारणिक प्राप्त होंगे।

सहखंड: यदि $i^{वी}$ पंक्ति और $j^{वे}$ स्तम्भ में स्थित अवयव के उपसारणिक को M_{ij} से व्यक्त करें तो उस अवयव का सहखंड C_{ij} द्वारा दिया जाता है, जहाँ $C_{ij} = (-1)^{i+j} M_{ij}$

उदाहरण 3: सारणिक $\begin{vmatrix} 1 & -3 & 2 \\ 3 & 0 & 5 \\ -1 & 1 & 7 \end{vmatrix}$, के घटकों '–3', '5' और '–1' के उपसारणिक और सहखंड ज्ञात कीजिये।

हल: –3 का उपसारणिक $\begin{vmatrix} 3 & 5 \\ -1 & 7 \end{vmatrix} = 26$; –3 का सहखंड $= -26$

5 का उपसारणिक $\begin{vmatrix} 1 & -3 \\ -1 & 1 \end{vmatrix} = -2$; 5 का सहखंड $= 2$

–1 का उपसारणिक $\begin{vmatrix} -3 & 2 \\ 0 & 5 \end{vmatrix} = -15$; –1 का सहखंड $= 15$

1.1.3 एक सारणिक का उपसारणिक और सहखंड के पदों में विस्तार

(*i*) किसी भी पंक्ति (स्तंभ) के अवयवों के उनके संगत सहखंडों के गुणनफल का योग, सदैव सारणिक के मान के बराबर होता है।

(*ii*) किसी भी पंक्ति (स्तंभ) के अवयवों को अन्य पंक्ति (स्तंभ) के सहखंडों के साथ गुणनफल का योग हमेशा शून्य के बराबर होता है।

1.1.4 सारणिकों के गुणधर्म

(*i*) किसी सारणिक का मान इसकी पंक्तियों और स्तंभो को परस्पर परिवर्तित करने पर अपरिवर्तित रहता है।

उदाहरणार्थ यदि $\Delta = \begin{vmatrix} a_1 & b_1 & c_1 \\ a_2 & b_2 & c_2 \\ a_3 & b_3 & c_3 \end{vmatrix} = \begin{vmatrix} a_1 & a_2 & a_3 \\ b_1 & b_2 & b_3 \\ c_1 & c_2 & c_3 \end{vmatrix}$

(*ii*) यदि एक सारणिक की कोई दो पंक्तियों (या स्तंभो) को परस्पर परिवर्तित कर दिया जाता है, तब सारणिक के मान का केवल चिन्ह परिवर्तित हो जाता है।

उदाहरणार्थ यदि $\Delta = \begin{vmatrix} a_1 & b_1 & c_1 \\ a_2 & b_2 & c_2 \\ a_3 & b_3 & c_3 \end{vmatrix}$ एवं $\Delta_1 = \begin{vmatrix} a_1 & b_2 & c_2 \\ a_1 & b_1 & c_1 \\ a_3 & b_3 & c_3 \end{vmatrix}$ तब $\Delta_1 = -\Delta$

(*iii*) यदि किसी पक्ति (या स्तंभ) के सभी अवयव शून्य हैं, तो सारणिक का मान शून्य होता है।

(*iv*) यदि एक सारणिक के किसी एक पंक्ति (अथवा स्तंभ) के प्रत्येक अवयव को एक अचर संख्या से गुणा करते हैं तो उसका मान भी उस अचर संख्या से गुणित हो जाता है।

उदाहरणार्थ यदि $\Delta = \begin{vmatrix} a_1 & b_1 & c_1 \\ a_2 & b_2 & c_2 \\ a_3 & b_3 & c_3 \end{vmatrix}$ और $\Delta_1 = \begin{vmatrix} ka_1 & kb_1 & kc_1 \\ a_2 & b_2 & c_2 \\ a_3 & b_3 & c_3 \end{vmatrix}$ तब $\Delta_1 = k\Delta$

(*v*) यदि किसी पंक्ति (या स्तंभ) के सभी अवयव किसी अन्य पंक्ति के अवयवों के समानुपाती (या समरूप) हों तो सारणिक समाप्त हो जाता है, अर्थात इसका मान शून्य होता है।

उदाहरणार्थ यदि $\Delta = \begin{vmatrix} a_1 & b_1 & c_1 \\ a_1 & b_1 & c_1 \\ a_3 & b_3 & c_3 \end{vmatrix} \Rightarrow \Delta = 0$: अथवा यदि $\Delta_1 = \begin{vmatrix} a_1 & b_1 & c_1 \\ ka_1 & kb_1 & kc_1 \\ a_3 & b_3 & c_3 \end{vmatrix} \Rightarrow \Delta_1 = 0$

(*vi*) यदि किसी पंक्ति (या स्तंभ) के प्रत्येक तत्व को दो (या अधिक) पदों के योग के रूप में व्यक्त किया जाता है, तो सारणिक को दो (या अधिक) सारणिकों के योग रूप में व्यक्त किया जा सकता है।

उदाहरणार्थ $\begin{vmatrix} a_1+x & b_1+y & c_1+z \\ a_2 & b_2 & c_2 \\ a_3 & b_3 & c_3 \end{vmatrix} = \begin{vmatrix} a_1 & b_1 & c_1 \\ a_2 & b_2 & c_2 \\ a_3 & b_3 & c_3 \end{vmatrix} + \begin{vmatrix} x & y & z \\ a_2 & b_2 & c_2 \\ a_3 & b_3 & c_3 \end{vmatrix}$

(*vii*) **पंक्ति-स्तंभ संक्रिया:** एक सारणिक का मान, $C_i \to C_i + \alpha C_j + \beta C_k \ (j, k \neq 1)$ प्रकार के स्तम्भ (C_i) संक्रिया या $R_i \to R_i + \alpha R_j + \beta R_k, (j, k \neq 1)$ प्रकार के पंक्ति (R_i) के तहत अपरिवर्तित रहता है। दूसरे शब्दों में, किसी भी पंक्ति (या कॉलम) के अवयवों को किसी अन्य पंक्ति (या कॉलम) के संगत अवयवों के समान गुणकों में जोड़ने पर सारणिक का मान अपरिवर्तित रहता है।

उदाहरणार्थ, यदि $\Delta = \begin{vmatrix} a_1 & b_1 & c_1 \\ a_2 & b_2 & c_2 \\ a_3 & b_3 & c_3 \end{vmatrix}$

तब $\Delta = \begin{vmatrix} a_1+\alpha a_2 & b_1+\alpha b_2 & c_1+\alpha c_2 \\ a_2 & b_2 & c_2 \\ a_3+\beta a_2 & b_3+\beta b_2 & c_3+\beta c_z \end{vmatrix} (R_1 \to R_1 + \alpha R_2;\ R_3 \to R_3 + \beta R_2)$

(*viii*) **गुणनखंड प्रमेय:** यदि आव्यूह A का प्रत्येक अवयव x में एक बहुपद है और यदि $|A|, x = a$ के लिए शून्य हो जाता है, तो $(x - a), |A|$ का एक गुणनखंड होता है।

दूसरा रूप: यदि एक सारणिक Δ के तत्व x के परिमेय समाकलन फलन हैं और दो पंक्तियाँ (या स्तंभ) $x = a$ के लिए समान हो जाती हैं, तब $(x - a), \Delta$ का एक गुणनखंड होता है।

> **ध्यान दीजिये:** यदि x के स्थान पर a को प्रतिस्थापित करने पर r पंक्तियाँ समान हो जाती हैं, तो $(x - a)^{r-1}, \Delta$ का एक गुणनखंड होता है।

उदाहरण 4: सारणिक का मान ज्ञात कीजिये।

$$\Delta = \begin{vmatrix} 2 & 1 & 3 \\ 5 & 0 & 2 \\ 2 & -1 & 7 \end{vmatrix}$$

हल: द्वितीय पंक्ति के सापेक्ष विस्तार करने पर

$$\Delta = -5\begin{vmatrix} 1 & 3 \\ -1 & 7 \end{vmatrix} + 0\begin{vmatrix} 2 & 3 \\ 2 & 7 \end{vmatrix} - 2\begin{vmatrix} 2 & 1 \\ 2 & -1 \end{vmatrix}$$

$$= 5(7 + 3) + 0 - 2(-2 - 2) = -50 + 8 = -42$$

नोट: अवयव 5 दूसरी पंक्ति और पहले स्तम्भ में आता है, अतः चिन्ह $(-1)^{2+1} = (-1)^3 = -1$ होगा। इसलिए हमने 5 से पहले ऋणात्मक चिन्ह लगाया। फिर 0 से पहले का धनात्मक चिन्ह होगा और 2 से पहले का ऋणात्मक चिन्ह होगा।

1.1.5 दो सारणिकों का गुणनफल

यदि $A = \begin{vmatrix} a_1 & b_1 \\ a_2 & b_2 \end{vmatrix}$ एवं $B = \begin{vmatrix} l_1 & m_1 \\ l_2 & m_2 \end{vmatrix}$

तब $$A \times B = \begin{vmatrix} a_1 & b_1 \\ a_2 & b_2 \end{vmatrix} \times \begin{vmatrix} l_1 & m_1 \\ l_2 & m_2 \end{vmatrix} = \begin{vmatrix} a_1l_1 + b_1l_2 & a_1m_1 + b_1m_2 \\ a_2l_1 + b_2l_2 & a_2m_1 + b_2m_2 \end{vmatrix}$$

इसी प्रकार, तृतीय कोटि के दो सारणीकों का गुणनफल किया जाता है।

(*a*) यहां, हमने पंक्ति को स्तम्भ से गुणा किया है। हम पंक्ति से पंक्ति को, पंक्ति से स्तंभ को और स्तंभ से स्तंभ को गुणा भी कर सकते हैं। (यह ध्यान दिया जाना चाहिए कि आव्यूह गुणन और सारणिक गुणन में समान प्रक्रिया का पालन होता हैं।)

(*b*) यदि, Δ_1 कोटि n के सारणिक Δ के अवयवों को उनके संगत सहखंडों द्वारा प्रतिस्थापित करके बनाया गया सारणिक है, तब $\Delta_1 = \Delta^{n-1}$।

उदाहरणार्थ 5: सिद्ध कीजिये

$$\begin{vmatrix} 0 & c & b \\ c & 0 & a \\ b & a & 0 \end{vmatrix}^2 = \begin{vmatrix} b^2+c^2 & ab & ac \\ ab & c^2+a^2 & bc \\ ac & bc & a^2+b^2 \end{vmatrix}$$

हल: हम जानते हैं

$$\begin{vmatrix} 0 & c & b \\ c & 0 & a \\ b & a & 0 \end{vmatrix}^2 = \begin{vmatrix} 0 & c & b \\ c & 0 & a \\ b & a & 0 \end{vmatrix} \times \begin{vmatrix} 0 & c & b \\ c & 0 & a \\ b & a & 0 \end{vmatrix}$$

$$= \begin{vmatrix} 0+c^2+b^2 & 0+0+ab & 0+ac+0 \\ 0+0+ab & c^2+0+a^2 & bc+0+0 \\ 0+ac+0 & bc+0+0 & b^2+a^2+0 \end{vmatrix}$$

स्तंभ को पंक्ति द्वारा गुणन के नियम का प्रयोग करने पर,

$$= \begin{vmatrix} b^2+c^2 & ab & ac \\ ab & c^2+a^2 & bc \\ ac & bc & a^2+b^2 \end{vmatrix}$$

1.1.6 रैखिक समीकरणों के निकाय की प्रकृति और क्रेमर का नियम

I. दो चर वाले रैखिक समीकरणों के निकाय के हलों की प्रकृति

(i) सुसंगत समीकरण

माना $a_1x + b_1y + c_1 = 0$ और $a_2x + b_2y + c_2 = 0$

(1) **निश्चित और अद्वितीय हल [प्रतिच्छेदी रेखाएं]:** (रैखिक) समीकरणों के एक निकाय को सुसंगत कहा जाता है, यदि उसका कम से एक अदितीय हल हो।

इस स्थिति में $\dfrac{a_1}{a_2} \neq \dfrac{b_1}{b_2}$

(2) **अनंत हल [समान रेखाएं]:** (रैखिक) समीकरणों के एक निकाय को सुसंगत और निर्भर कहा जाता है यदि उसके अनंत हल हो।

इस स्थिति में $\dfrac{a_1}{a_2} = \dfrac{b_1}{b_2} = \dfrac{c_1}{c_2}$

(ii) असंगत समीकरण: सामानांतर रेखाएं (रैखिक) समीकरणों का एक निकाय असंगत कहलाता है यदि उनका कोई हल नहीं निकलता हो।

इस स्थिति में $\dfrac{a_1}{a_2} = \dfrac{b_1}{b_2} \neq \dfrac{c_1}{c_2}$

$\Rightarrow$ दिए गए समीकरण असंगत होंगे।

II. रैखिक समीकरणों के निकाय को हल करने के लिए क्रैमर का नियम

क्रैमर का नियम उन रैखिक समीकरणों के निकाय को हल करने का एक स्पष्ट सूत्र है जिनमे अज्ञात चरों की संख्या, दिए गए समीकरणों की संख्या के समान हो। यह तभी लागू होता है जब संगत सारणिक का मान शून्येतर हो। यहां, हम अपने अध्ययन को दो और तीन चर वाले समीकरणों तक सीमित रखते हैं।

दो चरों में रैखिक समीकरणों का निकाय (क्रैमर का नियम)

आइए समीकरणों के एक निकाय पर विचार करें:

$$\left.\begin{aligned} a_1x+b_1y+c_1=0 \\ a_2x+b_2y+c_2=0 \end{aligned}\right\} \text{ जहां } \frac{a_1}{a_2} \neq \frac{b_1}{b_2}$$

वज्र-गुणन विधि द्वारा हल करने पर, हम पाते है

$$\frac{x}{(b_1c_2-b_2c_1)} = \frac{y}{(c_1a_2-c_2a_1)} = \frac{1}{(a_1b_2-a_2b_1)} \text{ अथवा}$$

$$\frac{x}{\begin{vmatrix} b_1 & c_1 \\ b_2 & c_2 \end{vmatrix}} = \frac{y}{\begin{vmatrix} c_1 & a_1 \\ c_2 & a_2 \end{vmatrix}} = \frac{1}{\begin{vmatrix} a_1 & b_1 \\ a_2 & b_2 \end{vmatrix}} \text{ अथवा } x = \frac{\begin{vmatrix} b_1 & c_1 \\ b_2 & c_2 \end{vmatrix}}{\begin{vmatrix} a_1 & b_1 \\ a_2 & b_2 \end{vmatrix}},\ y = \frac{\begin{vmatrix} c_1 & a_1 \\ c_2 & a_2 \end{vmatrix}}{\begin{vmatrix} a_1 & b_1 \\ a_2 & b_2 \end{vmatrix}}$$

तीन चरों में रैखिक समीकरणों का निकाय (क्रैमर का नियम)

आइए हम रैखिक समीकरणों के एक निकाय पर विचार करते हैं

$$a_1x + b_1y + c_1z = d_1 \quad \ldots(i)$$

$$a_2x + b_2y + c_2z = d_2 \quad \ldots(ii)$$

$$a_3x + b_3y + c_3z = d_3 \quad \ldots(iii)$$

यहाँ,

$$\Delta = \begin{vmatrix} a_1 & b_1 & c_1 \\ a_2 & b_2 & c_2 \\ a_3 & b_3 & c_3 \end{vmatrix},\ \Delta_1 = \begin{vmatrix} d_1 & b_1 & c_1 \\ d_2 & b_2 & c_2 \\ d_3 & b_3 & c_3 \end{vmatrix}$$

$$\Delta_2 = \begin{vmatrix} a_1 & d_1 & c_1 \\ a_2 & d_2 & c_2 \\ a_3 & d_3 & c_3 \end{vmatrix},\ \Delta_3 = \begin{vmatrix} a_1 & b_1 & d_1 \\ a_2 & b_2 & d_2 \\ a_3 & b_3 & d_3 \end{vmatrix}$$

यदि $\Delta = 0$ तब,

$$x = \frac{\Delta_1}{\Delta},\ y = \frac{\Delta_2}{\Delta},\ z = \frac{\Delta_3}{\Delta} \quad \ldots(iv)$$

समीकरण (*iv*) x, y और z के मान प्राप्त करने हेतु दिया गया नियम क्रैमर का नियम कहलाता है।

टिप्पणी:

1. Δ_i, $i^{\text{वे}}$ कॉलम के अवयवों को d_1, d_2, d_3 से बदलकर प्राप्त किया जाता है, जहां $i = 1, 2, 3$।

III. तीन चरों में रैखिक समीकरणों का निकाय के हलों की प्रकृति

आइए हम रैखिक समीकरणों के एक निकाय पर विचार करते हैं

$$a_1x + b_2y + c_1z = d_1 \quad \ldots(i)$$

$$a_2x + b_2y + c_2z = d_2 \quad \ldots(ii)$$

$$a_3x + b_3y + c_3z = d_3 \quad \ldots(iii)$$

तब $$x = \frac{\Delta_1}{\Delta},\ y = \frac{\Delta_2}{\Delta},\ z = \frac{\Delta_3}{\Delta},$$

जहाँ $\Delta, \Delta_1, \Delta_2$ और Δ_3 का अपना सामान्य अर्थ है

नोट:

(*i*) यदि $\Delta \neq 0$ और कम से कम एक $\Delta_1, \Delta_2, \Delta_3 = 0,$ तो समीकरणों का दिया गया निकाय सुसंगत है और इसका अद्‌वितीय अतुच्छ हल है।

(*ii*) यदि $\Delta \neq 0$ एवं $\Delta_1 = \Delta_2 = \Delta_3 = 0,$ तो समीकरणों का दिया गया निकाय सुसंगत है और इसका केवल तुच्छ हल होगा।

(*iii*) यदि $\Delta = \Delta_1 = \Delta_2 = \Delta_3 = 0,$ समीकरणों का दिया गया निकाय सुसंगत होगा और उसके अनंत हल होंगे।

> **ध्यान दीजिये:** यदि $\left.\begin{aligned} a_1x+b_1y+c_1z=d_1 \\ a_1x+b_1y+c_1z=d_2 \\ a_1x+b_1y+c_1z=d_3 \end{aligned}\right\}$ (d_1, d_2 एवं d_3 में से कम से कम दो समान न हो)
>
> $\Delta = \Delta_1 = \Delta_2 = \Delta_3 = 0$ परन्तु ये तीन समीकरण तीन समानांतर समतलों को निरूपित करते हैं। अत: निकाय असंगत है।

(*iv*) यदि $\Delta = 0$ लेकिन $\Delta_1, \Delta_2, \Delta_3$ में से कम से कम एक शून्य नहीं है, तो समीकरण असंगत होंगे और उनका कोई हल नहीं होगा।

उदाहरण 6: निम्नलिखित समीकरणों के निकाय को क्रैमर के नियम के प्रयोग कर हल कीजिए।

$$x + y = 5 \text{ और } 3x - 2y = 7$$

हल: यहाँ $$\Delta = \begin{vmatrix} 1 & 1 \\ 3 & -2 \end{vmatrix} = -2-3 = -5 \neq 0$$

$$\Delta_1 = \begin{vmatrix} 5 & 1 \\ 7 & -2 \end{vmatrix} = -10-7 = -17$$

और $$\Delta_2 = \begin{vmatrix} 1 & 5 \\ 3 & 7 \end{vmatrix} = 7-15 = -8$$

तब, क्रेमर के नियम से

$$x = \frac{\Delta_1}{\Delta} = \frac{-17}{-5} = \frac{17}{8} \text{ और } y = \frac{\Delta_2}{\Delta} = \frac{-8}{-5} = \frac{8}{5}$$

$$\therefore \quad x = \frac{17}{5},\ y = \frac{8}{5}$$

इसलिए, रैखिक समीकरणों का दिया गया निकाय सुसंगत है क्योंकि वे निश्चित और अद्वितीय हल रखते है (प्रतिच्छेदन रेखाएं)।

उदाहरण 7: क्रैमर नियम की सहायता से निम्नलिखित रैखिक समीकरणों के निकाय को हल कीजिए:

$$x + 2y + z = 7,$$
$$2x + 4y + 5z = 8,$$
$$3x + y + 9z = 6$$

हल: माना
$$\Delta = \begin{vmatrix} 1 & 2 & 1 \\ 2 & 4 & 5 \\ 3 & 1 & 9 \end{vmatrix} = \begin{vmatrix} 1 & 2 & 1 \\ 0 & 0 & 3 \\ 0 & -5 & 6 \end{vmatrix}, \begin{matrix} R_2 \to R_2 - 2R_1 \\ R_3 \to R_3 - 3R_1 \end{matrix}$$
$$= 15$$

यहाँ $\Delta \neq 0$ अत: निकाय एक अद्वितीय हल रखता है। जो $\frac{x}{\Delta_1} = \frac{y}{\Delta_2} = \frac{z}{\Delta_3} = \frac{1}{\Delta}$, के द्वारा दिया जाता है अर्थात्

$$\frac{x}{\begin{vmatrix} 7 & 2 & 1 \\ 8 & 4 & 5 \\ 6 & 1 & 9 \end{vmatrix}} = \frac{y}{\begin{vmatrix} 1 & 7 & 1 \\ 2 & 8 & 5 \\ 3 & 6 & 9 \end{vmatrix}} = \frac{z}{\begin{vmatrix} 1 & 2 & 7 \\ 2 & 4 & 8 \\ 3 & 1 & 6 \end{vmatrix}} = \frac{1}{\begin{vmatrix} 1 & 2 & 1 \\ 2 & 4 & 5 \\ 3 & 1 & 9 \end{vmatrix}}$$

अब
$$\Delta_1 = \begin{vmatrix} 7 & 2 & 1 \\ 8 & 4 & 5 \\ 6 & 1 & 9 \end{vmatrix} = \begin{vmatrix} 7 & 2 & 1 \\ -6 & 0 & 3 \\ \frac{5}{2} & 0 & \frac{17}{2} \end{vmatrix} \begin{matrix} R_2 \to R_2 - 2R_1 \\ R_3 \to R_3 - \frac{1}{2}R_1 \end{matrix}$$ का प्रयोग करने पर

$$= -2\left[\left(-6 \times \frac{17}{2}\right) + \left(-3 \times \frac{5}{2}\right)\right]$$
$$= 102 + 15 + 177$$ (अवयव 2 के स्तम्भ के सापेक्ष विस्तार करने पर)

पुन:
$$\Delta_2 = \begin{vmatrix} 1 & 7 & 1 \\ 2 & 8 & 5 \\ 3 & 6 & 9 \end{vmatrix} = \begin{vmatrix} 1 & 7 & 1 \\ 0 & -6 & 3 \\ 0 & -15 & 6 \end{vmatrix} \begin{matrix} R_2 \to R_2 - 2R_1 \\ R_3 \to R_3 - 3R_1 \end{matrix}$$
$$= 39$$

एवं
$$\Delta_3 = \begin{vmatrix} 1 & 2 & 7 \\ 2 & 4 & 8 \\ 3 & 1 & 6 \end{vmatrix} = \begin{vmatrix} 1 & 2 & 7 \\ 0 & 0 & -6 \\ 3 & 1 & 6 \end{vmatrix} R_2 \to R_2 - 2R_1$$
$$= -30$$ (अवयव 2 के पंक्ति के सापेक्ष विस्तार करने पर)

अत: हल निम्नानुसार दिया जाता है।
$$\frac{x}{117} = \frac{y}{39} = \frac{z}{-30} = \frac{1}{15}$$

अत:
$$x = \frac{117}{15}, y = \frac{39}{15}, z = -2$$

IV. रैखिक समीकरणों का समघातीय (समांग) निकाय

माना
$$a_1x + b_1y + c_1z = 0 \quad \ldots(i)$$
$$a_2x + b_2y + c_2z = 0 \quad \ldots(ii)$$
$$a_3x + b_3y + c_3z = 0 \quad \ldots(iii)$$

तीन चरों में समघातीय रैखिक समीकरणों का एक निकाय है।

$\Rightarrow \quad \Delta_1 = \Delta_2 = \Delta_3 = 0$

अत: निकाय हमेशा $x = 0, y = 0, z = 0$ के रूप में कम से कम एक हल रखता है। जिसे तुच्छ हल कहा जाता है, अर्थात् यह प्रणाली हमेशा सुसंगत होता है।

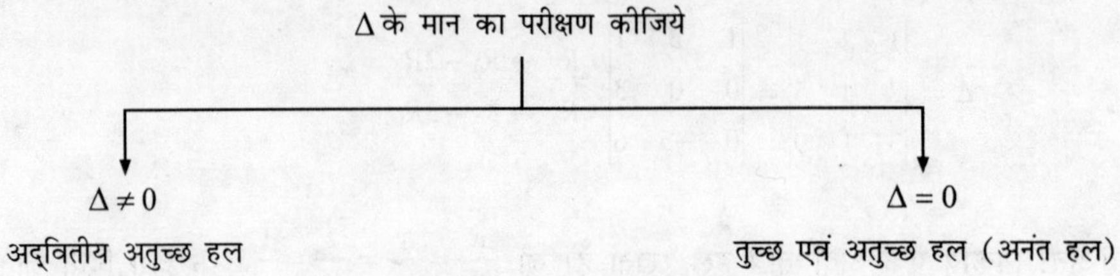

चित्र 1.1: समघातीय समीकरणों के लिए फ्लोचार्ट

> यह भी ध्यान दीजिये कि यदि रैखिक समीकरणों का निकाय में उसके सभी चरों के लिए केवल शून्य के रूप में हल रखता हैं, तो दिए गए समीकरणों का तुच्छ हल रखे जाना कहा जाता है।

यह भी ध्यान दीजिये कि यदि $a_1x + b_1y + c_1 = 0; a_2x + b_2y + c_2 = 0; a_3x + b_3y + c_3 = 0$

सदैव सुसंगत है तो $\begin{vmatrix} a_1 & b_1 & c_1 \\ a_2 & b_2 & c_2 \\ a_3 & b_3 & c_3 \end{vmatrix} = 0$ परन्तु व्युत्क्रम सही नहीं होता है।

उदाहरण 8: समीकरणों के दिए गए निकाय के लिए हलों की प्रकृति ज्ञात कीजिये;

$$x + y + 3z = 3, 2x + 2y + 4z = 4, 3x + 3y + 5z = 0$$

हल:

$$\Delta = \begin{vmatrix} 1 & 1 & 3 \\ 2 & 2 & 4 \\ 3 & 3 & 5 \end{vmatrix} = 0$$

तब

$$\Delta_1 = \begin{vmatrix} 3 & 1 & 3 \\ 4 & 2 & 4 \\ 0 & 3 & 5 \end{vmatrix} = 10$$

$\therefore$ $\Delta = 0$ परन्तु $\Delta_1 \neq 0$

अत: निकाय कोई हल नहीं रखता है।

सारणिकों के अनुप्रयोग

1. आव्यूह के साथ उपयोग किए जाने के अलावा सारणिक, बहुपद अंतरवेषण; एक समांतर चतुर्भुज का क्षेत्रफल ज्ञात करना; एक समांतर षट्फलक का आयतन ज्ञात करना; ग्राफ में असमान स्पेंनिंग ट्री की संख्या ज्ञात करने आदि जैसे कई विषयों में उपयोग में लाये जाते हैं।
2. बिन्दुओं (x_1, y_1) एवं (x_2, y_2) से गुजरने वाली सरल रेखा का समीकरण;

$$\begin{vmatrix} x & y & 1 \\ x_1 & y_1 & 1 \\ x_2 & y_2 & 1 \end{vmatrix} = 0$$

3. समीकरण $ax^2 + 2hxy + by^2 + 2gx + 2fy + c$ सरल रेखाओं का युग्म प्रदर्शित करता है, यदि:

$$abc + 2fgh - af^2 - bg^2 - ch^2 = 0 = \begin{vmatrix} a & h & g \\ h & b & f \\ g & f & c \end{vmatrix}$$

4. त्रिभुज जिसके शीर्ष (x_r, y_r); $r = 1, 2, 3$ है, का क्षेत्रफल

$$D = \frac{1}{2}\begin{vmatrix} x_1 & y_1 & 1 \\ x_2 & y_2 & 1 \\ x_3 & y_3 & 1 \end{vmatrix},$$ यदि $D = 0$, तब तीनों बिंदु सरैख होंगे।

5. रेखाएँ

$$a_1x + b_1y + c_1 = 0 \qquad \ldots(i)$$
$$a_2x + b_2y + c_2 = 0 \qquad \ldots(ii)$$
$$a_3x + b_3y + c_3 = 0 \qquad \ldots(iii)$$

संगामी हैं, यदि $\begin{vmatrix} a_1 & b_1 & c_1 \\ a_2 & b_2 & c_2 \\ a_3 & b_3 & c_3 \end{vmatrix} = 0$

यह दो चरों में एक साथ तीन रैखिक समीकरणों के सुसंगत होने की शर्त है।

विडियो संसाधन [स्त्रोत: NCERT]

सारणिक

सारणिक का गुणधर्म

उपसारणिक एवं सहखंड

रैखिक समीकरण के निकाय के हल हेतु आव्यू विधि

वस्तुस्थिति अध्ययन

एक किसान जमीन का एक त्रिकोणीय टुकड़ा 100 रुपये प्रति वर्ग इकाई की दर से खरीदता है। भूमि के कोनों के निर्देशांक हैं (0, 0), (2, 6) और (9, 10) है।

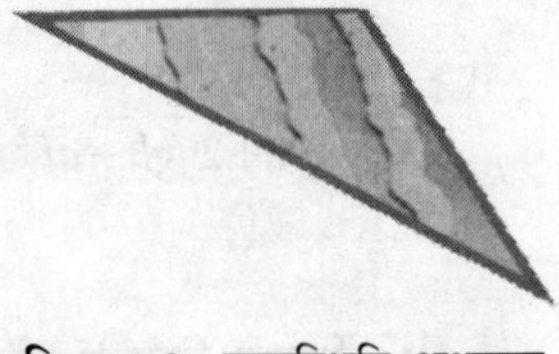

चित्र 1.2: वस्तुस्थिति अध्ययन

उपरोक्त जानकारी के आधार पर निम्नलिखित प्रश्नों के उत्तर दीजिए।

1. निम्न सारणिक सूत्र का उपयोग करते हुए भूमि के क्षेत्रफल मूल्यांकन है।

$$\frac{1}{2}\begin{vmatrix} x_1 & y_1 & 1 \\ x_2 & y_2 & 1 \\ x_3 & y_3 & 1 \end{vmatrix}$$

2. यदि किसान एक कोने को (0, 0) पर लेने के स्थान पर (2, −3) पर लेता, तो त्रिभुजाकार भूखंड का क्षेत्रफल क्या होगा?
3. त्रिकोणीय भूखंड खरीदने के एवज में किसान द्वारा भुगतान की गई कुल लागत क्या है?
4. यदि किसान अपने द्वारा खरीदे गए त्रिभुजाकार भूखंड के समान क्षेत्रफल की 5 भूमि खरीदता है तो उसे कितनी कीमत चुकानी होगी?

परिक्षण कीजिये

MATLAB की मूलभूत जानकारी प्राप्त करने के पश्चात्, MATLAB का निःशुल्क परिक्षण संस्करण डाउनलोड कीजिये

डाउनलोड MATLAB

क्या आप MATLAB उपयोग कर निम्नलिखित सारणिकों का मान ज्ञात कर सकते है? प्राप्त उत्तर का सत्यापन गणितीय विधि से हल करके भी कीजिये!

$$A = \begin{vmatrix} 1 & 4 & 9 \\ 3 & 8 & 6 \\ 9 & 0 & 1 \end{vmatrix} \quad B = \begin{vmatrix} 3 & 9 & 11 \\ 20 & 1 & 0 \\ 3 & 4 & 7 \end{vmatrix}$$

गतिविधि

- क्रेमर का नियम कब विफल होता है, अपने शिक्षक से चर्चा कीजिये।
- किसी भी ओपन सोर्स सॉफटवेयर का उपयोग करते हुए, सारणिक का मान ज्ञात कीजिए।

$$\begin{vmatrix} 330 & 190 & 2947 \\ 347 & 509 & 3033 \\ 7777 & 8888 & 9999 \end{vmatrix}$$

प्रिट-आउट/स्क्रीनशॉट लीजिये और इसे अपने शिक्षक को दिखाएं। अपने उत्तर का अपने साथी छात्रों से मिलान करें। क्या आप सभी को दिए गए सारणिक का मान समान मिलता है?

2. आव्यूह

1.2 प्रस्तावना

mn संख्याओं (जो वास्तविक या सम्मिश्र हो सकती है) की एक आयताकार सारणी जिनमे 'm' क्षैतिज रेखायें (पंक्तियों) और 'n' उर्ध्व रेखायें (स्तम्भ) के रूप में होती है, को $m \times n$ कोटि का आव्यूह कहा जाता है। आव्यूह को सदिशों के एक समुच्चय के रूप में भी परिकल्पित किया जा सकता है (आप इकाई 4 में अध्ययन करेंगे!), प्रत्येक पंक्ति/स्तंभ एक पंक्ति/स्तंभ सदिश का प्रतिनिधित्व करते हैं! क्या आप इसे एक उदाहरण की मदद से समझा सकते है?...आगे बढिए।

ऐसी सरणी (array) को [ ] अथवा ( ) के अन्दर व्यक्त किया जाता है। एक $m \times n$ आव्यूह को सामान्यत: निम्नानुसार लिखा जाता है

$$A = \begin{bmatrix} a_{11} & a_{12} & a_{13} & \dots & a_{1n} \\ a_{21} & a_{22} & a_{23} & \dots & a_{2n} \\ \vdots & \vdots & \vdots & \vdots & \vdots \\ a_{m1} & a_{m2} & a_{m3} & \dots & a_{mn} \end{bmatrix}$$

संक्षिप्त रूप में, उपरोक्त आव्यूह को $A = [a_{ij}]_{m \times n}$ द्वारा व्यक्त किया जाता है। संख्याएं $a_{11}, a_{12} \dots$ आदि आव्यूह A के अवयव के रूप में जाने जाते है। a_{ij} i वी पंक्ति और j वे स्तम्भ में आने वाला अवयव होता है और जो $A = [a_{ij}]$ का (i, j) वा अवयव कहा जाता है।

उदाहरणार्थ, $A = \begin{bmatrix} 0 & -1 \\ 2 & 7 \\ 3 & 1 \end{bmatrix}$ एक आव्यूह है जिसमे 3 पंक्तियाँ और 2 स्तम्भ है। जिसकी कोटि 3×2 है और जिसमे 6 अवयव हैं:

$$a_{11} = 0, a_{12} = -1, a_{21} = 2, a_{22} = 7, a_{31} = 3, a_{32} = 1$$

1.2.1 आव्यूह के प्रकार

1. **पंक्ति आव्यूह (पंक्ति सदिश):** माना $A = [a_{11}, a_{12}, \dots, a_{1n}]$ अर्थात पंक्ति आव्यूह में केवल एक पंक्ति होती है।

> **रोचक तथ्य**
> एक आव्यूह के अवयव कुछ भी हो सकते है, ये किसी संख्या से लेकर समीकरण और चित्र तक हो सकते है।

2. **स्तम्भ आव्यूह (स्तम्भ सदिश):** माना $A = \begin{bmatrix} a_{11} \\ a_{21} \\ \vdots \\ a_{m1} \end{bmatrix}$ अर्थात स्तम्भ आव्यूह में केवल एक स्तम्भ होता है।

3. **शून्य अथवा रिक्त आव्यूह:** $(A = O_{m \times n})$ एक $m \times n$ आव्यूह जिसके सभी अववय शून्य होते है, रिक्त आव्यूह कहलाता है।

$A = \begin{bmatrix} 0 & 0 \\ 0 & 0 \\ 0 & 0 \end{bmatrix}$ एक 3×2 कोटि का रिक्त आव्यूह है एवं $B = \begin{bmatrix} 0 & 0 & 0 \\ 0 & 0 & 0 \\ 0 & 0 & 0 \end{bmatrix}$ 3×3 कोटि का एक रिक्त आव्यूह है।

4. **क्षैतिज आव्यूह:** $m \times n$ कोटि का आव्यूह क्षैतिज आव्यूह कहलाता है यदि $n > m$, उदाहरण: $\begin{bmatrix} 3 & 1 & 5 & 2 \\ 2 & 4 & 6 & 5 \end{bmatrix}$

5. **उर्ध्व आव्यूह:** $m \times n$ कोटि का आव्यूह उर्ध्व आव्यूह कहलाता है यदि $m > n$, उदाहरण: $\begin{bmatrix} 1 & 3 \\ 2 & 5 \\ 4 & 9 \\ 3 & 1 \end{bmatrix}$

6. **आयताकार आव्यूह:** एक आव्यूह को एक आयताकार आव्यूह कहा जाता है, यदि उसमें पंक्तियों की संख्या और स्तंभो की संख्या समान नहीं हो, अर्थात एक आव्यूह $A = [a_{ij}]_{m \times n}$ को एक आयताकार आव्यूह कहा जाता है, यदि $m \neq n$, उदाहरण के लिए $B = \begin{bmatrix} 1 & -3 \\ 5 & 0 \\ 7 & 9 \end{bmatrix}_{3\times 2}$ एक आयताकार आव्यूह है।

7. **वर्ग आव्यूह:** एक आव्यूह जिसमें पंक्तियों की संख्या स्तंभो की संख्या के समान होती है एक वर्ग आव्यूह कहलाता है अर्थात $A = [a_{ij}]_{m \times n}$ एक वर्ग आव्यूह होगा यदि और केवल यदि $m = n$।
उदाहरण के लिए,

(*i*) $A = \begin{bmatrix} 2 & -3 & 1 \\ 3 & 0 & 7 \\ 4 & 8 & 4 \end{bmatrix}_{3\times 3}$ (*ii*) $B = \begin{bmatrix} a & b \\ c & d \end{bmatrix}_{2\times 2}$

वर्ग आव्यूह है।

नोट:

(*a*) यदि $A = [a_{ij}]$ एक n कोटि का वर्ग आव्यूह है, तो अवयवो (प्रविष्टियाँ) $a_1, a_{22}, a_{33}, \ldots a_{nn}$ को आव्यूह A के विकर्ण के अवयव कहते है। वह रेखा जिसमे विकर्ण के अवयव स्थित रहते है उसे मुख्य विकर्ण कहते हैं। अत: यदि $A = \begin{bmatrix} 2 & 3 \\ 4 & 5 \end{bmatrix}$, तब A के विकर्ण के अवयव 2, 5 है।

(*b*)

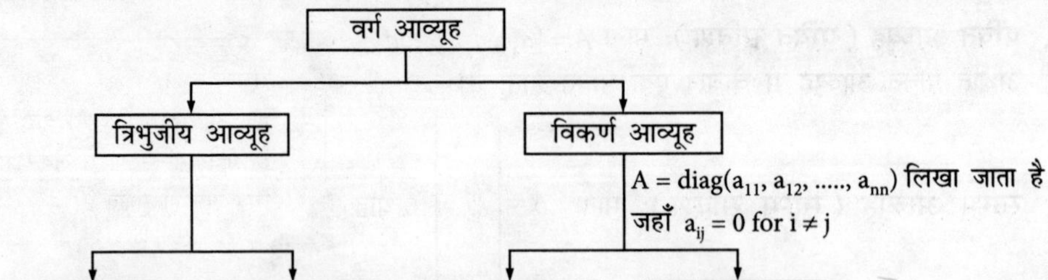

चित्र 1.3: वर्ग आव्युहों का प्रकार

8. **अदिश आव्यूह:** जिस वर्ग आव्यूह के मुख्य विकर्ण के सभी अवयव बराबर हो तथा शेष अवयव शून्य हो उसे अदिश आव्यूह कहते हैं। अत: $A = [a_{ij}]_{n \times n}$ एक अदिश आव्यूह होगा, यदि

$$a_{ij} = \begin{cases} 0, & if\ i \neq j \\ k, & if\ i = j \end{cases}, \quad \text{जहाँ } k \text{ एक अदिश है।}$$

9. **उप-आव्यूह:** किसी दिए गए आव्यूह की कुछ पंक्तियों और स्तंभो को निकाल देने या छोड़ देने पर शेष बचे आव्यूह को दिए हुए आव्यूह का उप-आव्यूह कहते हैं।

10. **आव्यूह का ट्रेस:** एक वर्ग आव्यूह $A = [a_{ij}]_{n \times n}$ (माना) के विकर्ण के सभी अवयवों का योग आव्यूह A का ट्रेस कहलाता है और इसे $\text{Tr}(A)$ द्वारा दर्शाया जाता है।

अत: $\quad \text{Tr}(A) = \sum_{i=1}^{n} a_{ii}$

उदाहरण के लिए, यदि $A = \begin{bmatrix} 2 & -4 & 8 \\ 0 & 3 & 5 \\ 9 & 5 & 4 \end{bmatrix}$, तब

$\text{Tr}(A) = 2 + 3 + 4 = 9$

11. **एकल आव्यूह:** एक आव्यूह एकल आव्यूह कहलाता है यदि उसमे केवल एक ही अवयव हो, अर्थात एक आव्यूह $A = [a_{ij}]_{m \times n}$ एकल आव्यूह है यदि, $m = n = 1$

12. **तुलनीय आव्यूह:** दो आव्यूह $A = [a_{ij}]_{m \times n}$ और $B = [b_{ij}]_{p \times q}$ तुलनीय आव्यूह कहलाते है, यदि $m = p$ और $n = q$

1.2.2 आव्युहों पर संक्रियाएँ

I. आव्युहों का योग

माना A एवं B एक ही कोटि $m \times n$ के दो आव्यूह हैं तो उनके योग का आव्यूह उनके संगत अवययों का योग करने पर प्राप्त होता है जिसे हम $A + B$ से प्रदर्शित करते हैं तथा उसकी कोटि भी $m \times n$ होगी।

> **रोचक तथ्य**
> 'मैट्रिक्स' शब्द जेम्स सिल्वेटर द्वारा दिया गया था, लेकिन यह उनके मित्र और गणितज्ञ आर्थर केली थे जिन्होंने मैट्रिक्स के बीजीय स्वरूप को विकसित किया था।

अत: यदि $A = [a_{ij}]_{m \times n}$ और $B = [b_{ij}]_{m \times n}$ तब $A + B = [a_{ij} + b_{ij}]_{m \times n}$ सभी i, j के लिए

उदाहरण 9:

प्रदत्त है $A = \begin{bmatrix} 1 & 7 & 3 \\ -1 & 0 & 1 \\ 0 & 5 & -3 \end{bmatrix}, B = \begin{bmatrix} 0 & 2 \\ -1 & 0 \\ 0 & -1 \end{bmatrix}$ और $C = \begin{bmatrix} 3 & 4 & -2 \\ 2 & 7 & 1 \\ 1 & -1 & 5 \end{bmatrix}$, तब

निम्न का मान ज्ञात कीजिये (जो भी परिभाषित हो):

1. A + B
2. A + C

हल:

(1) प्रदत्त है कि A कोटि 3×3 का आव्यूह है एवं B कोटि 3×2 का आव्यूह है चूँकि A और B समान कोटि के आव्यूह नहीं है अत: उनका योग $A + B$ परिभाषित नहीं है।

(2) यहाँ A और C दोनों आव्यूह समान कोटि 3×3 के आव्यूह है अत: उनका योग $A + C$ प्राप्त किया जा सकता है।

$$\therefore \quad A + C = \begin{bmatrix} 1 & 7 & 3 \\ -1 & 0 & 1 \\ 0 & 5 & -3 \end{bmatrix} + \begin{bmatrix} 3 & 4 & -2 \\ 2 & 7 & 1 \\ 1 & -1 & 5 \end{bmatrix} = \begin{bmatrix} 1+3 & 7+4 & 3-2 \\ -1+2 & 0+7 & 1+1 \\ 0+1 & 5-1 & -3+5 \end{bmatrix}$$

$$= \begin{bmatrix} 4 & 11 & 1 \\ 1 & 7 & 2 \\ 1 & 4 & 2 \end{bmatrix}$$ **उत्तर**

आव्यूहों के योग के गुणधर्म

गुणधर्म 1: आव्युहों का योग क्रम-विनिमय नियम का पालन करता है,

अर्थात् $A + B = B + A$

गुणधर्म 2: आव्युहों का योग साहचर्य नियम का पालन करता है,

अर्थात् $A + (B + C) = (A + B) + C$

गुणधर्म: 3 योग के तत्समक का अस्तित्व

अर्थात् $A + O = O + A$

शून्य आव्यूह O *आव्युहों के योग में योज्य तत्समक का कार्य करता है।*

गुणधर्म: 4 योज्य प्रतिलोम का अस्तित्व

यदि $A + B = O = B + A$

जहाँ $O, m \times n$ *कोटि का शून्य आव्यूह है, तब आव्यूह* B *आव्यूह* A *का योज्य प्रतिलोम अथवा ऋण आव्यूह कहलाता है।*

II. अदिश गुणफल

माना $A = [a_{ij}]_{m \times n}$ एक आव्यूह है और k कोई अदिश संख्या है। तब A के प्रत्येक अवयव को k से गुणा करके प्राप्त आव्यूह को A का अदिश गुणज कहा जाता है और इसे kA से प्रदर्शित किया जाता है।

अत: $kA = [ka_{ij}]_{m \times n}$

उदारहण: 10

यदि $A = \begin{bmatrix} 1 & 2 \\ 9 & 5 \end{bmatrix}$ और $k = 2$

तब $kA = ?$

हल: $kA = 2 \times \begin{bmatrix} 1 & 2 \\ 9 & 5 \end{bmatrix}$

$2A = \begin{bmatrix} 2\times1 & 2\times2 \\ 2\times9 & 2\times5 \end{bmatrix}$ अथवा $2A = \begin{bmatrix} 2 & 4 \\ 18 & 10 \end{bmatrix}$ **उत्तर**

प्रश्न: यदि $A = \begin{bmatrix} 0 & 1 \\ 7 & -3 \end{bmatrix}$ और $kA = \begin{bmatrix} 0 & a \\ 4b & 12 \end{bmatrix}$ तब $b\text{-}a\text{-}k$ का मान ज्ञात कीजिये। **[उत्तर: 1]**

III. आव्युहों का अन्तर

माना A एवं B एक ही कोटि $m \times n$ के दो आव्यूह हैं तो उनके अन्तर का आव्यूह उनके संगत अवयवों को घटाने पर प्राप्त होता है जिसे हम $A - B$ से प्रदर्शित करते हैं तथा उसकी कोटि भी $m \times n$ होगी।

अतः यदि $A = [a_{ij}]_{m \times n}$ और $B = [b_{ij}]_{m \times n}$

तब $A - B = [a_{ij} - b_{ij}]_{m \times n}$, सभी i एवं j के लिए

उदाहरण 11: यदि $A = \begin{bmatrix} 9 & 10 \\ 13 & 20 \end{bmatrix}, B = \begin{bmatrix} 3 & 5 \\ 8 & 9 \end{bmatrix}$ तब A – B ज्ञात कीजिये।

हलः यहाँ A और B दोनों समान कोटि 2×2 के आव्यूह है, अतः $A - B$ सुपरिभाषित है।

$$\therefore \quad A - B = \begin{bmatrix} 9 & 10 \\ 13 & 20 \end{bmatrix} - \begin{bmatrix} 3 & 5 \\ 8 & 9 \end{bmatrix}$$

$$= \begin{bmatrix} 9-3 & 10-5 \\ 13-8 & 20-9 \end{bmatrix}$$

$$= \begin{bmatrix} 6 & 5 \\ 5 & 11 \end{bmatrix}$$ **उत्तर**

प्रश्नः दिया गया है $A = \begin{bmatrix} 1 & -1 & 1 \\ 0 & 9 & 3 \\ 7 & 7 & 7 \end{bmatrix}$, और $B = \begin{bmatrix} 0 & 3 & 0 \\ 5 & 8 & 3 \\ 1 & -1 & -2 \end{bmatrix}$ आव्यूह C इस प्रकार ज्ञात कीजिये कि

$$A + 2C = B$$

$\left[\textbf{सकेंतः } C = \frac{1}{2}[B - A] \right]$

याद रखिये: यदि दो आव्यूह A और B समान कोटि के हों, तो उनका जोड़ और घटाव संभव है और इन आव्यूहों को जोड़ या घटाव के लिए अनुकूल कहा जाता है। दूसरी ओर, यदि आव्यूह A और B अलग-अलग कोटि के हो तो उनका जोड़ और घटाव संभव नहीं है और इन आव्यूह को जोड़ और घटाव के लिए अनुकूल नहीं होना कहा जाता है।

IV. आव्युहों का गुणन (पंक्तियों का स्तम्भ से)

माना A कोटि $m \times n$ का एक आव्यूह है एवं B कोटि $p \times q$ का आव्यूह है, तब आव्यूह गुणन AB तभी संभव है जब $n = p$ होगा और इस स्थिति में आव्यूह गुणन के लिए अनुकूल कहे जायेंगे। गुणनफल AB में, A पूर्व गुणज और B परा-गुणज कहलाते हैं।

अतः AB संभव है यदि और केवल यदि पहले आव्यूह के स्तम्भ की संख्या = बाद वाले आव्यूह की पंक्तियों की संख्या।

माना $A_{m \times n} = [a_{ij}]$ और $B_{n \times p} = [b_{ij}]$, तब AB की कोटि $m \times p$ होगी एवं $(AB)_{ij} = \sum_{r=1}^{n} a_{ir} b_{rj}$

उदाहरण के लिए

माना $A = \begin{bmatrix} 1 & 3 & -1 \\ 0 & 9 & 2 \end{bmatrix}$ और $B = \begin{bmatrix} 3 & 4 \\ 8 & 1 \\ 0 & 1 \end{bmatrix}$

चूँकि A की कोटि 2×3 है एवं B की कोटि 3×2, अतः गुणनफल परिभाषित है।

अर्थात् $$AB = \begin{bmatrix} 1 & 3 & -1 \\ 0 & 9 & 2 \end{bmatrix}_{2\times3} \times \begin{bmatrix} 3 & 4 \\ 8 & 1 \\ 0 & 1 \end{bmatrix}_{2\times3}$$

AB कोटि 2×2 का आव्यूह होगा जिसमे प्रत्येक अवयव A की किसी पंक्ति की प्रविष्टियों का B के किसी स्तम्भ की संगत प्रविष्टियों के गुणनफल के योगफल के बराबर होता है। गणना निम्नानुसार दी जाती है।

$$AB = \begin{bmatrix} \boxed{1\ 3\ -1}\begin{bmatrix}3\\8\\0\end{bmatrix} & \boxed{1\ 3\ -1}\begin{bmatrix}4\\1\\1\end{bmatrix} \\ \boxed{0\ 9\ 2}\begin{bmatrix}3\\8\\0\end{bmatrix} & \boxed{0\ 9\ 2}\begin{bmatrix}4\\1\\1\end{bmatrix} \end{bmatrix}$$

$$\Rightarrow \quad AB = \begin{bmatrix} 1\times3+3\times8+(-1)\times0 & 1\times4+3\times1+(-1)\times1 \\ 0\times3+9\times8+2\times0 & 0\times4+9\times1+2\times1 \end{bmatrix}$$

$$\Rightarrow \quad AB = \begin{bmatrix} 3+24+0 & 4+3-1 \\ 0+72+0 & 0+9+2 \end{bmatrix}$$

अत: $$AB = \begin{bmatrix} 27 & 6 \\ 72 & 11 \end{bmatrix}_{2\times2}$$

प्रश्न: यदि $A = \begin{bmatrix} 0 & 1 & 3 \\ 4 & 2 & 0 \\ 3 & 1 & 4 \end{bmatrix}_{3\times3}$, $B = \begin{bmatrix} 1 & -3 \\ 4 & 0 \\ 0 & 1 \end{bmatrix}_{3\times2}$ गुणनफल AB की गणना कीजिये। क्या BA परिभाषित है? विश्लेषण कीजिये।

उत्तर: $\begin{bmatrix} 4 & 3 \\ 12 & -12 \\ 7 & -5 \end{bmatrix}_{3\times2}$

प्रश्न: यदि A एवं B दो आव्यूह इस प्रकार है कि $A+B = \begin{bmatrix} 1 & 0 \\ 3 & 4 \end{bmatrix}$, $A-B = \begin{bmatrix} 7 & 2 \\ -1 & 0 \end{bmatrix}$ तब AB का मान ज्ञात कीजिये।

उत्तर: $\begin{bmatrix} -10 & -2 \\ 1 & 3 \end{bmatrix}$

आव्यूह गुणन के गुणधर्म

1. *आव्यूह गुणन क्रम-विनिमय नियम का पालन नहीं करता है- अर्थात्* $AB \neq BA$

उदाहरण: *AB और BA दोनों का अस्तित्व हो एवं दोनों एक ही प्रकार के हो तथापि सामान्यत:* $AB \neq BA$

माना $A = \begin{bmatrix} 1 & 1 \\ 0 & 0 \end{bmatrix}$ एवं $B = \begin{bmatrix} 1 & 0 \\ 0 & 0 \end{bmatrix}$; तब $AB = \begin{bmatrix} 1 & 0 \\ 0 & 0 \end{bmatrix}$; $BA \begin{bmatrix} 1 & 1 \\ 0 & 0 \end{bmatrix}$

$\Rightarrow \quad AB \neq BA$

2. *यदि $AB = O$ तो यह अनिवार्य नहीं कि या तो $A = O$ हो या $B = O$*

उदाहरण के लिए माना $A = \begin{bmatrix} 1 & 1 \\ 2 & 2 \end{bmatrix}$ (शून्येतर) एवं $B = \begin{bmatrix} -1 & 1 \\ 1 & -1 \end{bmatrix}$ (शून्येतर);

तब $$AB = \begin{bmatrix} 1 & 1 \\ 2 & 2 \end{bmatrix}\begin{bmatrix} -1 & 1 \\ 1 & -1 \end{bmatrix} = \begin{bmatrix} 0 & 0 \\ 0 & 0 \end{bmatrix}$$

नोट: *यदि A और B दो शून्येतर आव्यूह इस प्रकार हैं कि $AB = O$ है तो A और B शून्य के भाजक कहलाते हैं।*

3. *आव्यूह गुणन साहचर्य नियम का पालन करता है*

यदि A, B व C गुणनफल AB व BC के अनुरूप है तो $(AB)C = A(BC)$

वितरणता (वितरण नियम):

$$\left.\begin{matrix} A(B+C) = AB + AC \\ (A+B)C = AC + BC \end{matrix}\right]$$ *जब A, B एवं C उनके गुणनफल के अनुरूप हो*

4. *वर्ग आव्यूह A के लिए,* $A^n = \underbrace{A.A.A.............................A}_{n \text{ बार}}$, यहां $n \in N$

1.2.3 आव्यूह का परिवर्त (पंक्ति एवं स्तम्भ में परस्पर परिवर्तन)

माना $A = [a_{ij}]$ कोटि $m \times n$ का एक आव्यूह है, तब A^T या $A' = [a_{ji}]$, $1 \le i \le m$ एवं $1 \le j \le n$ के लिए।

उदाहरण 12: यदि $A = \begin{bmatrix} \cos\theta & -\sin\theta \\ \sin\theta & \cos\theta \end{bmatrix}$, तब θ का वह मान ज्ञात कीजिये जिससे समीकरण $A^T + A = I_2$ संतुष्ट हो।

हल: प्रदत्त है $A^T + A = I_2$

$$\Rightarrow \begin{bmatrix} \cos\theta & \sin\theta \\ -\sin\theta & \cos\theta \end{bmatrix} + \begin{bmatrix} \cos\theta & -\sin\theta \\ \sin\theta & \cos\theta \end{bmatrix} = \begin{bmatrix} 1 & 0 \\ 0 & 1 \end{bmatrix}$$

$$\Rightarrow \begin{bmatrix} 2\cos\theta & 0 \\ 0 & 2\cos\theta \end{bmatrix} = \begin{bmatrix} 1 & 0 \\ 0 & 1 \end{bmatrix}$$

$$\Rightarrow \cos\theta = \frac{1}{2} = \cos\left(\frac{\pi}{3}\right)$$

$$\Rightarrow \theta = 2n\pi + \frac{\pi}{3}, n \in N$$

1.2.4 लाम्बिक आव्यूह

एक वर्ग आव्यूह A, लाम्बिक आव्यूह कहलाता है यदि और केवल यदि $AA' = I$, जहाँ I तत्समक आव्यूह है।

नोट:

1. यदि $AA' = I$, तब $A^{-1} = A^T$
2. यदि A और B लाम्बिक आव्यूह है, तब AB भी लाम्बिक आव्यूह होगा।
3. यदि A लाम्बिक आव्यूह है, तब A^{-1} और A भी लाम्बिक आव्यूह होंगे।
4. लाम्बिक आव्यूह का सारणिक मान 1 या −1 होता है।

उदाहरण 13: आव्यूह $\begin{bmatrix} -2 & 0 \\ 0 & 2 \end{bmatrix}$ के लिए लाम्बिकता की जाँच करें।

हल: एक आव्यूह लाम्बिक होगा यदि $AA' = I$

यहां $$A = \begin{bmatrix} -2 & 0 \\ 0 & 2 \end{bmatrix} \Rightarrow A' = \begin{bmatrix} -2 & 0 \\ 0 & 2 \end{bmatrix}$$

तब $$AA' = \begin{bmatrix} -2 & 0 \\ 0 & 2 \end{bmatrix}\begin{bmatrix} -2 & 0 \\ 0 & 2 \end{bmatrix}$$

$$\Rightarrow \quad AA' = \begin{bmatrix} 4+0 & 0 \\ 0 & 0+4 \end{bmatrix} = \begin{bmatrix} 4 & 0 \\ 0 & 4 \end{bmatrix}$$

$$\Rightarrow \quad AA' = 4\begin{bmatrix} 1 & 0 \\ 0 & 1 \end{bmatrix} \Rightarrow AA' = 4I$$

अत: A लाम्बिक नहीं है।

टिप्पणी: यदि $A = \begin{bmatrix} -1 & 0 \\ 0 & 1 \end{bmatrix}$ है तब यह लाम्बिक होगा। स्वयं इसकी जाँच कीजिये।

1.2.5 सममित और विषम सममित आव्यूह

परिभाषा: सममित आव्यूह-एक वर्ग आव्यूह $A = [a_{ij}]$ सममित कहलाता है, यदि $a_{ij} = a_{ji}$ सभी i एवं j के लिए अत: सममित आव्यूह के लिए $A = A^T$।

परिभाषा: विषम सममित आव्यूह-एक वर्ग आव्यूह $A = [a_{ij}]$ विषम सममित कहलाता है, यदि $a_{ij} = -a_{ji}$ सभी i एवं j के लिए अत: विषम आव्यूह के लिए $A = -A^T$।

उदाहरण के लिए, यदि $A = \begin{bmatrix} a & h & g \\ h & b & f \\ g & f & c \end{bmatrix}$, तब $A^T = \begin{bmatrix} a & h & g \\ h & b & f \\ g & f & c \end{bmatrix}$ यहाँ, A सममित आव्यूह है क्योंकि $A^T = A$

अब निम्नलिखित उदाहरण पर विचार करिये-

यदि $\begin{bmatrix} o & h & g \\ -h & 0 & f \\ -g & -f & 0 \end{bmatrix}$, तब $A^T = \begin{bmatrix} o & -h & -g \\ h & 0 & -f \\ g & f & 0 \end{bmatrix} = -\begin{bmatrix} o & h & g \\ -h & 0 & f \\ -g & -f & 0 \end{bmatrix} = -A$

यहाँ, A विषम सममित आव्यूह है क्योंकि $A^T = -A$

याद रखिये:

(*i*) यदि A विषम सममित है, तो $a_{ii} = -a_{ii} \Rightarrow a_{ii} = 0$ अत: एक विषम सममित आव्यूह में मुख्य विकर्ण का प्रत्येक अवयव शून्य होता है परन्तु इसका प्रतिलोम सत्य नहीं होता है।

(*ii*) प्रत्येक वर्ग आव्यूह को अद्‌वितीय रूप से सममित आव्यूह तथा विषम सममित आव्यूह के योग के रूप में व्यक्त किया जा सकता है।

$$A = \underbrace{\frac{1}{2}(A + A^T)}_{\text{सममित}} + \underbrace{\frac{1}{2}(A - A^T)}_{\text{विषम सममित}} \quad \text{और} \quad A = \frac{1}{2}(A^T + A) - \frac{1}{2}(A^T - A)$$

उदाहरण 14: वर्ग आव्यूह $B = [b_{ij}]_{m \times n}$ दिया है $b_{ij} = (i - j)^n$, दिखाईये कि B, n के क्रमशः सम और विषम होने पर सममति एवं विषम सममित आव्यूह होगा।

हलः
$$b_{ij} = (i-j)^n = (-1)^n (j-i)^n$$
$$= (-1)^n b_{ji} = \begin{cases} b_{ji}, & n \text{ सम पूर्णांक है;} \\ -b_{ji}, & n \text{ विषम पूर्णांक है।} \end{cases}$$

अतः B सममित है जब n सम है और B विषम सममित है जब n विषम है।

उदाहरण 15: क्या आप आव्यूह A को सममित आव्यूह तथा विषम सममित आव्यूह के योग के रूप में व्यक्त कर सकते है? जहाँ $A = \begin{bmatrix} 1 & 4 \\ 3 & -2 \end{bmatrix}$। प्रमाण सहित समझाईये।

हलः हाँ, हम A को सममित आव्यूह तथा विषम सममित आव्यूह के योग के रूप में व्यक्त कर सकते है, यहाँ

$$A = \begin{bmatrix} 1 & 4 \\ 3 & -2 \end{bmatrix}, \text{ तब } A^T = \begin{bmatrix} 1 & 3 \\ 4 & -2 \end{bmatrix}$$

माना $$P = \frac{1}{2}(A + A^T) = \frac{1}{2}\begin{bmatrix} 2 & 7 \\ 7 & -4 \end{bmatrix} = \begin{bmatrix} 1 & \frac{7}{2} \\ \frac{7}{2} & -2 \end{bmatrix} = P^T$$

इस प्रकार, $P = \frac{1}{2}(A + A')$ एक सममित आव्यूह है।

पुनः माना $$Q = \frac{1}{2}(A - A^T) = \frac{1}{2}\begin{bmatrix} 0 & 1 \\ -1 & 0 \end{bmatrix}$$

तब $$Q^T = \begin{bmatrix} 0 & -\frac{1}{2} \\ \frac{1}{2} & 0 \end{bmatrix} = -Q$$

इस प्रकार, $Q = \frac{1}{2}(A - A^T)$ एक विषम-सममित आव्यूह है।

अब, $$P + Q = \begin{bmatrix} 1 & \frac{7}{2} \\ \frac{7}{2} & -2 \end{bmatrix} + \begin{bmatrix} 0 & \frac{1}{2} \\ -\frac{1}{2} & 0 \end{bmatrix} = \begin{bmatrix} 1 & 4 \\ 3 & -2 \end{bmatrix} = A$$

अतः A को सममित आव्यूह तथा विषम सममित आव्यूह के योग के रूप में व्यक्त किया गया है।

प्रश्नः यदि A सममित आव्यूह के साथ-साथ विषम सममित आव्यूह भी है, तो A है-

(A) विकर्ण आव्यूह (B) रिक्त आव्यूह (C) त्रिभुजीय आव्यूह (D) तत्समक आव्यूह

[**उत्तरः** (B)]

1.2.6 अव्युत्क्रमणीय एवं व्युत्क्रमणीय आव्यूह

एक वर्ग आव्यूह को अव्युत्क्रमणीय कहा जाता है, यदि $|A| = 0$ और एक वर्ग आव्यूह को व्युत्क्रमणीय (अविचित्र) कहते है, यदि $|A| \neq 0$

उदाहरण के लिए

(i) $A = \begin{bmatrix} 2 & 2 \\ 3 & 3 \end{bmatrix}$ अव्युत्क्रमणीय आव्यूह है, क्योंकि $|A| = 0$।

(ii) $A = \begin{bmatrix} 5 & 3 \\ 4 & 5 \end{bmatrix}$ व्युत्क्रमणीय आव्यूह है, क्योंकि $|A| = 25 - 12 = 13 \neq 0$ ।

1.2.7 आव्यूह का प्रतिलोम

I. वर्ग आव्यूह का सहखंडज

परिभाषा:

माना $A = [a_{ij}]$ कोई $n \times n$ कोटि का आव्यूह है। $B = [A_{ij}]_{n \times n}$ का परिवर्त आव्यूह B' है,
जहाँ A_{ij} सारणिक |A| में अवयव a_{ij} का सहखंड आव्यूह है। तब B' को आव्यूह A का सहखंडज कहते है, जिसे Adj.A से प्रदर्शित किया जाता है।

इस प्रकार एक आव्यूह A का सहखंडज A के सहखंडों द्वारा निर्मित आव्यूह का परिवर्त है अर्थात यदि

$$A = \begin{bmatrix} a_{11} & a_{12} & \dots & a_{1n} \\ a_{21} & a_{22} & \dots & a_{2n} \\ \dots & \dots & \dots & \dots \\ a_{n1} & a_{n2} & \dots & a_{nn} \end{bmatrix}$$

तब $\text{adj}\, A =$ आव्यूह $\begin{bmatrix} A_{11} & A_{12} & \dots & A_{1n} \\ A_{21} & A_{22} & \dots & A_{1n} \\ \dots & \dots & \dots & \dots \\ A_{n1} & A_{n2} & \dots & A_{nn} \end{bmatrix}$ का परिवर्त आव्यूह

$$A = \begin{bmatrix} A_{11} & A_{21} & \dots & A_{n1} \\ A_{12} & A_{22} & \dots & A_{n2} \\ \dots & \dots & \dots & \dots \\ A_{1n} & A_{2n} & \dots & A_{nn} \end{bmatrix}$$

नोट:

(i) कभी-कभी मैट्रिक्स के सहखंडज को मैट्रिक्स का 'एडजुगेट' भी कहा जाता है एवं $|\text{adj}\, A| = |A|^{n-1}$

(ii) $A(\text{adj}\, A) = (\text{adj}\, A)A = |A|I$

एक अवयव के सहखंडों को लिखने का नियम

जिस पंक्ति और स्तम्भ में अवयव a_{ij} स्थित है, उन्हें क्रॉस करिए और जो सहखंड शेष है उसके सारणिक को D से निरूपित करते है, तब

a_{ij} का सहखंड $= \begin{cases} D, \text{ यदि } i + j = \text{ सम पूर्णांक} \\ -D, \text{ यदि } i + j = \text{ विषम पूर्णांक} \end{cases}$

उदाहरण 17: यदि $A=\begin{bmatrix}\alpha & \beta\\ \gamma & \delta\end{bmatrix}$, तब Adj.$A$ ज्ञात कीजिये।

हल: $|A|$ में α का सहखंड δ है और β का सहखंड $-\gamma$ है। पुनः γ सहखंड $-\beta$ है और δ का सहखंड α है। इसलिए $|A|$ के अवयवों के सहखंडों से बनाने वाला आव्यूह

$$B=\begin{bmatrix}\delta & -\gamma\\ -\beta & \alpha\end{bmatrix}$$

अब Adj A = आव्यूह B का परिवर्त आव्यूह

$$=\begin{bmatrix}\delta & -\beta\\ -\gamma & \alpha\end{bmatrix}$$

उदाहरण 18: आव्यूह A का सहखंडज आव्यूह ज्ञात कीजिये

जहाँ $$A=\begin{bmatrix}-2 & 2 & 3\\ -1 & 5 & 10\\ 4 & 4 & 2\end{bmatrix}$$

हल: $$|A|=\begin{bmatrix}-2 & 2 & 3\\ -1 & 5 & 10\\ 4 & 4 & 2\end{bmatrix}$$

सारणिक |A| के प्रथम पंक्ति के अवयवों के सहखंड

$$\begin{vmatrix}5 & 10\\ 4 & 2\end{vmatrix}, -\begin{vmatrix}-1 & 10\\ 4 & 2\end{vmatrix}, \begin{vmatrix}-1 & 5\\ 4 & 4\end{vmatrix}$$

अर्थात क्रमशः –30, 42, –24 है

सारणिक |A| के द्वितीय पंक्ति के अवयवों के सहखंड है।

$$-\begin{vmatrix}2 & 3\\ 4 & 2\end{vmatrix}, +\begin{vmatrix}-2 & 3\\ 4 & 2\end{vmatrix}, -\begin{vmatrix}-2 & 2\\ 4 & 4\end{vmatrix}$$

अर्थात क्रमशः 8, –16, 16 है।

सारणिक |A| के तृतीय पंक्ति के अवयवों के सहखंड

$$\begin{vmatrix}2, & 3\\ 5, & 10\end{vmatrix}, -\begin{vmatrix}-2, & 3\\ -1, & 10\end{vmatrix}, +\begin{vmatrix}-2, & 2\\ -1, & 5\end{vmatrix}$$

अर्थात क्रमशः 5, 17, –8 है।

अतः Adj.A = आव्यूह B का परिवर्त, जहाँ

$$B=\begin{bmatrix}-30, & 42, & -24\\ +8 & -16 & 16\\ 5 & 17 & -8\end{bmatrix}$$

अतः $$\text{Adj}A=\begin{bmatrix}-30 & +8 & 5\\ 42 & -16 & 17\\ -24 & 16 & -8\end{bmatrix}$$

प्रश्नः आव्यूह $A=\begin{bmatrix}3 & 4\\ 1 & 6\end{bmatrix}$ का सहखंडज आव्यूह ज्ञात कीजिये और प्रमेय

$A\,(\text{adj}A) = (\text{adj}A)\,A = |A|\,I$ की पुष्टि कीजिये। **उत्तर:** $\begin{bmatrix}6 & -1\\ -4 & 3\end{bmatrix}$

प्रश्नः सत्यापित कीजिये कि कोटि 3 के विकर्ण का सहखंडज एक विकर्ण आव्यूह होता है।

प्रश्नः यदि O एक n कोटि का शून्य आव्यूह है तब विश्लेषण कीजिये कि $adj.O = O$ सही है अथवा गलत।

प्रश्नः यदि I_n, n कोटि का एक तत्समक आव्यूह है तब बताइये कि $adj.I_n = I_n$

II. आव्यूह का व्युत्क्रम (प्रतिलोम आव्यूह)

कोटि n का एक वर्ग आव्यूह A (अवचित्र) व्युत्क्रमणीय कहलाता है, यदि समान कोटि के एक आव्यूह B का अस्तित्व इस प्रकार हो कि $AB = I_n = BA$

> **रोचक तथ्य**
> अंग्रेज गणितज्ञ जेम्स सिल्वेस्टर कानून की पढ़ाई के दौरान साथी गणितज्ञ आर्थर केली से मिले थे

तब B को A का व्युत्क्रम (प्रतिलोम) कहा जाता है और इसे A^{-1} से निरूपित किया जाता है,

$$A^{-1} = B \Leftrightarrow AB = I_n = BA$$

हम जानते है, $A(\text{adj}A) = |A|\,I_n$

$$\Rightarrow \quad A^{-1}A(\text{adj}\,A) = A^{-1}I_n|A| \Leftrightarrow I_n(\text{adj}\,A) = A^{-1}|A|\,I_n$$

$$\therefore \quad A^{-1} = \frac{adjA}{|A|} \text{ यदि } |A| \neq 0$$

नोटः वर्ग आव्यूह A के व्युत्क्रमणीय होने के लिए आवश्यक और पर्याप्त शर्त यह है कि $|A| \neq 0$.

व्युत्क्रम के गुणधर्म

(i) *यदि A और B एक ही कोटि के व्युत्क्रमणीय आव्यूह हैं, तो* $(AB)^{-1} = B^{-1}A^{-1}$

(ii) *यदि A एक व्युत्क्रमणीय आव्यूह है, तो* A^T *भी व्युत्क्रमणीय होगा और* $(A^T)^{-1} = (A^{-1})^T$

(iii) *यदि A व्युत्क्रमणीय है, तो* (a) $(A^{-1})^{-1} = A$, (b) $(A^k)^{-1} = (A^{-1})^{-k}$; $k \in N$

(iv) *यदि A एक व्युत्क्रमणीय आव्यूह है, तब* $|A^{-1}| = |A|^{-1}$

(v) *लाम्बिक आव्यूह A सदैव व्युत्क्रमणीय होता है और* $A^{-1} = A^T$।

> **नोटः** गुणनफल AB एवं BA दोनों के परिभाषित और समान होने के लिए, यह आवश्यक है कि A और B दोनों समान कोटि के वर्ग आव्यूह हों। अतः गैर-वर्ग (आयताकार) आव्यूह का व्युत्क्रम नहीं होता है।

उदाहरण 19: आव्यूह $A=\begin{bmatrix}0 & 1 & 1\\ 1 & 0 & 1\\ 1 & 1 & 0\end{bmatrix}$ का व्युत्क्रम ज्ञात कीजिये।

प्रदत्त है कि $|A| = 2 \neq 0$

हलः चूँकि $|A| \neq 0$, अतः आव्यूह A के व्युत्क्रम का अस्तित्व है।

अब सारणिक $|A|$ की प्रथम पंक्ति के अवयवों के सहखंड

$\begin{vmatrix}0 & 1\\ 1 & 0\end{vmatrix}, -\begin{vmatrix}1 & 1\\ 1 & 0\end{vmatrix}, \begin{vmatrix}1 & 0\\ 1 & 1\end{vmatrix}$, अर्थात $-1, 1, 1$

द्वितीय पंक्ति $-\begin{vmatrix}1 & 1\\1 & 0\end{vmatrix}, \begin{vmatrix}0 & 1\\1 & 0\end{vmatrix}, -\begin{vmatrix}0 & 0\\1 & 1\end{vmatrix}$ अर्थात 1, 1, 1

तृतीय पंक्ति $\begin{vmatrix}1 & 1\\0 & 1\end{vmatrix}, -\begin{vmatrix}0 & 1\\1 & 1\end{vmatrix}, \begin{vmatrix}0 & 1\\1 & 0\end{vmatrix}$ अर्थात 1, 1, –1

अतः
$$B = \begin{bmatrix}-1 & 1 & 1\\ 1 & -1 & 1\\ -1 & 1 & 1\end{bmatrix} \Rightarrow B' = (adjA) = \begin{bmatrix}-1 & 1 & 1\\ 1 & -1 & 1\\ 1 & 1 & -1\end{bmatrix}$$

$$A^{-1} = \text{ adj}(A) = \frac{1}{2}\begin{bmatrix}-1 & 1 & 1\\ 1 & -1 & 1\\ 1 & 1 & -1\end{bmatrix}$$

नोटः व्युत्क्रम आव्यूह प्राप्त करने के पश्चात् सम्बन्ध $AA^{-1} = 1$ से पुष्टि करते हुए अपने उत्तर का परीक्षण करना चाहिए।

उदाहरण 20: यदि आव्यूह A और B परस्पर क्रम–विनिमेयक है, तो सिद्ध किजिये कि A^{-1} और B^{-1} भी परस्पर क्रम–. विनिमेयक होंगे।

हलः A और B परस्पर क्रम–विनिमेयक, अतः $AB = BA$

तब $(AB)^{-1} = B^{-1}A^{-1}$

एवं $(AB)^{-1} = (BA)^{-1} = A^{-1}B^{-1}$

$\therefore$ $B^{-1}A^{-1} = A^{-1}B^{-1}$

इस प्रकार A^{-1} और B^{-1} भी परस्पर क्रम–विनिमेयक है।

उदाहरण 21: यदि A, B, C गुणन के अनुकूल तीन आव्यूह है, तब $(ABC)^{-1} = C^{-1}B^{-1}A^{-1}$

हलः हम पाते है
$$(ABC)^{-1} = \{A(BC)\}^{-1} = (BC)^{-1}A^{-1}$$
$$= (C^{-1}B^{-1})A^{-1} = C^{-1}B^{-1}A^{-1}$$

उदाहरण 22: सिद्ध कीजिए कि यदि एक आव्यूह A व्युत्क्रमणीय है, तो यदि $AB = AC$ तब $B = C$, जहाँ B और C, A की कोटि के समान कोटि के वर्ग आव्यूह हैं।

हलः चूँकि आव्यूह A व्युत्क्रमणीय है, इसलिए A^{-1} का अस्तित्व है।

अतः $AB = BC \Rightarrow A^{-1}(AB) = A^{-1}(AC)$

$\Rightarrow (A^{-1}A)B = (A^{-1}A)C \Rightarrow I_nB = I_nC$

$\Rightarrow B = C$

उदाहरण 23: $AB = AC$ दिया गया है। क्या यह $B = C$ का पालन करता है? क्या आप इसके विपरीत एक उदाहरण प्रस्तुत कर सकते हैं?

हलः यदि आव्यूह A व्युत्क्रमणीय है, तो $AB = AC$ मतलब $B = C$ है। लेकिन अगर आव्यूह A अव्युत्क्रमणीय है, तो यदि $AB = AC$ तो यह आवश्यक नहीं है कि $B = C$। इसे निम्नलिखित उदाहरण स्पष्ट किया जा सकता है।

माना
$$A = \begin{bmatrix}0 & 1\\0 & 0\end{bmatrix}, B = \begin{bmatrix}1 & 0\\0 & 0\end{bmatrix}, C = \begin{bmatrix}2 & 0\\0 & 0\end{bmatrix}$$

तब, हम पाते हैं, $AB = \begin{bmatrix}0 & 0\\0 & 0\end{bmatrix} = AC$ है, जबकि $B \neq C$

प्रश्नः आव्यूह $\begin{bmatrix} \cos\alpha & -\sin\alpha \\ \sin\alpha & \cos\alpha \end{bmatrix}$ का व्युत्क्रम ज्ञात कीजिये साथ ही उत्तर का परीक्षण भी कीजिये।

यहाँ $|A| = \begin{bmatrix} \cos\alpha & -\sin\alpha \\ \sin\alpha & \cos\alpha \end{bmatrix} = \cos^2\alpha + \sin^2\alpha = 1$

$$\left[\textbf{उत्तर: } A^{-1} = \begin{bmatrix} \cos\alpha & \sin\alpha \\ -\sin\alpha & \cos\alpha \end{bmatrix} \right]$$

प्रश्नः आव्यूह $\begin{bmatrix} 2 & 3 & 1 \\ 3 & 4 & 1 \\ 3 & 7 & 2 \end{bmatrix}$ दिया हो, तब निम्न की गणना कीजिये।

(*i*) $\det A$ (*ii*) adj A (*iii*) A^{-1}

$$\left[\textbf{उत्तर: } \det A = 2; A^{-1} = \frac{1}{2} \begin{vmatrix} 1 & 1 & -1 \\ -3 & 1 & 1 \\ 9 & -5 & -1 \end{vmatrix} \right]$$

1.2.8 आव्यूह विधि

(रैखिक समीकरणों के एक निकाय का हल प्राप्त करने के लिए आव्यूह के व्युत्क्रम का उपयोग)

n अज्ञात $x_1, x_2 \ldots, x_n$ में n रैखिक समीकरणों के एक निकाय पर विचार कीजिये।

अर्थात् $a_{i1}x_1 + a_{i2}x_2 + \ldots + a_{in}x_n = b_i, i - 1, 2, \ldots, n$

इन समीकरणों को एकल आव्यूह समीकरण $AX = B$ के रूप में लिखा जा सकता है।

जहाँ
$$A = \begin{bmatrix} a_{11} & a_{12} & \ldots & a_{1n} \\ a_{21} & a_{22} & \ldots & a_{2n} \\ \ldots & \ldots & \ldots & \ldots \\ a_{n1} & a_{n2} & \ldots & a_{nn} \end{bmatrix}_{n\times n}, X = \begin{bmatrix} x_1 \\ x_2 \\ \ldots \\ \ldots \\ x_n \end{bmatrix}_{n\times 1}, B = \begin{bmatrix} b_1 \\ b_2 \\ \ldots \\ \ldots \\ b_n \end{bmatrix}$$

मान लिजिए A एक व्युत्क्रमणीय आव्यूह है

अर्थात् $|A| \neq 0$

तब A^{-1} का अस्तित्व है और $X = A^{-1}B$

समीकरणों के प्रकार और उनकी संगति

प्रकार 1: समीकरणों के असमघातीय (असमांगी) निकाय के लिए, यदि

(*a*) $|A| \neq 0$, तो समीकरणें का निकाय सुसंगत है और इसका एक द्विवितीय हल होता है जो $X = A^{-1}B$ से दिया जाता है।

(*b*) $|A| = 0$ और (adj A). $B \neq O$ तो समीकरणों का निकाय असंगत है और ये कोई हल नहीं रखता है।

(*c*) $|A| = 0$ और (adj A). $B = O$ तब समीकरणों का निकाय सुसंगत होता है और इसके अनंत हल होते हैं।

प्रकार 2: समीकरणों के समघातीय (समांग) निकाय के लिए, यदि

(*a*) $|A| \neq 0$, तब समीकरणों का निकाय केवल तुच्छ हल रखता है और उसका एक हल होता है।

(*b*) $|A| = 0$ तब समीकरणों का निकाय अतुच्छ हल रखता है और इसके अनंत हल होते हैं।

(*c*) समीकरणों की संख्या < अज्ञातों की संख्या, तो इसका अतुच्छ हल होता है।

नोटः असमघातीय (असमांगी) रैखिक समीकरणों को क्रैमर नियम द्वारा भी हल किया जा सकता है, इस विधि की चर्चा सारणीकों के अध्याय में की गई है।

उदाहरण 24: समीकरणों के निकाय को आव्यूह रूप में लिखिए

$$x + y + z = 92$$
$$2x + 5y + 7z = 52$$
$$2x + y - z = 10$$ और A^{-1} ज्ञात कीजिये यदि

$$A = \begin{bmatrix} 1 & 1 & 1 \\ 2 & 5 & 7 \\ 2 & 1 & -1 \end{bmatrix}$$ और इसलिए दिए गए समीकरण को हल कीजिये।

हल: दिए गए समीकरण निकाय को आव्यूह रूप में निम्न प्रकार से लिखा जा सकता है:

$$AX = B \qquad ...(1)$$

जहाँ
$$A = \begin{bmatrix} 1 & 1 & 1 \\ 2 & 5 & 7 \\ 2 & 1 & -1 \end{bmatrix}, \ X = \begin{bmatrix} x \\ y \\ z \end{bmatrix}, \ B = \begin{bmatrix} 92 \\ 52 \\ 10 \end{bmatrix}$$

अत:
$$|A| = 1(-5-7) - 1(-2-14) + 1(2-10)$$
$$= -12 + 16 - 8 = -4$$

अत: A व्युत्क्रमणीय है और A^{-1} विद्यमान है। आइए अब हम A^{-1} ज्ञात करते हैं।

$|A|$ की पहली पंक्ति के सहखंड है।

$$A_{11} = \begin{vmatrix} 5 & 7 \\ 1 & -1 \end{vmatrix} = 5 - 7 = -12$$

$$A_{12} = \begin{vmatrix} 2 & 7 \\ 2 & -1 \end{vmatrix} = -(-2-14) = 16$$

$$A_{13} = \begin{vmatrix} 2 & 5 \\ 2 & 1 \end{vmatrix} = 2 - 10 = -8$$

$|A|$ की द्वितीय पंक्ति के सहखंड है।

$$A_{21} = -\begin{vmatrix} 1 & 1 \\ 1 & -1 \end{vmatrix} = -(-1-1) = 2$$

$$A_{22} = \begin{vmatrix} 1 & 1 \\ 2 & -1 \end{vmatrix} = -1 - 2 = -3$$

$$A_{23} = -\begin{vmatrix} 1 & 1 \\ 2 & 1 \end{vmatrix} = -(1-2) = 1$$

$|A|$ की तृतीय पंक्ति के सहखंड है।

$$A_{31} = \begin{vmatrix} 1 & 1 \\ 5 & 7 \end{vmatrix} = 7 - 5 = 2$$

$$A_{32} = -\begin{vmatrix} 1 & 1 \\ 2 & 7 \end{vmatrix} = -(7-2) = -5$$

$$A_{33} = \begin{vmatrix} 1 & 1 \\ 2 & 5 \end{vmatrix} = 5 - 2 = 3$$

$\therefore$ Adj A = आव्यूह B का परिवर्त, जहाँ

$$B = \begin{bmatrix} A_{11} & A_{12} & A_{13} \\ A_{21} & A_{22} & A_{23} \\ A_{31} & A_{32} & A_{33} \end{bmatrix} = \begin{bmatrix} -12 & 16 & -8 \\ 2 & -3 & 1 \\ -2 & -5 & 3 \end{bmatrix}$$

$$\Rightarrow \quad \text{Adj } A = \begin{bmatrix} -12 & 2 & 2 \\ 16 & -3 & -5 \\ -8 & 1 & 3 \end{bmatrix}$$

अत:
$$A^{-1} = \frac{1}{|A|} \text{AdjA} = \frac{-1}{4}\begin{bmatrix} -12 & 2 & 2 \\ 16 & -3 & -5 \\ -8 & 1 & 3 \end{bmatrix}$$

$$\Rightarrow \quad A^{-1} = \frac{-1}{4}\begin{bmatrix} -12 & 2 & 2 \\ 16 & -3 & -5 \\ -8 & 1 & 3 \end{bmatrix}$$

$\therefore$ अब (1) को A^{-1} से पूर्व-गुणा करने पर, हम प्राप्त करते हैं।

$$A^{-1}(AX) = A^{-1}B$$
$$(A^{-1}A)X = A^{-1}B$$
$$I_3X = A^{-1}B$$
$$X = A^{-1}B$$

अत:
$$A^{-1}B = \begin{bmatrix} -12 & 2 & 2 \\ 16 & 3 & -5 \\ -8 & 1 & 3 \end{bmatrix} \times \begin{bmatrix} 92 \\ 52 \\ 10 \end{bmatrix}$$

$$\Rightarrow \quad X = \begin{bmatrix} x \\ y \\ z \end{bmatrix} = \frac{-1}{4}\begin{bmatrix} -12\times92+2\times52+2\times10 \\ 16\times92+(-3)\times52+(-5)\times10 \\ -8\times92+1\times52+3\times10 \end{bmatrix}$$

$$= \frac{-1}{4}\begin{bmatrix} -1104+104+20 \\ 1472-156-50 \\ -736+52+30 \end{bmatrix} = \frac{-1}{4}\begin{bmatrix} -980 \\ 1266 \\ -654 \end{bmatrix} = \begin{bmatrix} 245 \\ -\frac{633}{2} \\ \frac{327}{2} \end{bmatrix}$$

$$x = 245, y = \frac{633}{2}, z = \frac{327}{2}$$ **उत्तर**

उदाहरण 25: सिद्ध कीजिए कि यदि A व्युत्क्रमणीय आव्यूह इस प्रकार है कि A सममित है तब A^{-1} भी सममित होगा।

हल:
$A^T = A$ [$\because$ A एक सममित आव्यूह है]

$(A^T)^{-1} = A^{-1}$ [A व्युत्क्रमणीय आव्यूह है]

$\Rightarrow$ $(A^{-1})^T = A^{-1}$ इति सिद्धम

प्रश्नः आव्यूह विधि का उपयोग कर निम्नलिखित निकाय को हल कीजिये।

$$x + y + z = 6$$
$$x - y + 2z = 7$$
$$2x - y + 3z = 12$$

[**उत्तरः** $x = 2, y = 1, z = 3$]

प्रश्नः आव्यूह विधि का उपयोग करके निकाय $x + y + z = 6, x - y + z = 2, 2x + y - z = 1$ को हल कीजिये।

[**उत्तरः** $x = 1, y = 2, z = 3$]

उदाहरण 26: समीकरणों के निकाय को हल कीजिये।

$$x + 4y + 7z = 0$$
$$2x + 5y + 8z = 0$$
$$3x + 6y + 9z = 0$$

हलः प्रदत्त है

$$x + 4y + 7z = 0$$
$$2x + 5y + 8z = 0$$
$$3x + 6y + 9z = 0$$

दिए गए समीकरणों के निकाय को आव्यूह रूप में निम्नानुसार लिखा जाता है।

$$\begin{bmatrix} 1 & 4 & 7 \\ 2 & 5 & 8 \\ 3 & 6 & 9 \end{bmatrix}\begin{bmatrix} x \\ y \\ z \end{bmatrix} = \begin{bmatrix} 0 \\ 0 \\ 0 \end{bmatrix}$$

$$AX = O$$

जहाँ $$A = \begin{bmatrix} 1 & 4 & 7 \\ 2 & 5 & 8 \\ 3 & 6 & 9 \end{bmatrix} X = \begin{bmatrix} x \\ y \\ z \end{bmatrix}, O = \begin{bmatrix} 0 \\ 0 \\ 0 \end{bmatrix}$$

$\therefore$ $$|A| = 1(45 - 48) - 4(19 - 24) + 7(12 - 15)$$
$$= -3 + 24 - 21 = 0$$

अतः $$|A| = 0$$

और इसलिए निकाय एक अतुच्छ हल रखता है। अब हम दिए गए समीकरणों में से पहले दो समीकरण लेते हैं

$$x + 4y + 7z = 0 \quad \text{एवं} \quad 2x + 5y + 8z = 0$$

इन समीकरणों को x के पदों में हल करने पर, हम प्राप्त करते हैं,

$$x = -(4y + 7z), 2x = -(5y + 8z)$$

अर्थात् $$x = -\frac{5y - 8z}{2} = -(4y + 7z)$$, जो $y = -2x$ देता है।

हम पाते है वाम पक्ष $3x + 6(-2x) + 9x = 3x - 12x + 9x = 0$ दक्षिण पक्ष

इसलिए, निकाय का तीसरा समीकरण $z = x$ और $y = -2x$ से संतुष्ट होता है।

अब, माना $\frac{z}{1} = \frac{y}{-2} = \frac{x}{1} = k$, अतः $x = k, y = -2k, z = k$ (जहाँ k एक स्वेच्छ अचर है)

अतः समीकरण के अनंत हल हैं।

आव्यूहों के अनुप्रयोग

एक मात्रा होने के बावजूद आव्यूह को सदिश या चर के रूपांतरण के लिए उपयोग किए जाने वाले संकारक के रूप में माना जा सकता है। आव्युहों का जोड़ और गुणा एक अदिश मात्रा के बजाय संकारकों को संयोजन हैं।

ज्यामितीय अनुप्रयोग

1. **परावर्तन:** यदि बिंदु (x, y) को y-अक्ष द्वारा परावर्तित किया जाता है तो नए निर्देशांक $X' = -x, Y' = y$ ...(1) होते हैं जिन्हें समीकरण

$$X' = -1x + 0.y \text{ और } Y' = 0.x + 1y$$

के रूप में लिखा जा सकता है

आव्यूह के पदों में उन्हें निम्नानुसार लिखा जा सकता है।

$$\begin{bmatrix} X' \\ Y' \end{bmatrix} = \begin{bmatrix} -1 & 0 \\ 0 & 1 \end{bmatrix} \begin{bmatrix} x \\ y \end{bmatrix}$$

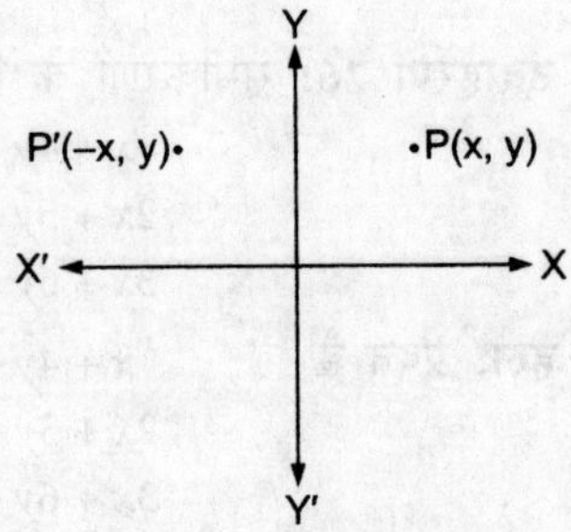

चित्र 1.4: y-अक्ष के बारे में एक बिंदु का प्रतिबिंग

अतः y–अक्ष के सापेक्ष परावर्तन स्तम्भ सदिश $\begin{bmatrix} x \\ y \end{bmatrix}$ को $\begin{bmatrix} -1 & 0 \\ 0 & 1 \end{bmatrix}$ से पूर्व–गुणन करने पर प्राप्त किया जाता है।

इसी प्रकार x-अक्ष में परावर्तन $\begin{bmatrix} 1 & 0 \\ 0 & -1 \end{bmatrix}$ से पूर्व–गुणन करके प्राप्त किया जाता है।

2. **रेखा $y = x$ के सापेक्ष परावर्तन**

चूँकि $y' = x, x' = y$

और इसलिए $\begin{bmatrix} x' \\ y' \end{bmatrix} = \begin{bmatrix} 0 & 1 \\ 1 & 0 \end{bmatrix} \begin{bmatrix} x \\ y \end{bmatrix}$

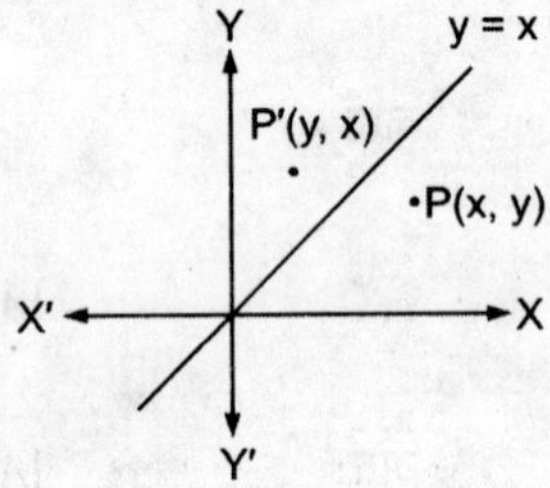

चित्र 1.5: रेखा $y = x$ के परावर्तन

इसी प्रकार बिंदु (x, y) का रेखा $y = -x$ के सापेक्ष परावर्तन $x' = -y, y' = -x$ रखने पर प्राप्त किया जाता है,

अतः $\begin{bmatrix} x' \\ y' \end{bmatrix} = \begin{bmatrix} 0 & -1 \\ -1 & 0 \end{bmatrix} \begin{bmatrix} x \\ y \end{bmatrix}$

3. **मूल बिंदु के सापेक्ष घूर्णन:** यदि किसी बिंदु A के निर्देशांक (x, y) है, O मूल बिंदु है और OA को क्रेंद्र O सापेक्ष α कोण से घड़ी की विपरीत दिशा में घुमाया जाता है, तो A के नए निर्देशांक हैं।

$$X' = r\cos(\theta + \alpha) = r\cos\theta\cos\alpha - r\sin\theta\sin\alpha = x\cos\alpha - y\sin\alpha$$
$$Y' = r\sin(\theta + \alpha) = r\sin\theta\cos\alpha - r\cos\theta\sin\alpha = y\cos\alpha - y\sin\alpha$$

अतः जहाँ (r, θ) निर्देशांक (x, y) के ध्रुवीय निर्देशांक है। यदि घूर्णन दक्षिणावर्त दिशा में है तो हम α के स्थान पर $-\alpha$ रखते हैं।

सामान्य अनुप्रयोग

1. रोबोटिक्स और ऑटोमशन में आव्यूह रोबोट की गति के लिए बुनियादी घटक हैं।
2. आव्यूह बैटरी पावर उत्पादन की गणना, रजिस्टर और विद्युत ऊर्जा को अन्य उपयोगी ऊर्जा में बदलने में मदद करता है।
3. आव्यूह का उपयोग किसी वस्तु को तीन विमीय स्पेस में बदलने के लिए किया जाता है। यह एनीमेशन को अधिक स्टीक और परिपूर्ण बनाने में मदद कर सकता है।
4. आव्यूह का उपयोग विद्युत परिपथ, क्वांटम यांत्रिकी और प्रकाशिकी के अध्ययन में किया जाता है।
5. हेसियन आव्यूह, जैकोबियन आदि संक्रिया विज्ञान क्षेत्रों में महत्त्वपूर्ण भूमिका निभाते हैं।

रोचक तथ्य: *मैट्रिसेस इतने लोकप्रिय हैं कि उनके नाम पर कई फिल्में बनाई गई हैं!*

विडियो संसाधन [*स्त्रोत:* NCERT]

आव्यूह का परिचस

आव्यूहों के प्रकार

आव्यूह संक्रिया भाग-1

आव्यूह और सारणिक-एक परिचस

आव्यूहों के गुण

आव्यूह का परिचस

यूनिट सारांश

1. सारणिकों को एक अदिश मान के रूप में परिभाषित किया जाता है, जिसे $\det A$ या $|A|$ या Δ द्वारा निरूपित किया जाता है।
2. **उपसारणिकः** सारणिक के दिए गए अवयव का उपसारणिक वह सारणिक है जो उस पंक्ति और स्तंभ के विलोपन से प्राप्त किया जाता है जिसमें दिया गया अवयव स्थित होता है।
3. **सहखंडः** यदि i^{th} पंक्ति और j^{th} स्तम्भ में स्थित अवयव के उपसारणिक को M_{ij} से व्यक्त करें तो उस अवयव का सहखंड C_{ij} द्वारा दिया जाता है, जहाँ $C_{ij} = (-1)^{i+j} M_{ij}$
4. यदि $A = \begin{vmatrix} a_1 & b_1 \\ a_2 & b_2 \end{vmatrix} B = \begin{vmatrix} l_2 & m_1 \\ l_2 & m_2 \end{vmatrix}$ तब, $A \times B = \begin{vmatrix} a_1 & b_1 \\ a_2 & b_2 \end{vmatrix} \times \begin{vmatrix} l_2 & m_1 \\ l_2 & m_2 \end{vmatrix} = \begin{vmatrix} a_1 l_1 & b_1 l_2 & a_1 m_1 + b_{1m_2} \\ a_2 l_1 & b_2 l_2 & a_2 m_1 + b_2 m_2 \end{vmatrix}$
5. दो चरों में रैखिक समीकरणों का निकाय (क्रैमर नियम)
$$x = \frac{\begin{vmatrix} b_1 & c_1 \\ b_2 & c_2 \end{vmatrix}}{\begin{vmatrix} a_1 & b_1 \\ a_2 & b_2 \end{vmatrix}}, y = \frac{\begin{vmatrix} c_1 & a_1 \\ c_2 & a_2 \end{vmatrix}}{\begin{vmatrix} a_1 & b_1 \\ a_2 & b_2 \end{vmatrix}}$$
6. तीन चरों में रैखिक समीकरणों का निकाय (क्रैमर नियम)
$$x = \frac{\Delta_1}{\Delta}, y = \frac{\Delta_2}{\Delta}, z = \frac{\Delta_3}{\Delta}, \text{ जहाँ } \Delta \neq 0$$
7. mn संख्याओं (जो वास्तविक या सम्मिश्र हो सकती है) की एक आयताकार सारणी जिनमे 'm' क्षैतिज रेखायें (पंक्तियों) और 'n' उर्ध्व रेखायें (स्तम्भ) के रूप में होती है, को $m \times n$ कोटि का आव्यूह कहा जाता है।
8. **पंक्ति आव्यूह (पंक्ति वेक्टर):** पंक्ति आव्यूह में ठीक एक पंक्ति होती है।
9. **कॉलम आव्यूह (कॉलम वेक्टर):** कॉलम आव्यूह में बिल्कुल एक कॉलम होता है।
10. **शून्य अथवा रिक्त आव्यूहः** $(A = O_{m \times n})$ एक $m \times n$ आव्यूह जिसके सभी अवयव शून्य होते है, रिक्त आव्यूह कहलाता है।
11. **क्षैतिज आव्यूहः** $m \times n$ कोटि का आव्यूह क्षैतिज आव्यूह कहलाता है यदि $n > m$।
12. **उर्ध्व आव्यूहः** $m \times n$ कोटि का आव्यूह उर्ध्व आव्यूह कहलाता है यदि $m > n$।
13. **आयताकार आव्यूहः** एक आव्यूह को एक आयताकार आव्यूह कहा जाता है, यदि उसमें पंक्तियों की संख्या और स्तंभों की संख्या समान नहीं हो, अर्थात् एक आव्यूह $A = [a_{ij}]_{m \times n}$ को एक आयताकार आव्यूह कहा जाता है, यदि और केवल यदि $m \neq n$।
14. **वर्ग आव्यूहः** एक आव्यूह जिसमें पंक्तियों की संख्या स्तंभों की संख्या के समान होती है एक वर्ग आव्यूह कहलाता है अर्थात् एक आव्यूह $A = [a_{ij}]_{m \times n}$ एक वर्ग आव्यूह होगा यदि और केवल यदि $m = n$
15. **आव्यूह का परिवर्तः** माना $A = [a_{ij}]$ कोटि $m \times n$ का एक आव्यूह है। तब A^T या $A = [a_{ji}], 1 < i < m$ एवं $1 < j < n$ के लिए।
16. एक वर्ग आव्यूह लाम्बिक आव्यूह कललाता है यदि और केवल यदि $AA' = I$, जहाँ I एक तत्समक आव्यूह है।

17. एक वर्ग आव्यूह (व्युत्क्रमणीय) प्रतिलोम के अनुरूप कहा जाता है यदि समान कोटि के एक आव्यूह B का अस्तित्व इस प्रकार हो कि $AB = I_n = BA$

18. क्रमशः सममित और तिरछा-सममित मैट्रिक्स में, $A = A^T$ और $A = -A^T$

19. $A^{-1} = \dfrac{\text{adj} A}{|A|}; |A| \neq 0$

20. **आव्यूह विधिः** $X = A^{-1}B$

अभ्यास

विषयात्मक प्रश्न

1. a, b, c और d का मान ज्ञात कीजिए यदि आव्यूह A और B बराबर हो,

जहाँ $A = \begin{bmatrix} a & b \\ c & d \end{bmatrix}, B = \begin{bmatrix} 7 & 3 \\ 9 & -4 \end{bmatrix}$ [**उत्तरः** $a = 7, b = 3, c = 9, d = -4$]

2. यदि $X = \begin{bmatrix} -3 & -4 \\ 7 & 3 \end{bmatrix}, Y = \begin{bmatrix} 6 & 9 \\ -12 & 0 \end{bmatrix}$ एवं $Z = \begin{bmatrix} 1 & 2 \\ 2 & -6 \end{bmatrix}$, तब सत्यापित कीजिये

$X + (Y + Z) = (X + Y) + Z$

3. यदि D एक $m \times n$ आव्यूह है, तब दर्शाइए कि $D = -(-D)$

4. यदि $x = \begin{bmatrix} \cos A & -\sin A \\ \sin A & \cos A \end{bmatrix}$ एवं $y = \begin{bmatrix} \cos B & -\sin B \\ \sin B & \cos B \end{bmatrix}$

तब बताइए की $XY = YX$

5. आव्यूह $A = \begin{bmatrix} 2 & 3 & 1 \\ 3 & 4 & 1 \\ 3 & 7 & 2 \end{bmatrix}$ का adjA ज्ञात कीजिये। **उत्तरः** $AdjA = \begin{bmatrix} 1 & 1 & -1 \\ -3 & 1 & -1 \\ 9 & -5 & -1 \end{bmatrix}$

6. दिए गए आव्यूह का व्युत्क्रम ज्ञात कीजिये

$A = \begin{bmatrix} u-iv & w+id \\ w-id & u-iv \end{bmatrix}$ If $u^2 + v^2 + w^2 + d^2 = 1$ **उत्तरः** $\begin{bmatrix} u-iv & -w-id \\ w-id & u+iv \end{bmatrix}$

7. (*a*) यदि A एक व्युत्क्रमणीय आव्यूह है, तो दर्शाइए कि $\det(A^{-1}) = (\det A)^{-1}$

(*b*) यदि B व्युत्क्रमणीय आव्यूह है तो सिद्ध कीजिए की आव्यूह A और $B^{-1}AB$ के सारणिक समान हैं, जहाँ A और B दोनों ही n कोटि के वर्ग आव्यूह है।

8. यदि A एक वर्ग आव्यूह है, तो क्या संभव है कि adj $A^T = (\text{adj} A)^T$? यदि हाँ, तो सिद्ध कीजिए।

9. यदि A एक सममित आव्यूह है, तो सिद्ध कीजिए कि adj A भी सममति होगा।

वस्तुनिष्ठ प्रश्न

1. यदि $A=\begin{vmatrix} a & b \\ c & d \end{vmatrix}$ तब $\begin{vmatrix} 3a & 3b \\ 3c & 3d \end{vmatrix}$ के बराबर है

(*a*) A (*b*) 3A

(*c*) 9A (*d*) 81A **[उत्तर:** (*c*)**]**

2. $\begin{vmatrix} 1 & 1 & 1 \\ 1 & 1+a & 1 \\ 1 & 1 & 1+b \end{vmatrix} =$

(*a*) 1 (*b*) 0

(*c*) 3*adb* (*d*) *ab* **[उत्तर:** (*d*)**]**

3. यदि $[4 \quad z \quad 6]\begin{bmatrix} 1 & 2 & 3 \\ 0 & 2 & 4 \\ 0 & 3 & 4 \end{bmatrix}\begin{bmatrix} z \\ 1 \\ -4 \end{bmatrix}=0$, तो z मान है

(*a*) –11.8 (*b*) 0

(*c*) –13 (*d*) 2 **[उत्तर:** (*a*)**]**

अवधारणा

4. समीकरणों $2\alpha + u\beta + 6\gamma = 8$, $\alpha + 2\beta + v\gamma = 5$ और $\alpha + ß + 3\gamma = 4$ के निकाय पर विचार कीजिये, तब

(*i*) इस समीकारणों के निकाय का अनंत हल होगा, यदि

(*a*) $v = 32$ (*b*) $v = 12$

(*c*) $v = 13$ (*d*) $v = 2$

(*ii*) दिए हुए समीकारणों का निकाय का कोई हल नहीं होगा, यदि

(*a*) $u = 3, v = 4$ (*b*) $u = 13, v = 32$

(*c*) $u = 2, v = 3$ (*d*) $u = 12, v = 32$

(*iii*) दिए हुए समीकारणों का निकाय का द्वितीय हल होगा, यदि

(*a*) $u \neq 2, v \neq 3$ (*b*) $u \neq 3$

(*c*) $u = 2, v = 3$ (*d*) $u = 2, v \neq 3$

[उत्तर: (*i*) (*a*), (*ii*) (*c*), (*iii*) (*a*)**]**

5. माना $\begin{vmatrix} 1+\alpha & \alpha & \alpha^2 \\ \alpha & 1+\alpha & \alpha^2 \\ \alpha^2 & \alpha & 1+\alpha \end{vmatrix} = a\alpha^5 + b\alpha^4 + c\alpha^3 + d\alpha^2 + e\alpha + f$

निम्नलिखित स्तंभों से प्रविष्टियों का मिलान करें।

	स्तम्भ-I	स्तम्भ-II	
(*A*)	f का मान होगा	(*a*)	0
(*B*)	e का मान होगा	(*b*)	1
(C)	$a + c$ का मान होगा	(*c*)	–1
(*D*)	$b + d$ का मान होगा	(*d*)	3

[उत्तर: $(A) \rightarrow (b), (B) \rightarrow (d), (C) \rightarrow (c), (D) \rightarrow (a)$**]**

6. यदि 'B' एक 3×3 आव्यूह है और $\det(3B) = R\{\det(B)\}$, तब R बराबर है

(*a*) 7 (*b*) 1

(*c*) 6 (*d*) 27 **[उत्तर:** (*d*)]

7. यदि X और Y कोटि 3 के वर्ग आव्यूह इस प्रकार है कि $|X| = 1, |Y| = 3$ तब $|XY|$ होगा।

(*a*) 81 (*b*) −81

(*c*) 18 (*d*) −18 **[उत्तर:** (*d*)]

8. यदि $D = \begin{bmatrix} -1 & -2 & -2 \\ 2 & 1 & -2 \\ 2 & -2 & 1 \end{bmatrix}$ तब adj D बराबर है

(*a*) D (*b*) D^T

(*c*) $3D$ (*d*) $3D^T$ **[उत्तर:** (*d*)]

9. यदि 'L' एक 3×3 आव्यूह है और "M" उसका सहखंडज इस प्रकार कि $|M| = 64$, तब $|L|$ बराबर है।

(*a*) ±16 (*b*) ±64

(*c*) ±8 (*d*) ±4 **[उत्तर:** (*c*)]

10. एक 2×2 आव्यूह D के लिए, यदि $D(\text{adj } D) = \begin{bmatrix} 5 & 0 \\ 0 & 5 \end{bmatrix}$ तब $|D|$ बराबर है **[उत्तर:** 5]

11. यदि D एक अव्युत्क्रमणीय आव्यूह है, तब adj D है **[उत्तर:** परिभाषित नहीं]

12. यदि D एक व्युत्क्रमणीय आव्यूह है, तब $D(\text{adj } D) =$ **[उत्तर:** $|D|I$]

13. आव्यूह $\begin{bmatrix} 0 & 0 & 1 \\ 0 & 1 & 0 \\ 1 & 0 & 0 \end{bmatrix}$ का व्युत्क्रम है $\left[\textbf{उत्तर:} \begin{bmatrix} 0 & 0 & 1 \\ 0 & 1 & 0 \\ 1 & 0 & 0 \end{bmatrix}\right]$

वस्तुस्थिति अध्ययन

तीन पॉलिटेक्निक महाविद्यालयों A, B और C ने एक महामारी से प्रभावित मरीजों की मदद के लिए राशि जुटाने की गतिविधि का आयोजन किया। उन्होंने नीम, पीपल और मनी प्लांट को क्रमशः रु 25, रु 25 और रु 20 की कीमत पर बेचा। प्रत्येक पॉलिटेक्निक महाविद्यालय A, B, C द्वारा बेचे गए पौधों की संख्या नीचे दी गई हैं।

पौधे	पोली		
	A	B	C
नीम	100	90	70
पीपल	70	120	55
मनीप्लांट	20	30	50

उपरोक्त जानकारी के आधार पर निम्नलिखित प्रश्नों के उत्तर दीजिए–

1. महामारी के लिए कुल कितनी राशि जुटाई गयी ___________
2. तीनो महाविद्यालयों द्वारा एकत्रित राशि को बढ़ते क्रम में व्यवस्थित किया जाता है तो उनका क्रम होगा।
   रू______ महाविद्यालय ______] ≥ रू______ महाविद्यालय ______] ≥ रू______ महाविद्यालय ______]
3. यदि F एक 1×3 का आव्यूह है जो प्रत्येक पौधे के प्रति नग के बिक्री मूल्य को दर्शाता है, तब $F = ?$
4. यदि T एक 3×3 को कोटि का आव्यूह है जिसमें स्तम्भ 3 पॉलिटेक्निक महाविद्यालयों को दर्शाते हैं और पंक्तियाँ पौधो की बिक्री को दर्शाती है, तो $T = ?$

परीक्षण कीजिये

MATLB ती मूल बातें सीखने के बाद का निःशुल्क परीक्षण सस्करण डाउनलोड करें। परीक्षण करें कि क्या आप आव्यूह का व्युत्क्रम पा सकते हैं।

$$A = \begin{vmatrix} 3 & 7 & 9 \\ 4 & 7 & 9 \\ 9 & 7 & 21 \end{vmatrix}$$

आव्यूह के व्युत्क्रम को गणितीय विधि से हल कर के अपना परिणाम को सत्यापित करें।

गतिविधि

आसन्न आव्यूहः यह एक वर्ग आव्यूह है जिसका उपयोग विशेष रूप से आलेख (ग्राफ) सिद्धांत और कंप्यूटर विज्ञान के क्षेत्र में एक परिमित आलेख (ग्राफ) को दर्शाने के लिए किया जाता है। आसन्न आव्यूह की परिभाषा को ज्ञात कीजिये और एक अप्रत्यक्ष ग्राफ का उदाहरण लेकर इसकी व्याख्या करें।

लघु परियोजना

4–5 छात्रों के छोटे समूह बनाएं और अव्युहों / सारणिकों के उपयोग पर एक ऑनलाइन/ऑफलाइन सर्वेक्षण करें। कम से कम 10 उपयोगों के विवरण के साथ सूची बनाएं। एक मौखिक समूह प्रस्तुति बनाएं, इसे अपने विषय के शिक्षक सामने प्रस्तुत करें ।

अधिक जानिए

- **आव्यूहों की समानताः** माना A और B कोटि n के दो वर्ग आव्यूह है। तब B को A के समान कहा जाता है यदि एक व्युत्क्रमणीय आव्यूह P इस प्रकार विद्यमान हो कि $B = P^{-1}AP$
- आव्यूह का रैंक एक महत्वपूर्ण अवधारणा है जिसका उपयोग विभिन्न अनुप्रयोगों में किया जाता है जैसे- रैखिक समीकरणों की प्रणाली को हल करने के लिए संवर्धित आव्यूह के साथ आदि।

सन्दर्भ एवं अध्ययन हेतु सुझाव

- Narayan Shanti and Mittal P.K. ,(1953). A textbook on matrices. S. Chand & Co.
- NCERT. Mathematics Textbook Class XII(Part I)
- Lipschutz S. & Lipson M.L.Schaum's(2001) Linear Algebra. Tata Mc.Graw-Hill.
- Vivek Sahai Vikas Bist(2001). Linear Algebra.Narosa Publishing House.

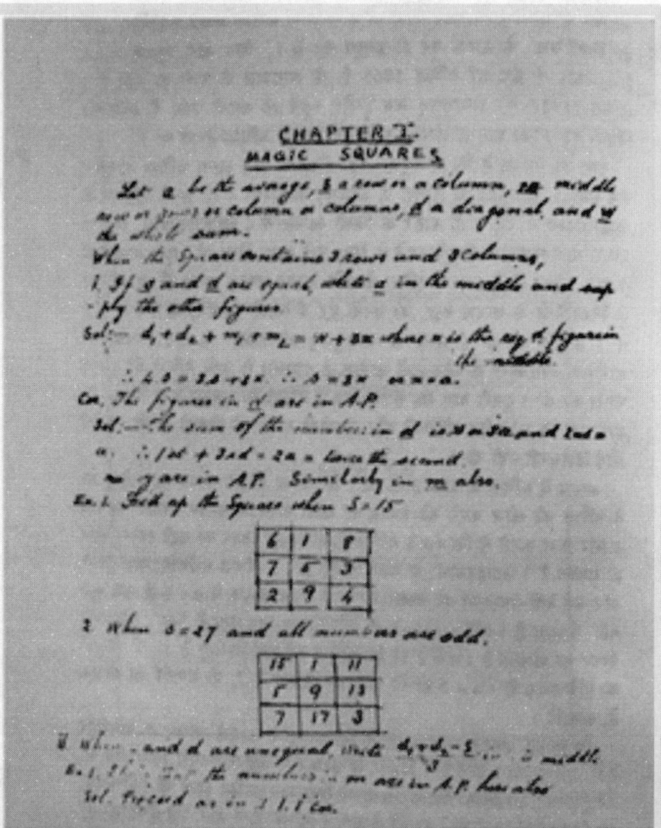

भारतीय गणितज्ञ श्रीनिवास रामानुजन (1887-1920) जो अनंत को जानने वाले व्यक्ति के रूप में जाने जाते हैं, उन्होंने स्वतंत्र रूप से लगभग 3900 प्रमेयों / गणितिय अवधारणाओं को संकलित किया और उनके लगभग सभी दावे सही साबित हुए हैं!

उनकी नोटबुक का एक अंश ऊपर दिया गया है। (*स्रोत: 'संसार के महान गणितज्ञ' द्वारा गुणाकर मुले, राजकमल प्रकाशन)*

2 समाकल कलन

यूनिट विशिष्ट

इस यूनिट में हमने निम्नलिखित विषयों पर एक विस्तृत स्व-व्याख्यात्मक सिद्धांत दिया है: अवकलन की व्युत्क्रम प्रक्रिया के रूप में समाकलन, प्रतिस्थापन विधि, खण्डश: विधि और आंशिक भिन्नों द्वारा (केवल रैखिक गुणक के लिए लागू) समाकलन ज्ञात करना। सूत्रों $\int_0^{\pi/2} \sin^n x dx$, $\int_0^{\pi/2} \cos^n x dx$ और $\int_0^{\pi/2} \sin^m x \cos^n x dx$ का उपयोग।

वक्र और अक्षों से घिरे क्षेत्र पर समाकलन के अनुप्रयोग; और अक्षों के परित: वक्र के घूर्णन से बने ठोस के आयतन की व्याख्या सरल और स्पष्ट तरीके से की गई है।

भूमिका

कलन अभियंताओं, वैज्ञानिकों, तकनीकी पेशेवरों आदि की गणितीय भाषा है। आपके फ्रिज, मोबाइल, टी.वी. और वाहनों से लेकर दवाओं, रोबोटिक्स, राष्ट्रीय सुरक्षा तक इन व्यक्तियों का काम हमारे जीवन पर बहुत प्रभाव डालता है। समाकल कलन लंबाई, क्षेत्रफल और आयतन जैसे अध्ययन के तहत वस्तु के योग या कुल आकार या मूल्य को निर्धारित करने में मदद करता है। उदाहरण के लिए, जब हम एक वेग फलन को समाकलित करते हैं तो हमें एक दूरीक फलन मिलता है, जो हमें निर्धारित समयान्तराल में किसी वस्तु द्वारा तय की गई दूरी की गणना करने में मदद करता है। यहां यह उल्लेख करना महत्वपूर्ण है कि कलन का मूलभूत प्रमेय समाकलन को अवकलन से संबंधित करता है।

पूर्व-अपेक्षित ज्ञान

- अवकलन की मूल बातें।
- बीजगणितीय, त्रिकोणमितीय और घातीय घनत्व फलनों के साथ बुनियादी संचालन का ज्ञान।

यूनिट-2 समाकल कलन	यूनिट आउटकम्स (UOs) यूनिट के पूर्ण अध्ययन के बाद विद्यार्थी निम्न में सक्षम होंगे:
U2-O1	अवकलन की व्युत्क्रम संक्रिया के रूप में समाकलन का उपयोग।
U2-O2	प्रति अवकलज ज्ञात करने, उनका विश्लेषण करने और समस्याओं के समाधान के लिए समाकलन की विभिन्न तकनीकों को लागू करना ।
U2-O3	सूत्रों $\int_0^{\pi/2} \sin^n x dx$, $\int_0^{\pi/2} \cos^n x dx$ और $\int_0^{\pi/2} \sin^m x \cos^n x dx$ की सहायता से प्रश्नों को हल करना।
U2-O4	समाकल और क्षेत्रफल के बीच वैचारिक संबंध विकसित करना। विशेष रूप से वक्र और अक्षों से घिरे क्षेत्र पर साधारण समस्याओं का मूल्यांकन करना।
U2-O5	विशेष रूप से समाकलन द्वारा अक्षों के परित: परिक्रमण से निर्मित ठोस के आयतन से संबंधित सरल समस्याओं की गणना करना।

कोर्स आउटकम्स (COs) के साथ यूनिट आउटकम्स (UOs) का परस्पर संबंध

यूनिट-2 आउटकम्स (UOs)	कोर्स आउटकम्स (UOs) के साथ अपेक्षित संबंध *(1-कमजोर सहसंबंध; 2-मध्यम सहसंबंध; 3-मजबूत सहसंबंध)*				
	CO-1	CO-2	CO-3	CO-4	CO-5
U2-O1	-	3	-	2	1
U2-O2	-	3	-	1	1
U2-O3	-	1	-	-	1
U2-O4	-	3	-	-	1
U2-O5	-	3	-	-	1

2.1 प्रस्तावना

वर्तमान इकाई में हम समाकल कलन की अवधारणा का अध्ययन करेंगे, जो कि प्रति अवकलन ज्ञात करने की अवधारणा पर आधारित है। आपने पिछले सेमेस्टर में लंबाई अवकलन और अवकलज की अवधारणा का अध्ययन किया है। अत: जब भी किसी फलन का अवकलज दिया जाता है, तो उसे ज्ञात करने की जिज्ञासा, समाकलन के विस्तृत अध्ययन की ओर ले जाती हैं।

समाकलन का अध्ययन आगे दो भागों में किया जा सकता है:

1. अनिश्चित समाकलन
2. निश्चित समाकलन

इस इकाई में, पहले हम समाकलन का अध्ययन करेंगे जो फलनों के अवकलजों से फलनों को निर्धारित करने में सहायता करता है। इसके बाद, हम निश्चित समाकलों की अवधारणा को संक्षेप में समझेंगे ताकि उन्हें क्षेत्रफल और आयतन के निर्धारण के लिए लागू किया जा सके।

2.1.1 अवकलन की व्युत्क्रम संक्रिया के रूप में समाकलन

हम अवकलन की विपरीत प्रक्रिया पर विचार करते हैं अर्थात्, हम एक फलन $f(x)$ लेंगे और उन सभी संभावित फलनों $F(x)$ के बारे में सोचेंगे, जिनके अवकलज $f(x)$ होंगे। यह बहुत ही विचारणीय प्रक्रिया प्रति अवकलज और समाकलन की अवधारणा की ओर ले जाती है। अब तक, आप पहले से ही जानते हैं कि अवकलज का पता कैसे लगाया जाता है। तो आइए हम $F(x) = 4x^3 + 9x + 11$ फलन लेते हैं, $F(x)$ को अवकलित करने पर हम निम्नलिखित प्राप्त करते हैं।

$f(x) = F'(x) = 12x^2 + 9$, अर्थात्, सचित्र रूप में (चित्र 2.1) है।

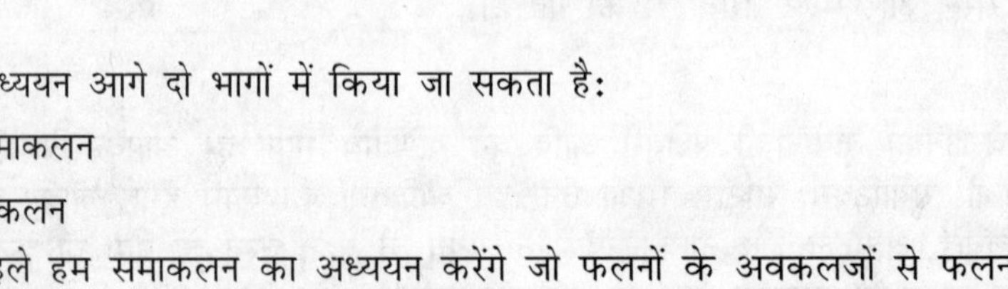

चित्र 2.1: अवकलज और प्रति अवकलज

लेकिन अब सवाल यह उठता है कि क्या $f(x)$ का प्रति अवकलज जैसा कि ऊपर दिखाया गया है, अद्वितीय है या नहीं? देखते हैं! ये अन्य फलन हैं जैसे, $4x^3 + 9x + 20$, $4x^3 + 9x + 200$, $4x^3 + 9x$ आदि, जिनका अवकलज $f(x) = 12x^2 + 9$ है। ऐसा इसलिए है क्योंकि इन फलनों में से प्रत्येक में अचर पद उस समय समाप्त हो जाता है जब हम अवकलन करते हैं। तो, ये सभी $12x^2 + 9$ के प्रति अवकलज हैं। दूसरे शब्दों में, यदि $F(x)$ एक $f(x)$ का प्रति अवकलज है, तो $F(x) + c$ (किसी अवचर c के लिए) भी $f(x)$ एक प्रति अवकलज है। यहाँ अब अनिश्चित समाकलन की परिभाषा आती है।

2.2 अनिश्चित समाकल (चिन्ह $\int$ द्वारा प्रदर्शित करना)

यदि f और F, x के फलन इस प्रकार हैं कि $F'(x) = f(x)$ तो फलन F को x के साक्षेप $f(x)$ का प्रति अवकलज या पूर्वज्ञ या समाकल कहा जाता है। प्रतीकात्मक रूप से, इसे इस प्रकार लिखा जाता है।

$$\boxed{\int f(x)dx = F(x) + c}$$

$$\Leftrightarrow \qquad \frac{d}{dx}[F(x)+c] = f(x),$$

जहाँ c को समाकलन का स्थिरांक (अचर) कहा जाता है और $f(x)$ को समाकल्य कहा जाता है।

नोट: $\int f(x)dx = F(x) + c$ वक्रों के एक कुल को प्रदर्शित करता है। यहाँ c के विभिन्न मान इस कुल के विभिन्न सदस्यों के अनुरूप हैं और इन सदस्यों को किसी एक वक्र को अपने समानांतर घुमाकर प्राप्त किया जा सकता है। इसके अलावा, यदि हम वक्रों के साथ एक रेखा $x = a$ का प्रतिच्छेद करते हैं, तो परिच्छेद के इन बिंदुओं पर वक्रों की स्पर्श रेखाएं समानांतर होती हैं। यही अनिश्चित समाकलन की ज्यामितीय व्याख्या है।

अनिश्चित समाकल के गुण

1. $\int af(x)dx = a\int f(x)dx$ (*'a' अचर राशि है*)
2. योग का समाकल, समाकलों के योग के बराबर होता है
   $\int (f(x)+g(x))dx = \int f(x)dx + \int g(x)dx$
3. यदि $\int f(y)dy = F(y)+c$, तब $\int f(ax+b)dx = \frac{1}{a}F(ax+b)+c,\ a \neq o.$

मानक परिणाम

1. $\int (ax+b)^n dx = \frac{(ax+b)^{n+1}}{a(n+1)} + c;\ n \neq -1$
2. $\int \frac{dx}{ax+b} = \frac{1}{a}\log|ax+b| + c$
3. $\int e^{ax+b}dx = \frac{1}{a}e^{ax+b} + c$
4. $\int a^{px+q}dx = \frac{1}{p}\frac{a^{px+q}}{\log a} + c, (a>0)$
5. $\int \sin(ax+b)dx = -\frac{1}{a}\cos(ax+b) + c$
6. $\int \cos(ax+b)dx = \frac{1}{a}\sin(ax+b) + c$
7. $\int \tan(ax+b)dx = \frac{1}{a}\log|\sec(ax+b)| + c$
8. $\int \cot(ax+b)dx = \frac{1}{a}\log|\sin(ax+b)| + c$

9. $\int \sec^2(ax+b)dx = \frac{1}{a}\tan(ax+b)+c$

10. $\int \operatorname{cosec}^2(ax+b)dx = -\frac{1}{a}\cot(ax+b)+c$

11. $\int \operatorname{cosec}(ax+b).\cot(ax+b)dx = -\frac{1}{a}\operatorname{cosec}(ax+b)+c$

12. $\int \sec(ax+b).\tan(ax+b)dx = \frac{1}{a}\sec(ax+b)+c$

13. $\int \sec x\, dx = \log|\sec x+\tan x|+c = \log\left|\tan\left(\frac{\pi}{2}+\frac{x}{2}\right)\right|+c$

14. $\int \operatorname{cosec} x\, dx = \log|\operatorname{cosec} x-\cot x|+c = \log\left|\tan\frac{x}{2}\right|+c$

15. $\int \frac{dx}{\sqrt{a^2-x^2}} = \sin^{-1}\frac{x}{a}+c$

16. $\int \frac{dx}{a^2+x^2} = \frac{1}{a}\tan^{-1}\frac{x}{a}+c$

17. $\int \frac{dx}{x\sqrt{x^2-a^2}} = \frac{1}{a}\sec^{-1}\frac{x}{a}+c$

18. $\int \frac{dx}{\sqrt{x^2+a^2}} = \log\left[x+\sqrt{x^2+a^2}\right]+c$

19. $\int \frac{dx}{\sqrt{x^2-a^2}} = \log\left[x+\sqrt{x^2-a^2}\right]+c$

20. $\int \frac{dx}{a^2-x^2} = \frac{1}{2a}\log\left|\frac{a+x}{a-x}\right|+c$

21. $\int \frac{dx}{x^2-a^2} = \frac{1}{2a}\log\left|\frac{x-a}{x+a}\right|+c$

22. $\int \sqrt{a^2-x^2}\,dx = \frac{x}{2}\sqrt{a^2-x^2}+\frac{a^2}{2}\sin^{-1}\frac{x}{a}+c$

23. $\int \sqrt{x^2+a^2}\,dx = \frac{x}{2}\sqrt{x^2+a^2}+\frac{a^2}{2}\log\left(x+\sqrt{x^2+a^2}\right)+c$

24. $\int \sqrt{x^2-a^2}\,dx = \frac{x}{2}\sqrt{x^2-a^2}-\frac{a^2}{2}\log\left(x+\sqrt{x^2-a^2}\right)+c$

25. $\int e^{ax}.\sin bx\, dx = \frac{e^{ax}}{a^2+b^2}(a\sin bx-b\cos bx)+c$

26. $\int e^{ax}.\cos bx\, dx = \frac{e^{ax}}{a^2+b^2}(a\cos bx+b\sin bx)+c$

समाकलन के अवकलन की प्रतिलोम प्रक्रिया के रूप में हल किए उदाहरण

उदाहरण 1: $I = 2\int e^{2x}(\cos 2x-\sin 2x)dx$ का मान ज्ञात कीजिए।

हल: यहाँ $e^{2x}\cos 2x$ का अवकलज $2e^{2x}(\cos 2x - \sin 2x)$ है

$$\Rightarrow I = e^{2x}\cos 2x + c.$$ उत्तर

उदाहरण 2: $I = \int \frac{2dx}{\sin^2 x\cdot\cos^2 x}$ का मान ज्ञात कीजिए।

हल: समाकल्य को निम्न प्रकार से परिवर्तित करने पर

$$\frac{1}{\sin^2 x\cos^2 x} = \frac{\sin^2 x+\cos^2 x}{\sin^2 x\cos^2 x} = \sec^2 x+\operatorname{cosec}^2 x = \frac{d}{dx}[\tan x-\cot x]$$

इसलिए $$I = 2\int(\sec^2 x+\operatorname{cosec}^2 x)dx = 2\tan x-2\cot x+c$$ उत्तर

मानक परिणामों के आधार पर हल किए गए उदाहरण

निम्नलिखित का मान ज्ञात कीजिये:

1. $\int x^4\,dx = \frac{x^{4+1}}{4+1} + c = \frac{x^5}{5} + c$

2. $\int (3x^2 - 10x + 7)dx = 3\int x^2 dx - 10\int x dx + 7\int dx$

$$= \frac{3.x^3}{3} - \frac{10.x^2}{2} + 7x = x^3 - 5x^2 + 7x + c$$

3. $\int \frac{dx}{(x+7)} = \log|x+7| + c$

4. $\int \frac{dx}{9x-7} = \frac{1}{9}\int \frac{dt}{t} = \frac{1}{9}\log|t| + c$ (जहाँ $t = 9x - 7$ और $dt = 9dx$)

$$= \frac{1}{9}\log|9x-7| + c$$

5. $\int e^{5x}dx = \frac{1}{5}\int e^{5x}(5dx) = \frac{e^{5x}}{5} + c$

6. $\int a^{9x}dx = \frac{1}{9}\int a^{9x}(9dx) = \frac{a^{9x}}{9\log a} + c$

7. $\int \cos 4x\ dx = \frac{1}{4}\int \cos 4x.(4dx) = \frac{1}{4}\sin 4x + c$

8. $\int \sin\frac{x}{3}dx = 3\int \sin\frac{x}{3}\cdot\left(\frac{1}{3}dx\right) = -3\cos\frac{x}{3} + c$

9. $\int \tan 9x\ dx = \frac{1}{9}\int \tan 9x \cdot 9dx = \frac{1}{9}\log|\sec 9x| + c$

10. $\int x^2 \cot x^3 dx = \frac{1}{3}\int \cot x^3 (3x^2 dx) = \frac{1}{3}\int \frac{\cos x^3}{\sin x^3}\cdot(3x^2 dx) = \frac{1}{3}\log|\sin x^3| + c$

11. $\int \sec x\ dx = \int \frac{\sec x(\sec x + \tan x)}{(\sec x + \tan x)}dx = \int \frac{(\sec^2 x + \sec x + \tan x)}{(\sec x + \tan x)}dx$

$$= \log|\sec x + \tan x| + c$$

[$(\sec x + \tan x) = t$ प्रतिस्थापित करने पर, $(\sec^2 x + \sec x \tan x)\,dx = dt$]

12. $\int \frac{dx}{1+\cos x} = \int \frac{(1-\cos x)}{(1-\cos^2 x)}dx = \int \frac{(1-\cos x)}{\sin^2 x}dx$

$$= \int\left[\operatorname{cosec}^2 x - \cot x \operatorname{cosec} x\right]dx = -\cot x + \operatorname{cosec} x + c$$

13. $\int \operatorname{cosec} x\, dx = \int \frac{dx}{\sin x} = \int \frac{dx}{2\sin\frac{x}{2}\cos\frac{x}{2}} = \int \frac{\sec^2\frac{x}{2}\cdot\frac{1}{2}dx}{\tan\frac{x}{2}} = \log\left|\tan\frac{x}{2}\right| + c$

14. $\int \frac{dx}{\sqrt{9-x^2}} = \sin^{-1}\frac{x}{3} + c$

15. $\int \frac{dx}{16+x^2} = \frac{1}{4}\tan^{-1}\frac{x}{4} + c$

16. $\int \frac{dx}{x\sqrt{9x^2-25}} = \int \frac{3dx}{3x\sqrt{(3x)^2-5^2}} = \frac{1}{5}\sec^{-1}\frac{3x}{5}+c$

17. $\int \frac{(x+5)}{\sqrt{7-3x-x^2}}dx$

$= \frac{-1}{2}\int\frac{(-2x-10)dx}{\sqrt{7-4x-x^2}}$

$= \frac{-1}{2}\int\frac{(-2x-4)-6}{\sqrt{7-4x-x^2}}.dx$

$= \frac{-1}{2}\int\frac{(-2x-4)}{\sqrt{7-4x-x^2}}dx+\frac{6}{2}\int\frac{dx}{\sqrt{7-4x-x^2}}$

$= -\sqrt{7-4x-x^2}+3\int\frac{dx}{\sqrt{11-(x+2)^2}} = -\sqrt{7-4x-x^2}+3\sin^{-1}\left(\frac{x+2}{\sqrt{11}}\right)+c$

> **संकेतन $\int$ की उत्पत्ति**
> 17वीं शताब्दी में जर्मन गणितज्ञ गॉटफ्राइड विल्हेम लाइबनिज ने समाकल का संकेत दिया था। उन्होंने अक्षर f('s' का एक पुरातन रूप) से अभिन्न प्रतीक, $\int$ को रूपांतरित किया, जो लैटिन भाषा के शब्द सम से लिया गया है जिसका मतलब 'योग' या 'कुल' है।

18. $\int\frac{dx}{(x^2-1)} = \frac{1}{2}\log\left|\frac{x-1}{x+1}\right|+c$

19. $\int\frac{dx}{(1-x^2)} = \frac{1}{2}\log\left|\frac{1+x}{1-x}\right|+c$

20. $\int\frac{dx}{\sqrt{x^2-1}} = \log|x+\sqrt{x^2-1}|+c$

21. $\int\frac{dx}{\sqrt{x^2+1}} = \log|x+\sqrt{x^2+1}|+c$

22. $\int\frac{dx}{\sqrt{4x^2+25}} = \frac{1}{2}\int\frac{2dx}{(2x)^2+5^2} = \frac{1}{2}\log(2x+\sqrt{4x^2+25})+c$

23. $\int\sqrt{4-x^2}dx = \frac{x}{2}\sqrt{4-x^2}+\frac{4}{2}\sin^{-1}\frac{x}{2}+c = \frac{x}{2}\sqrt{4-x^2}+2\sin^{-1}\frac{x}{2}+c$

24. $\int\sqrt{x^2-9}\,dx = \frac{x}{2}\sqrt{x^2-9}-\frac{9}{2}\log|x+\sqrt{x^2-9}|+c$

25. $\int\sqrt{7x^2+11}\,dx = \frac{1}{\sqrt{7}}\int\sqrt{7x^2+11}.\sqrt{7}dx$

$= \frac{1}{\sqrt{7}}\left[\frac{\sqrt{7}}{2}x\sqrt{7x^2+11}+\frac{11}{2}\log\left\{\sqrt{7}x+\sqrt{7x^2+11}\right\}\right]+c$

$= \frac{x}{2}\sqrt{7x^2+11}+\frac{11}{2\sqrt{7}}\log\left(\sqrt{7}x+\sqrt{7x^2+11}\right)+c$

2.3 महत्त्वपूर्ण तकनीकें/समाकलन की विधियाँ

यदि समाकल्य किसी ज्ञात फलन का अवकलज नहीं है, तो संबंधित समाकल को सीधे प्राप्त नहीं किया जा सकता है। ऐसी समस्याओं में समाकलों को ज्ञात करने के लिए, समाकलन के मुख्य तीन विधियों का उपयोग किया जाता है–

नियम 1: प्रतिस्थापन द्वारा समाकलन (अर्थात्, चर बदलकर)

नियम 2: खण्डशः समाकलन।

नियम 3: आंशिक भिन्नों द्वारा समाकलन।

नियम 1: प्रतिस्थापन द्वारा समाकलन (अर्थात्, चर बदलकर)

यदि $f(x)$ एक सतत् अवकलनीय फलन है, तो $\int \phi(f(x)) f'(x)dx$ के रूप के समाकलों का मान ज्ञात करने के लिए $f(x) = t$ और $f'(x)\, dx = dt$ प्रतिस्थापित करते हैं।

अतः $I = \int \phi(f(x) f'(x) dx = \int \phi(t) dt$, जिसे आगे आसानी से समाकलित किया जा सकता है। इसी तरह निम्न प्रकार के समाकल को भी हल करते हैं।

$\int [Q(x)]^n Q'(x) dx$ अथवा $\int \frac{Q'(x)}{\sqrt{Q(x)}} dx$ अथवा $\int \frac{Q'(x)}{[Q(x)]^n} dx, Q(x) = t$ रखने पर

नोटः प्रतिस्थापन विधि में, प्रश्न का सूक्ष्मता से निरीक्षण करना और फिर उस फलन के लिए प्रतिस्थापन करना महत्त्वपूर्ण है, जिसका अवकलज समाकलन में भी मौजूद रहता है।

उदाहरण 1: $\int \frac{\cos(\log x)}{x} dx$ का मान ज्ञात कीजिए।

हलः माना $\log x = t$ [क्योंकि $\log x$ का अवकलज $\frac{1}{x}$ है]

तब $dt = \frac{1}{x} dx$, दिए गए समाकल में रखने पर

$I = \int \cos t\, dt = \sin t + c$

$I = \sin(\log x) + c$ उत्तर

उदाहरण 2: $\int \frac{(1+\log x)^3}{x} dx$ का मान ज्ञात कीजिए।

हलः माना $I = \int \frac{(1+\log x)^3}{x} dx$

$(1 + \log x) = z$ रखने पर $\frac{1}{x} dx = dz$

$\Rightarrow \quad I = \int z^3 dz = \frac{z^4}{4} + c,$ चूँकि $z = 1 + \log x$

$\Rightarrow \quad I = \frac{(1+\log x)^4}{4} + c$ उत्तर

उदाहरण 3: $\int e^x \cos e^x dx$ का मान ज्ञात कीजिए।

हलः माना $I = \int e^x \cos e^x dx = \int \cos e^x . e^x dx$

$e^x = t$ रखने पर

तब $I = \int \cos t\, dt$

$\Rightarrow \quad I = \sin t + c$

$\Rightarrow \quad I = \sin e^x + c$

रोचक तथ्य

समाकल निशशेषण विधि (मेथड ऑफ एक्स्होषण) को निर्धारित करने में सक्षम पहली लिखित व्यवस्थित तकनीक लगभग 2400 साल पहले ग्रीक गणितज्ञ यूडोक्सस द्वारा दी गई थी।

नियम 2: खण्डश समाकलन

यदि u और v, x के अवकलनीय फलन हैं, तो,

$$\int u.vdx = u\int vdx - \int [u'.\int vdx]dx \quad ...(1)$$

जहाँ $u' = \dfrac{du}{dx}$

(1) में दिए गए समाकलन को दो खंडों (भागों) में विभाजित करना चाहिए, एक खण्ड (पहला फलन) u है और दूसरा खण्ड (दूसरा फलन) v है [*इस कारण इसे खण्डश: समाकलन कहा जाता है*]।

हम सामान्यत: खण्डश: समाकलन के लिए निम्नलिखित नियमों का पालन करते हैं:

(*i*) u और v को ऐसे चुनें कि $\int vdx$ और $\int [u'\int vdx]dx$ समाकलन करने के लिए सरल हो।

(*ii*) यदि समाकल्य में केवल एक ही फलन है, तो हम इकाई (1) को दूसरे फलन के रूप में लेते हैं। उदाहरण के लिए, $\int \sin^{-1} xdx$ में $\sin^{-1} x$ को पहले फलन (u) के रूप में और 1 को दूसरे फलन (v) के रूप में लिया जाता है।

(*iii*) सामान्यत: हम पहले फलन (u) को उस फलन के रूप में चुनते हैं जो ILATE (आईएलएटीई) शब्द में सबसे पहले आता है, जहाँ I प्रतिलोम फलन (Inverse Function); *L* लघुगणकीय फलन (Logaritmic function); A बीजीय फलन (Algebraic function); T त्रिकोणमितीय फलन और *E* चरघातांकी फलन (Exponential function) के लिए है। उदाहरण के लिए, $x^2 \cos xdx$ में, x^2 को पहले फलन (u) तथा $\cos x$ दूसरे फलन (v) के रूप में लिया जाता है।

उदाहरण 1: $\int \sec^3 \theta\, d\theta$ का मान ज्ञात करो।

हल: माना $I = \int \sec\theta.\sec^2\theta\, d\theta$

$$\Rightarrow \quad I = \sec\theta\int \sec^2\theta\, d\theta - \int \tan\theta(\sec\theta\tan\theta)d\theta$$

$$\Rightarrow \quad I = \sec\theta\tan\theta - \int (\sec^2\theta - 1)\sec\theta d\theta$$

$$\Rightarrow \quad I = \sec\theta\tan\theta - \int \sec^3\theta d\theta + \log|\sec\theta + \tan\theta| + c_1$$

$$\Rightarrow \quad 2I = \sec\theta\tan\theta + \log|\sec\theta + \tan\theta| + c_1$$

$$\Rightarrow \quad I = \frac{1}{2}\sec\theta\tan\theta + \frac{1}{2}\log|\sec\theta + \tan\theta| + c, \left(c = \frac{c_1}{2}\right)$$

उदाहरण 2: $\int \log x\, dx$ का मान ज्ञात करो।

हल: चूंकि समाकलन में केवल एक ही फलन है, अत: हम इकाई (1) को दूसरे फलन के रूप में लेते हैं।

$\therefore$ यदि $I = \int 1.\log x\, dx$

तब $$I = \log x\int 1dx - \int\left[\left[\frac{d}{dx}(\log x)\right] \times \int 1.dx\right]dx + c$$

$$\Rightarrow \quad I = x\log x - \int \frac{1}{x}\cdot x\, dx + c \Rightarrow I = x\log x - x + c$$

उत्तर

उदाहरण 3: $\int e^x \sin x dx$ का मान ज्ञात करो।

हल: माना $I = \int e^x \sin x dx$

$\sin x$ को पहला फलन और e^x को दूसरा फलन लेकर खण्डश: समाकलन करने पर,

$$I = \sin x \int e^x dx - \int e^x (\cos x) dx + c$$

$\Rightarrow$ $I = e^x \sin x - \left[e^x \cos x - \int e^x(-\sin x)dx\right] + c$ (पुन: खण्डश: समाकलन करने पर)

$\Rightarrow$ $I = e^x \sin x - e^x \cos x - \int e^x \sin x dx + c$ (चूंकि $I = \int e^x \sin x dx$)

$\Rightarrow$ $2I = e^x \sin x - e^x \cos x + c$

$\Rightarrow$ $I = \frac{1}{2}\left[e^x \sin x - e^x \cos x\right] + c$

नियम 3: आंशिक भिन्न द्वारा समाकलन

कोई फलन परिमेय भिन्न कहलाता है यदि वह $\frac{f(x)}{g(x)}$ के रूप का हो, जहाँ $f(x)$ और $g(x)$ बहुपद हैं।

यदि $f(x)$ की घात $g(x)$ की घात से कम हो तो इसे सम या उचित परिमेय भिन्न कहा जाता है, अन्यथा इसे विषम या अनुचित परिमेय भिन्न कहा जाा है। एक विषम (अनुचित) परिमेय भिन्न को एक बहुपद और एक सम (उचित) परिमेय भिन्न के योग के रूप में (लंबी विभाजन प्रक्रिया का उपयोग करके) व्यक्त किया जा सकता है। प्रत्येक उचित परिमेय भिन्न को साधारण भिन्नों के योग के रूप में व्यक्त किया जा सका है, जिन्हें आंशिक भिन्न कहा जाता है। यहां, हम अपने अध्ययन को आंशिक भिन्न के हरों में रैखिक गुणनखण्डों तक सीमित रखते हैं और इसलिए उन्हें तालिका 2.1 में सूचीबद्ध किया गया है, जहाँ A_1, A_2, A_3 तदनुसार निर्धारित किए जाने वाले अचर हैं।

तालिका 2.1

क्र.सं.	उचित परिमेय भिन्न	आंशिक भिन्न
1.	$\frac{px+q}{(ax+b)(cx+d)}$	$\frac{A_1}{ax+b} + \frac{A_2}{cx+d}$
2.	$\frac{px+q}{(ax+b)^2(cx+d)}$	$\frac{A_1}{ax+b} + \frac{A_2}{(ax+b)^2} + \frac{A_3}{(cx+d)}$
3.	$\frac{px^2+qx+r}{(ax+b)(cx+d)(ex+f)}$	$\frac{A_1}{ax+b} + \frac{A_2}{cx+d} + \frac{A_3}{ex+f}$
4.	$\frac{px^2+qx+r}{(ax+b)^2(cx+d)}$	$\frac{A_1}{(ax+b)} + \frac{A_2}{(ax+b)^2} + \frac{A_3}{(cx+d)}$

स्मरण कीजिये: x में एक बहुपद $a_0x^n + a_1x^{n-1} + ... + a_{n1}x + a_n$ के रूप का एक फलन है, जहाँ $a_i's$ सभी i के लिए अचर हैं, $a_0 \neq 0$ और n शून्य सहित एक धनात्मक पूर्णांक है।

उदाहरण 1: $\int \frac{(3x+1)}{(x+1)(x-2)}dx$ का मान ज्ञात करो।

हलः यहाँ समाकल्य एक उचित भिन्न है। अतः इसे और अधिक आंशिक भिन्नों में सरल बनाने पर, हम निम्नलिखित प्राप्त करते हैं

$$\frac{3x+1}{(x+1)(x-2)} = \frac{A_1}{x+1} + \frac{A_2}{x-2}$$

$\Rightarrow \quad (3x+1) = A_1(x-2) + A_2(x+1) \quad ...(1)$

अब, $x = 2$ को (1) में रखने पर, हमें प्राप्त होता है

$$7 = 3A_2 \Rightarrow A_2 = \frac{7}{3}$$

$x = -1$ रखने पर, $-2 = -3A_1 \Rightarrow A_1 = \frac{2}{3}$

$$\therefore \quad I = \frac{2}{3}\int \frac{dx}{x+1} + \frac{7}{3}\int \frac{dx}{x-2}$$

$\Rightarrow \quad I = \frac{2}{3}\log|x+1| + \frac{7}{3}\log|x-2| + c$ **उत्तर**

उदाहरण 2: $\int \frac{(3x-4)}{(x-1)^2(x+1)}dx$ का मान ज्ञात करो।

हलः माना $I = \int \frac{(3x-4)}{(x-1)^2(x+1)}dx$

समाकल्य एक उचित परिमेय भिन्न है इसलिए आंशिक भिन्नों का उपयोग करके इसे और सरल बनाने पर, हमें निम्न प्राप्त होता है।

$$\frac{3x-4}{(x-1)^2(x+1)} = \frac{A_1}{(x-1)} + \frac{A_2}{(x-1)^2} + \frac{A_3}{x+1}$$

$\Rightarrow \quad (3x-4) = A_1(x-1)(x+1) + A(x+1) + A_3(x-1)^2 \quad ...(1)$

(1) में $x = 1$ रखने पर

$$-1 = 2A_2 \Rightarrow \boxed{A_2 = \frac{-1}{2}}$$

पुनः (1) में $x = -1$ रखने पर

$$-7 = 4A_3 \Rightarrow \boxed{A_3 = -\frac{7}{4}}$$

अब (1) के दोनों ओर अचर पदों के गुणांक की तुलना करने पर

$$-4 = A_1 + A_2 + A_3$$
$$A_1 = 4 + A_2 + A_3$$

$\Rightarrow \quad A_1 = 4 - \frac{1}{2} - \frac{7}{4} \quad \left[\text{चूंकि } A_2 = -\frac{1}{2}; A_3 = -\frac{7}{4}\right]$

$$\Rightarrow \qquad \boxed{A_1 = \frac{7}{4}}$$

$$\therefore \qquad I = \frac{7}{4}\int\frac{dx}{x-1} - \frac{1}{2}\int\frac{dx}{(x-1)^2} - \frac{-7}{4}\int\frac{dx}{x+1}$$

$$\Rightarrow \qquad I = \frac{7}{4}\log|x-1| + \frac{1}{2(x-1)} - \frac{7}{4}\log|x+1| + c$$

$$I = \frac{7}{4}\log\left|\frac{x-1}{x+1}\right| + \frac{1}{2(x-1)} + c \qquad \left[\text{चूंकि } \log\frac{m}{n} = \log m - \log n\right]$$

2.4 निश्चित समाकलन

एक सतत फलन $f(x)$ का निश्चित समाकलन बंद अंतराल $[a, b]$ पर परिभाषित है, जिसे $\int_a^b f(x)dx = [F(x)]_a^b = F(b) - F(a)$ द्वारा प्रदर्शित करते हैं। जहाँ $F(x), f$ का प्रति अवकलज है, 'a' को समाकल की निम्न सीमा और 'b' को समाकल की उच्च सीमा कहते हैं। किसी निश्चित समाकल का मान अद्वितीय होता है।

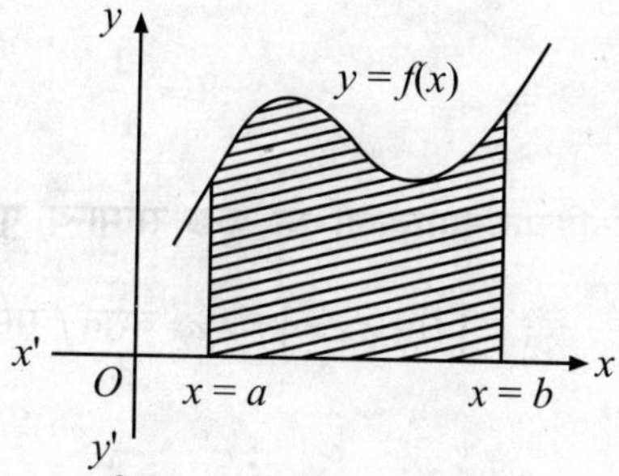

चित्र 2.2: निश्चित समाकलन

ज्यामितीय रूप से, निश्चित समाकल $\int_a^b f(x)dx$ वक्र $y = f(x)$, निर्देशांक $x = a, x = b$ और x -अक्ष से घिरे बीजीय क्षेत्र के क्षेत्रफल को दर्शाता है। (चित्र 2.2 देखें)

टिप्पणी:

1. $\int_a^b f(x)dx = 0 \Rightarrow$ समीकरण $f(x) = 0$ में (a, b) में कम से कम एक मूल है, बशर्ते $f(a, b)$ में एक सतत् फलन हो।
2. $\int_a^a f(x)dx = 0$ (अर्थात्, जब निम्न सीमा = उच्च सीमा)

उदाहरण 1: मान ज्ञात करो:

(i) $\int_0^2 x^3 dx$ (ii) $\int_0^{\pi/4} \sin^4 2t \cos 2t\, dt$

हल: (i) माना $I = \int_0^2 x^3 dx$ d

हम जानते हैं कि, $\int x^3 dx = \frac{x^4}{4} = F(x)$

$$\therefore \qquad I = F(2) - F(0) = \frac{16}{4} - 0 = 4$$

उत्तर

(*ii*) माना $$I = \int_0^{\pi/4} \sin^4 2t \cos 2t\, dt$$

तब $$\int \sin^4 2t \cos 2t\, dt$$

$$= \frac{1}{2}\int z^4 \cdot dz \qquad [\sin 2t = z \text{ रखने पर } \Rightarrow 2\cos 2t\, dt = dz]$$

$$= \frac{z^5}{10} = \frac{(\sin 2t)^5}{10} = F(t)$$

तब $$I = F\left(\frac{\pi}{4}\right) - F(0) = \frac{1}{10}\left[\sin\frac{\pi}{2} - \sin 0\right]$$

$\Rightarrow$ $$I = \frac{1}{10}$$

निश्चित समाकलों के कुछ सामान्य गुणधर्म

1. $\int_a^b f(x)dx = \int_a^b f(t)dt$ बशर्ते f समान हो ।

2. $\int_a^b f(x)dx = -\int_b^a f(x)dx$

3. $\int_a^b f(x)dx = \int_a^c f(x)dx + \int_c^b f(x)dx,$ जहां c अंतराल $[a, b]$ के अंदर या बाहर हो सकता है। इस गुण का उपयोग तब किया जाता है जब f अंतराल (a, b) में खंडों में सतत हो।

4. $\int_{-a}^a f(x)dx = \int_0^a [f(x) + f(-x)]dx = \begin{cases} 0; & \text{यदि } f(x) \text{ एक विषम फलन है} \\ 2\int_0^a f(x)dx; & \text{यदि } f(x) \text{ एक सम फलन है} \end{cases}$

5. $\int_a^b f(x)dx = \int_a^b f(a+b-x)dx,$ विशेष रूप से $\int_0^a f(x)dx = \int_0^a f(a-x)dx$

6. $\int_0^{2a} f(x)dx = \int_0^a f(x)dx + \int_0^a f(2a-x)dx = \begin{cases} 2\int_0^a f(x)dx; & \text{यदि } f(2a-x) = f(x) \\ 0; & \text{यदि } f(2a-x) = -f(x) \end{cases}$

7. $\int_0^{nT} f(x)dx = n\int_0^T f(x)dx, (n \in I);$ जहाँ 'T' फलन का आवर्त है, अर्थात् $f(T+x) = f(x)$

> **ध्यान देवें:** $\int_0^{T+x} f(t)dt, x$ से स्वतंत्र और $\int_0^T f(t)dt$ के बराबर होगा।

उदाहरण 1: $\int_0^2 f(x)dx$ का मान ज्ञात करो यदि $f(x)=\begin{cases} x^3 & 0<x<1 \\ 2x+1 & 1\le x<2 \end{cases}$

हलः

$$\int_0^2 f(x)dx = \int_0^1 f(x)dx+\int_1^2 f(x)dx$$

$$= \int_0^1 x^3 dx+\int_1^2 (2x+1)dx$$

$$= \left[\frac{x^4}{4}\right]_0^1+\left[x^2+x\right]_1^2$$

$$= \frac{1}{4}+[4+2-2]$$

$$= \frac{1}{4}+4=\frac{17}{4}$$ **उत्तर**

रुचिकर समानता

अवकलन : अवकलज :: समाकलन : समाकल

उदाहरण 2: $\int_0^{\pi/2}\frac{\sqrt{\cos x}}{\sqrt{\cos x}+\sqrt{\sin x}}dx$ **का मान ज्ञात करो।**

हलः मान

$$I=\int_0^{\pi/2}\frac{\sqrt{\cos x}}{\sqrt{\cos x}+\sqrt{\sin x}}\cdot dx \quad ...(1)$$

$$\Rightarrow \quad I=\int_0^{\pi/2}\frac{\sqrt{\cos\left(\frac{\pi}{2}-x\right)}}{\sqrt{\cos\left(\frac{\pi}{2}-x\right)}+\sqrt{\sin\left(\frac{\pi}{2}-x\right)}}dx$$

[निश्चित समाकलन के गुणधर्म $\int_0^a f(x)dx=\int_0^a f(a-x)dx$ से]

$$I=\int_0^{\pi/2}\frac{\sqrt{\sin x}}{\sqrt{\sin x}+\sqrt{\cos x}}\cdot dx \quad ...(2)$$

(1) और (2) से

$$2I=\int_0^{\pi/2}\frac{\left(\sqrt{\sin x}+\sqrt{\cos x}\right)}{\left(\sqrt{\sin x}+\sqrt{\cos x}\right)}dx \Rightarrow I=\frac{1}{2}\int_0^{\pi/2}dx$$

$$\Rightarrow \quad I=\frac{1}{2}[x]_0^{\pi/2}=\frac{1}{2}\left[\frac{\pi}{2}\right]\Rightarrow I=\frac{\pi}{4}$$ **उत्तर**

2.5 वाली के समाकलन सूत्र का उपयोग $\left(\int_0^{\pi/2}\sin^m x\cos^n x\,dx\right)$

इस सूत्र का श्रेय अंग्रेज गणितज्ञ जॉन वालिस (1616-1703) को जाता है। इसका प्रमाण (Proof) समानयन सूत्रों पर आधारित है। यहाँ हम निम्नलिखित दो स्थितियों का अध्ययन करेंगे:

स्थिति I: $\int_0^{\pi/2} \sin^m x\cos^n x\,dx$ त्रिकोणमितीय समाकल्य के साथ निश्चित समाकलन का मान नीचे दिए गए 'वाली समाकलन सूत्र' का उपयोग करके आसानी से ज्ञात किया जा सकता है:

यदि m, n दोनों धनात्मक पूर्णांक हैं, तो

$$\int_0^{\pi/2} \sin^m x\cos^n x\,dx = \int_0^{\pi/2} \sin^n x\cos^m x\,dx$$

$$\begin{cases} = \dfrac{(m-1)(m-3)\ldots(1 \text{ या } 2)\cdot(n-1)(n-3)\ldots(1 \text{ या } 2)}{(m+n)(m+n+2)\ldots(1 \text{ या } 2)}\cdot\dfrac{\pi}{2}, \text{ यदि } m \text{ और } n \text{ दोनों सम पूर्णांक हैं} \\ = \dfrac{(m-1)(m-3)\ldots(1 \text{ या } 2)\cdot(n-1)(n-3)\ldots(1 \text{ या } 2)}{(m+n)(m+n+2)\ldots(1 \text{ या } 2)}\cdot 1, \text{ अन्यथा} \end{cases}$$

स्थिति II: यदि n एक धनात्मक पूर्णांक है, तो

$$\int_0^{\pi/2} \sin^n x\,dx = \int_0^{\pi/2} \cos^n x\,dx$$

$$= \begin{cases} \dfrac{(n-1)(n-3)(n-5).........3.1}{n(n-2)(n-4).....4.}.\dfrac{\pi}{2}; \text{ यदि } n \text{ सम है} \\ \dfrac{(n-1)(n-3)(n-5)...4.2}{n(n-2)(n-4).....5.3}.1 \text{ यदि } n \text{ विषम है} \end{cases}$$

यह वाली के समकलज सूत्र की विशेष स्थिति है।

उदाहरण: $\int_0^{\pi/2} \sin^6 x\cos^2 x\,dx$ का मान ज्ञात करो।

हल: वाली के समाकलन सूत्र का प्रयोग करने पर

$$\int_0^{\pi/2} \sin^6 x\cos^2 x\,dx = \frac{(6-1)(6-3)(6-5)\cdot(2-1)}{(6+2)(6+2-2)(6+2-4)(6+2-6)}\cdot\frac{\pi}{2}$$

(चूंकि 6 और 2 दोनों सम पूर्णांक हैं)

$$= \frac{5.3.1.1}{8.6.4.2}\cdot\frac{\pi}{2} = \frac{15}{384}\cdot\frac{\pi}{2} = \frac{15}{768}\cdot\pi$$

उदाहरण: निम्नलिखित का मान ज्ञात करो–

1. $\int_{-\pi/2}^{\pi/2} \sin^4 x\cos^6 x\,dx \Rightarrow I = 2\int_0^{\pi/2} \sin^4 x\cos^6 x\,dx$ (चूँकि समाकल्य एक सम फलन है)

$$\Rightarrow \quad I = \frac{2\cdot(3\cdot 1)(5\cdot 3\cdot 1)}{10\cdot 8\cdot 6\cdot 4\cdot 2}\cdot\frac{\pi}{2} = \frac{3\pi}{256}$$ **उत्तर**

2. $I = \int_0^{\pi/2} \cos^7 x\,dx$ वाली के सूत्र का प्रयोग से, क्योंकि घातांक विषम है, अत:

$$I = \frac{6\times 4\times 2}{7\times 5\times 3} = \frac{16}{35}$$ **उत्तर**

3. $I = \int_0^{\pi/2} \sin^8 x\,dx$ वाली के सूत्र का प्रयोग से, क्योंकि घातांक सम है, अत:

$$I = \frac{7\times5\times3\times1}{8\times6\times4\times2}\times\frac{\pi}{2} \Rightarrow I = \frac{35\pi}{256}$$ **उत्तर**

2.6 समाकलन के अनुप्रयोग

आयतन, पृष्ठीय क्षेत्रफल, चाप की लंबाई, फलन के औसत मान आदि की गणना में उपयोग होने के अलावा भौतिकी, अर्थशास्त्र आदि जैसे कई क्षेत्रों में समाकलन लागू होता है। ज्यामिती के पारंपरिक तरीके हमें साधारण आंकड़ों के क्षेत्रफल, आयतन आदि की गणना करने में मदद करते हैं। लेकिन इन पारंपरिक विधियों का उपयोग वक्रों से घिरे क्षेत्रों, आयतन आदि की गणना के लिए नहीं किया जा सकता है। यही वह स्थिति है जहाँ, समाकलन की अवधारणा हमारी मदद करती है।

इस भाग में, हम वक्र और अक्षों से घिरे क्षेत्र के मूल्यांकन से संबंधित सरल समस्याओं को हल करना सीखेंगे। इसके अलावा हम किसी क्षेत्र के अक्षों के परिक्रमण से बनने वाले ठोस के आयतन की गणना करना सीखेंगे (केवल साधारण समस्याएँ)।

I. वक्र और अक्षों से घिरे क्षेत्र का क्षेत्रफल

हमने सीखा कि निश्चित समाकलन हमें क्षेत्रफल ज्ञात करने में सहायता करते हैं। जब हम एक वक्र और अक्षों के बीच का क्षेत्र पाते हैं तो निम्नलिखित दो स्थितियाँ उत्पन्न होती हैं–

स्थिति 1: जब हम वक्र $y = f(x)$, x–अक्ष और निर्देशांक $x = a$ और $x = b$ से घिरे क्षेत्र का क्षेत्रफल A को ज्ञात करते हैं, जैसा (चित्र 2.3) में दिखाया गया है।

इस स्थिति में हम ABCD से घिरे क्षेत्र का क्षेत्रफल ज्ञात करेंगे। यह क्षेत्र बहुत पतली ऊर्ध्वाधर धारियों/आयतों से बना माना जाता है। हम ऊंचाई y और चौड़ाई dx की एक स्वेच्छा से ली गई पट्टी पर विचार करते हैं। इस पट्टी के क्षेत्रफल के लिए $dA = ydx$. (यहां $y = f(x)$)। इस क्षेत्रफल को प्राथमिक क्षेत्रफल कहा जाता है। हम ऐसे सभी प्राथमिक क्षेत्रों को $x = a$ से $x = b$ (ABCD) में तक समाकलन करके जोड़ते हैं और वक्र $y = f(x)$, x-अक्ष और रेखाओं $x = a, x = b$ से परिबद्ध कुल क्षेत्रफल को निम्नानुसार प्राप्त करते हैं:

$$A = \int_a^b dA = \int_a^b y dx = \int_a^b f(x)dx \text{ अत: } \boxed{A = \int_a^b f(x)dx}$$

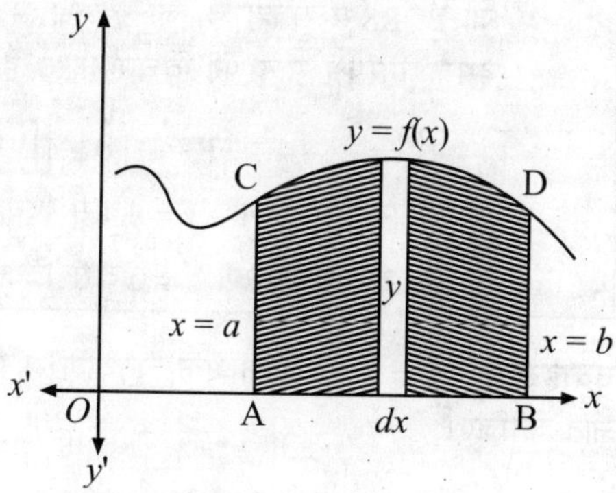

चित्र 2.3: वक्र और X-अक्ष से घिरा क्षेत्र

स्थिति 2: जब हम वक्र $x = g(y)$, y-अक्ष और रेखाओं $y = c, y = d$ से घिरा क्षेत्रफल A ज्ञात करते हैं, जैसा कि (चित्र 2.4) में दिखाया गया है। इस स्थिति में हमें PQRS में सलंग्न क्षेत्रफल ज्ञात करना है। यहाँ, हम क्षेत्रफल PQRS को बहुत पतली क्षैतिज पट्टियों/ आयतों जिसकी लंबाई x और चौड़ाई dy से बना मानते हैं।

$\therefore$ क्षेत्रफल $\boxed{A = \int_c^d g(y)dy}$

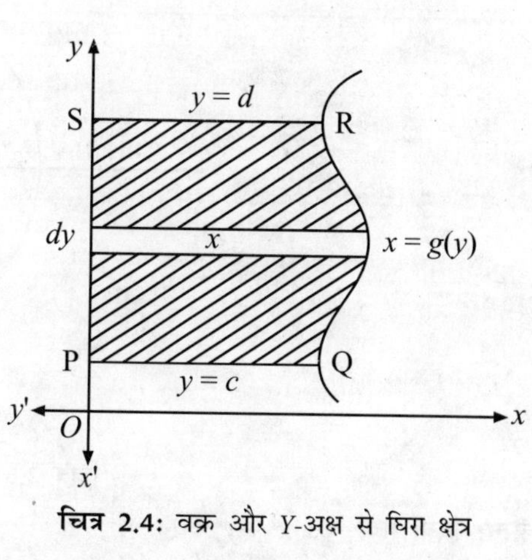

चित्र 2.4: वक्र और Y-अक्ष से घिरा क्षेत्र

स्मरण रखने योग्यः

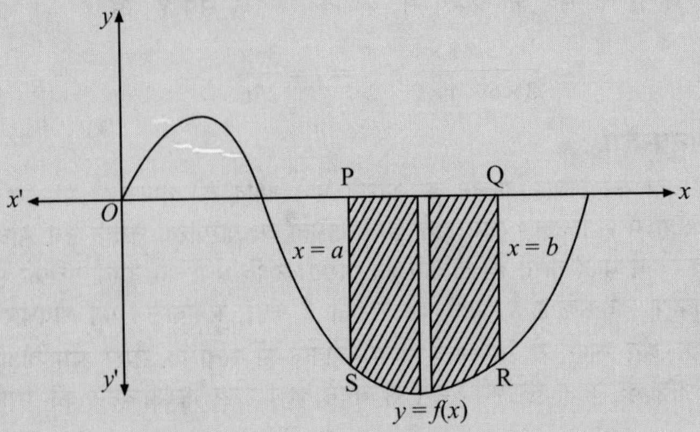

चित्र 2.5: X-अक्ष के नीचे एक वक्र से घिरा क्षेत्र

1. कभी–कभी ऐसा हो सकता है कि विचाराधीन क्षेत्रफल A का मान ऋणात्मक हो। लेकिन, ऐसे मामलों में हम क्षेत्रफल के केवल संख्यात्मक मान पर विचार करते हैं, अर्थात् इसका निरपेक्ष मान लेते हैं $|A|$.

   उदाहरण के लिए: (चित्र 2.5) में दिए गए वक्र पर विचार करें। इस वक्र में, विचाराधीन क्षेत्रफल A है जो PQRS से संबंद्ध है, जो x-अक्ष से नीचे और $y = f(x) < 0$ के ऋणात्मक रूप में है। ऐसे मामलों में, हम इसके निरपेक्ष मान पर विचार करते हैं।

$$\text{निरपेक्ष } |A| = \left|\int_a^b f(x)dx\right|.$$

2. X-अक्ष का समीकरण $y = 0$ द्वारा दिया जाता है

   Y-अक्ष का समीकरण $x = 0$ द्वारा दिया जाता है

उदाहरण: वृत $x^2 + y^2 = 1$ के एक चतुर्थांश से घिरे क्षेत्रफल ज्ञात करो, तथा दिए गए वृत्त से घिरे कुल क्षेत्र का क्षेत्रफल ज्ञात कीजिए।

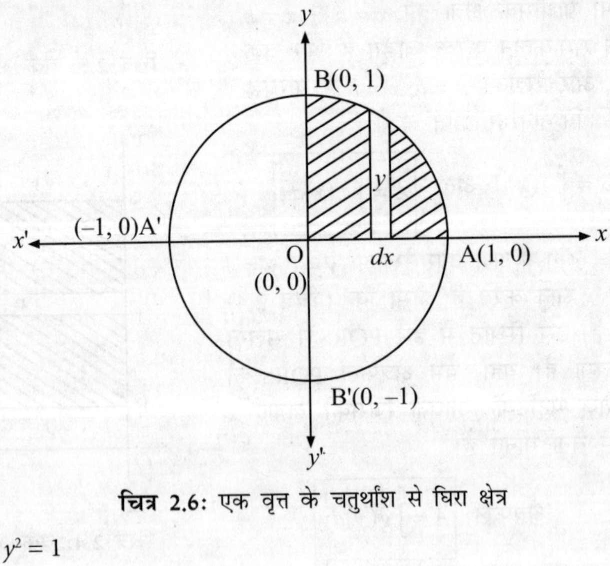

चित्र 2.6: एक वृत्त के चतुर्थांश से घिरा क्षेत्र

हल: दिया गया वृत्त $x^2 + y^2 = 1$ ...(1)

चूँकि वृत्त दोनों अक्षों के परितः सममित है और x-अक्ष के साथ (1) के प्रतिच्छेदन बिन्दु A (1, 0) और $A'(-1, 0)$ हैं और y-अक्षों के साथ $B(0, 1)$ और $B'(0-1)$ है और हमें आकृति (चित्र 2.6) प्राप्त होती है। चूँकि सभी चतुर्थांशों का क्षेत्रफल समान होता है, इसलिए चतुर्थांश OABO से घिरा क्षेत्रफल ज्ञात करेंगे।

अतः $$Q_1 = \int_0^1 y\,dx$$

उर्ध्वाधर पट्टी लेने पर

$$\Rightarrow \quad Q_1 = \int_0^1 \sqrt{1-x^2 dx}$$

(चूंकि $\pm\sqrt{1-x^2}$, धन चिह्न लेने पर, क्योंकि (1) के अनुसार OABO प्रथम चतुर्थांश में स्थित है)

$$\Rightarrow \quad Q_1 = \left[\frac{x}{2}\sqrt{1-x^2} + \frac{1}{2}\sin^{-1}\frac{x}{1}\right]_0^1$$

$$\Rightarrow \quad Q_1 = \left[\frac{1}{2}\sin^{-1}1\right] \quad \left(\text{चूंकि } \sin^{-1}1 = \frac{\pi}{2}\right)$$

$$\Rightarrow \quad Q_1 = \frac{\pi}{4}$$

पुनः, वृत्त से घिरा क्षेत्रफल $A = 4 \times Q_1 \Rightarrow A = 4 \times \frac{\pi}{4} \Rightarrow \boxed{A = \pi}$ वर्ग इकाई **उत्तर**

वैकल्पिक हलः *आप इस प्रश्न को धनात्मक चतुर्थांश में भी क्षैतिज पट्टियों का उपयोग करके हल कर सकते हैं। कोशिश करो।*

उदाहरणः दीर्घवृत्त $\frac{x^2}{a^2} + \frac{y^2}{b^2} = 1$ से घिरे क्षेत्र का क्षेत्रफल ज्ञात करो।

हलः दीर्घवृत्त का समीकरण $\frac{x^2}{a^2} + \frac{y^2}{b^2} = 1$ ...(1)

x-अक्ष और y-अक्ष के साथ (1) के प्रतिच्छेद बिन्दु क्रमशः $A(a, 0); A'(-a, 0)$ और $B(0, b); B'(0, -b)$ है।

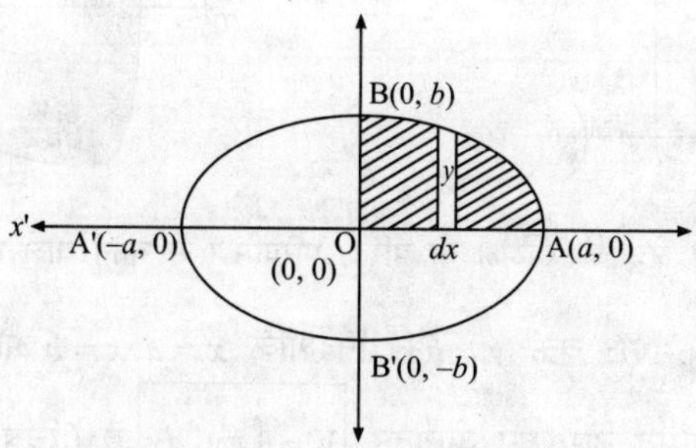

चित्र 2.7: एक दीर्घवृत्त से घिरा क्षेत्र

पुनः दीर्घवृत्त दोनों अक्षों के परितः सममित है।

अतः पहले चतुर्थांश में ऊर्ध्वाधर पट्टियां लें जैसा कि चित्र 2.7 में दिखाया गया है,

अतः दीर्घवृत्त का क्षेत्रफल $= 4 \times$ (प्रथम चतुर्थांश OABO का क्षेत्रफल)

$\Rightarrow$ $4 \times$ (पहले चतुर्थांश में OABO का क्षेत्रफल जो दीर्घवृत्त, x-अक्ष और रेखाओं $x = 0, x = a$ से घिरा है)

$$= 4\times\int_0^a y\,dx = 4\times\int_0^a \frac{b}{a}\sqrt{a^2-x^2}\,dx$$

[चूंकि $\frac{x^2}{a^2}+\frac{y^2}{b^2}=1 \Rightarrow y \pm \frac{b}{a}\sqrt{a^2-x^2}$ क्योंकि OABO प्रथम चतुर्थांश में है, इसलिए धन चिह्न लेने पर]

$$A = \frac{4b}{a}\int_0^a \sqrt{a^2-x^2}\,dx$$

$$\Rightarrow \quad A = \frac{4b}{a}\left[\frac{x}{2}\sqrt{a^2-x^2}+\frac{a^2}{2}\sin^{-1}\frac{x}{a}\right]_0^a$$

$$\Rightarrow \quad A = \frac{4b}{a}\left[\frac{a^2}{2}\sin^{-1}\frac{a}{a}\right] = \frac{4b}{a}\left[\frac{a^2}{2}\sin^{-1}1\right]$$

$$A = \cancel{2}ba\cdot\frac{\pi}{\cancel{2}} = \pi ab \qquad \left[\text{चूंकि } \sin^{-1}1 = \frac{-\pi}{2}\right]$$

अर्थात् $A = \pi ab$ वर्ग इकाई **उत्तर**

II. किसी क्षेत्र के अक्षों के परितः परिक्रमण से बने ठोस का आयतन (डिस्क विधि के उपयोग द्वारा)

समाकलन के महत्त्वपूर्ण और सरल उपयोग में से एक परिक्रमण से बने ठोस का आयतन ज्ञात करना।

यहाँ निम्नलिखित दो स्थिति सामने आती हैं–

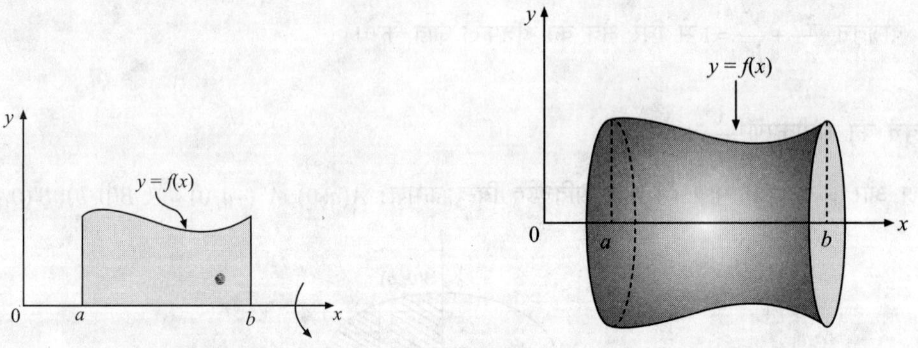

चित्र 2.8: किसी क्षेत्र के X-अक्ष के परितः परिक्रमण से बनने वाले ठोस का आयतन

स्थिति 1: X-अक्ष के परित परिक्रमणः वक्र $y = f(x)$, निर्देशांक $x = a, x = b$ और X-अक्ष द्वारा परिबद्ध X-अक्ष के परितः परिक्रमण द्वारा निर्मित ठोस का आयतन $\boxed{V = \int_a^b \pi y^2\,dx}$ है (चित्र 2.8 और चित्र 2.9)

स्थिति 2: Y-अक्ष के परित परिक्रमणः वक्र $x = f(y)$, रेखाओं $y = c, y = d$ और Y-अक्ष द्वारा परिबद्ध Y-अक्ष के परितः परिक्रमण द्वारा निर्मित ठोस का आयतन $\boxed{V = \int_c^d \pi x^2\,dy}$ है (चित्र 2.10 और 2.11)

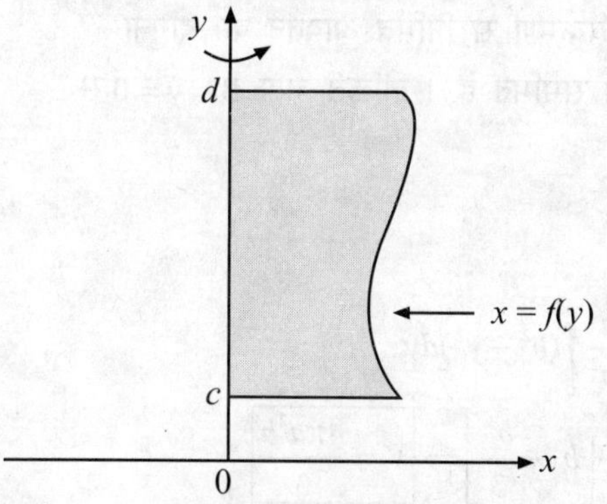

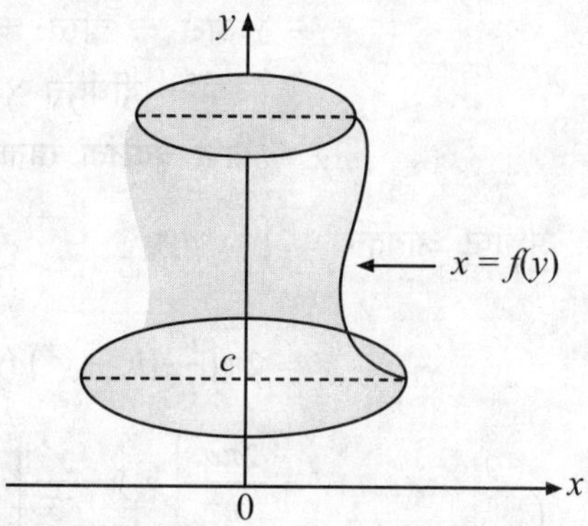

चित्र 2.9: किसी क्षेत्र के Y-अक्ष के परितः परिक्रमण से बनने वाले ठोस का आयतन

उदाहरण 1: माना $y = f(x) = x^2$ अंतराल $[0, 2]$ पर दिया गया वक्र है। दिए गए अंतराल में X-अक्ष के परितः परिक्रमण से बनने वाले ठोस का आयतन ज्ञात कीजिए।

हल: हम जानते हैं कि में X-अक्ष के चारों ओर परिक्रमण करने वाले ठोस का आयतन ($y = f(x)$ के लिए)

$$V = \int_a^b \pi y^2 dx \text{ अर्थात } \int_0^2 \pi(x^2)^2 dx \Rightarrow V = \pi\int_0^2 x^4 dx \Rightarrow V = \pi\left|\frac{x^5}{5}\right|_0^2 \Rightarrow V = \frac{32\pi}{5}$$ **उत्तर**

उदाहरण 2: मान लीजिए $y = f(x) = x^2$ अंतराल $[0,2]$ पर दिया गया वक्र है। दिए गए अंतराल में Y-अक्ष के परितः परिक्रमण से निर्मित ठोस का आयतन ज्ञात कीजिए।

हल: यहां हम Y-अक्ष के चारों ओर चक्कर लगाने वाले ठोस का आयतन ज्ञात करेंगे, इसके लिये निम्न सूत्र का उपयोग करेंगे

$$\therefore \quad V = \int_a^b \pi x^2 dy \text{ यहाँ } y = x^2 \Rightarrow x^2 = y \text{ अंतराल } [0, 2] \text{ पर}$$

$$\therefore \quad V = \pi\int_0^2 y\,dy \Rightarrow V = \pi\left[\frac{y^2}{2}\right]_0^2 \Rightarrow V = 2\pi$$ **उत्तर**

उदाहरण 3: एक दीर्घवृत्त $\frac{x^2}{a^2} + \frac{y^2}{b^2} = 1$ के लघु अक्ष के परितः परिक्रमण से निर्मित ठोस का आयतन ज्ञात करो।

हल: दीर्घवृत्त $\frac{x^2}{a^2} + \frac{y^2}{b^2} = 1$ $(b < a)$ का लघु अक्ष Y-अक्ष है

$\therefore$ हम Y-अक्ष के चारों ओर घूर्णन के लिए निम्न सूत्र का उपयोग करते हैं

$$V = \int_a^b \pi x^2 dy \text{ अंतराल } [a, b] \text{ पर}$$

अब, $\frac{x^2}{a^2} + \frac{y^2}{b^2} = 1 \Rightarrow x^2 = \frac{a^2}{b^2}(b^2 - y^2)$

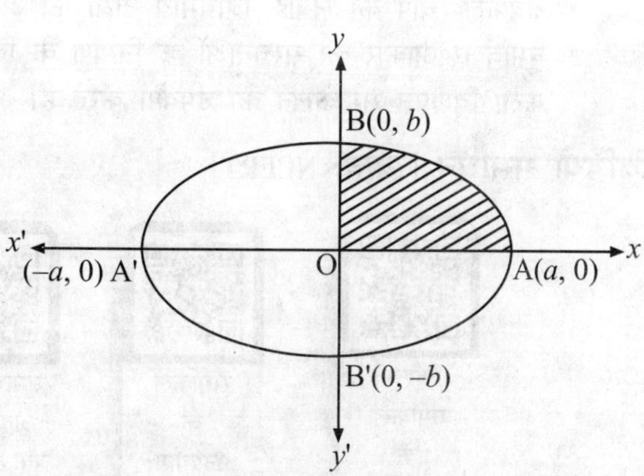

चित्र 2.10: दीर्घवृत्त के परिक्रमण से उत्पन्न आयतन

लघु अक्ष (Y-अक्ष) के परितः दीर्घवृत्त का आयतन

= चाप $B'AB$ के Y-अक्ष के परितः परिक्रमण से निर्मित आयतन (चित्र 2.12)

$= Y$-अक्ष के परितः चाप BA के परिक्रमण से निर्मित आयतन का दोगुना (क्योंकि दीर्घवत्त X-अक्ष के प्रति सममित है)। लेकिन चाप BA, $y = 0$ से $y = b$ तक बदलता रहता है।

$\therefore$ अभीष्ट आयतन $= 2\int_0^b \pi x^2 dy$

$$\Rightarrow \quad V = 2\pi\int_0^b \frac{a^2}{b^2}(b^2 - y^2)dy \Rightarrow V = 2\pi\frac{a^2}{b^2}\int_0^b (b^2 - y^2)dy$$

$$\Rightarrow \quad V = \frac{2\pi a^2}{b^2}\left[b^2 y - \frac{y^3}{3}\right]_o^b \Rightarrow V = \frac{2\pi a^2}{b^2}\left[b^3 - \frac{b^3}{3}\right] \Rightarrow \boxed{V = \frac{4\pi a^2 b}{3}}$$

उत्तर

समाकल कलन के विविध अनुप्रयोग

इसका उपयोग अधिकांशतः व्यवसाय के क्षेत्रों में होता है और इसलिए रोज हमारे जीवन को कई तरह से छूता है। कुछ नीचे सूचीबद्ध है:

- बांध (विशेष रूप से भारत में भाखड़ा बांध की तरह) अभियांत्रिकी (इंजीनियरिंग) चमत्कार हैं। जब बांधों के पीछे का जलाशय भर जाता है, तब बांधों में काफी बल (ताकत) होता है। जब जलाशय भर जाता है तो इस हाइड्रोस्टेटिक बल की गणना निश्चित समाकल की मदद से की जाती है। हम यह भी जांच सकते हैं कि जलाशय के बदलते जलस्तर इस बल को कैसे प्रभावित करते हैं।

जलाशय (Reservoir)

चित्र 2.11: भाखड़ा बांध-निश्चित समाकलन का अनुप्रयोग

- समाकलन का उपयोग मीलों दूर सबस्टेशन (विद्युत अभियांत्रिकी) को जोड़ने के लिए आवश्यक बिजली केबल की सटीक लंबाई की गणना करने के लिए किया जाता है।
- भौतिकी की विभिन्न अवधारणाओं जैसे गतिकी, ऊष्मागतिकी, विद्युत चुम्बकत्व, द्रव्यमान का केन्द्र, गुरुत्वा. कर्षण का केन्द्र, जड़ता का क्षण, ग्रहों की स्थिति, वेग, बल, कार्य आदि की भविष्यवाणी में व्यापक रूप से उपयोग किया जाता है।
- क्षेत्रफल, चाप की लंबाई, त्रिविमीय ठोसों का आयतन आदि ज्ञात करना।
- घुमावदार आकार की संरचनाओं के निर्माण के लिए और ऐसी संरचनाओं के वजन को मापने के लिए, वस्तु कला विशेषज्ञ समाकलन का उपयोग करते हैं।

विडियो संसाधन [*स्त्रोत:* NCERT]

निश्चित समाकलों के गुण	समाकल के अनुप्रयोग: प्रस्तावना	समाकल के अनुप्रयोग: वक्र के नीचे का क्षेत्रफल	समाकल के अनुप्रयोग: दो वक्रो के बीच का क्षेत्रफल	समाकल के अनुप्रयोग: प्रश्न

वस्तुस्थिति अध्ययन

एक स्मृति परीक्षण में, छात्रों ने गणित के प्रतीकों को याद किया, वह दर $F'(t)=\frac{t}{10}-\frac{3t^2}{1000}$ द्वारा प्रदर्शित किया गया है जहाँ t मिनट में याद किए गए प्रतीकों की संख्या $F(t)$ है।

उपरोक्त आँकड़ों के आधार पर निम्नलिखित प्रश्नों के उत्तर दीजिए:

1. $F(t)$ का मान ज्ञात करें यदि $F(0) = 0$
2. एक छात्र 10 मिनट (लगभग) में कितने प्रतीकों को याद कर सकता है?

जाँच कीजिये

यूनिट 5 के पढ़ाए जाने के बाद MATLAB निःशुल्क परीक्षण संस्करण डाउनलोड करें और जांचें कि क्या आप $\int x^n dx$ और $\int_0^1 x^7 dx$ का मान ज्ञात कर सकते हैं?

Math Works

यूनिट सारांश

1. $\boxed{\int f(x)dx = F(x)+c}$, जहाँ f और F, x के फलन इस प्रकार हैं कि $F'(x) = f(x)$.
2. समाकलन महत्त्वपूर्ण तकनीकें:

   2.1. **प्रतिस्थापन द्वारा समाकलन:** समाकलन के रूप $\int\phi(f(x))f'(x)dx$, का मान ज्ञात करने के लिए हम $f(x) = t$ और $f'(x)\, dx = dt$ प्रतिस्थापित करते हैं।

   2.2 **खण्डश समाकलन:** यदि u और v, x के अवकलनीय फलन हैं तब

   $\int u.vdx = u\int vdx - \int[u'.\int vdx]dx$ जहां, $u'=\frac{du}{dx}$

   [सामान्यत: हम पहले फलन (u) को उस फलन के रूप में चुनते हैं जो ILATE (आईएलटीई) शब्द में सबसे पहले आता है, जहाँ I प्रतिलोम फलन (Inverse Function); L लघुगणकीय फलन (Logarithmic function); A बीजीय फलन (Algebraic function); T त्रिकोणमितीय फलन और E घातीय फलन (Exponential function) के लिए है।]

   2.3. **आंशिक भिन्नों द्वारा समाकलन :** कोई फलन परिमेय भिन्न कहलाता है यदि वह $\frac{f(x)}{g(x)}$ के रूप का हो, जहाँ $f(x)$ और $g(x)$ बहुपद हैं। प्रत्येक उचित परिमेय भिन्न को सरल भिन्नों के योग के रूप में व्यक्त किया जा सकता है, जिसे आंशिक भिन्न कहा जाता है और फिर तदनुसार समाकलित किया जा सकता है।

3. निश्चित समाकलन को $\int_a^b f(x)dx = [F(x)]_a^b = F(b)-F(a)$ द्वारा प्रदर्शित करते हैं। जहाँ $F(x)$, f का प्रति अवकलज है, 'a' को समाकल की निम्न सीमा और 'b' को समाकल की उच्च सीमा कहते हैं।

4. यदि m, n दोनों धनात्मक पूर्णांक हैं, तब वाली का समाकल सूत्र

$$\int_0^{\pi/2} \sin^m x \cos^n x\, dx = \int_0^{\pi/2} \sin^n x \cos^m x\, dx$$

$$\begin{cases} = \dfrac{(m-1)(m-3)\ldots(1 \text{ या } 2)\cdot(n-1)(n-3)\ldots(1 \text{ या } 2)}{(m+n)(m+n+2)\ldots(1 \text{ या } 2)}\cdot\dfrac{\pi}{2}, \text{ यदि } m \text{ और } n \text{ दोनों सम पूर्णांक हैं} \\ = \dfrac{(m-1)(m-3)\ldots(1 \text{ या } 2)\cdot(n-1)(n-3)\ldots(1 \text{ या } 2)}{(m+n)(m+n+2)\ldots(1 \text{ या } 2)}\cdot 1, \text{ अन्यथा} \end{cases}$$

5. यदि n एक धनात्मक पूर्णांक है, (वाली के समाकलन सूत्र की विशेष स्थिति) तब

$$\int_0^{\pi/2} \sin^n x\, dx = \int_0^{\pi/2} \cos^n x\, dx$$

$$= \begin{cases} \dfrac{(n-1)(n-3)(n-5)......3.1}{n(n-2)(n-4).......4.2}\cdot\dfrac{\pi}{2}; & \text{यदि } n \text{ सम है} \\ \dfrac{(n-1)(n-3)(n-5).....4.2}{n(n-2)(n-4)........5.3}\cdot 1; & \text{यदि } n \text{ विषम है} \end{cases}$$

6. वक्र $y = f(x)$, $x-$ अक्ष और निर्देशांक $x = a$ और $x = b$ से घिरे क्षेत्र का क्षेत्रफल $\boxed{A = \int_a^b f(x)dx}$

7. वक्र $x = g(y)$, y–अक्ष और रेखाओं $y = c, y = d$ से घिरे क्षेत्र का क्षेत्रफल $\boxed{A = \int_c^d g(y)dy}$

8. वक्र $y = f(x)$, निर्देशांक $x = \text{a}, x = b$ और X-अक्ष द्वारा परिबद्ध X-अक्ष के परितः परिक्रमण द्वारा निर्मित ठोस का आयतन $V = \int_a^b \pi y^2\, dx$

9. वक्र $x = f(y)$, रेखाओं $y = c, y = d$ और Y-अक्ष द्वारा परिबद्ध Y-अक्ष के परितः परिक्रमण द्वारा निर्मित ठोस का आयतन $V = \int_c^d \pi x^2 dy$

अभ्यास

विषयात्मक प्रश्न

1. हल करो $\int\sqrt{\frac{1-x}{1+x}}dx$ [संकेत: $x = \cos t$ प्रतिस्थापित करें] [उत्तर: $\sqrt{1-x^2}-\cos^{-1}x+c$]

2. मान ज्ञात करो (a) $\int\tan^{-1}x\,dx$ (b) $\int\sin(\log x)dx$

[उत्तर: (a) $x\tan^{-1}x-\frac{1}{2}\log(1+x^2)+c$ (b) $\frac{x}{2}[\sin(\log x)-\cos(\log x)]+c$]

3. सिद्ध करो $\int_0^{\frac{\pi}{4}}\log(1+\tan x)dx=\frac{\pi}{8}\log 2$

वस्तुनिष्ठ प्रश्न

1. यदि $f'(x)=\frac{1}{(2\sin x+3\cos x)^2}$, तब $f(x)$ __________ के बराबर है। [संकेत : $t = (2\tan x + 3)$ रखें।

[उत्तर: $\frac{-1}{2(2\tan x+3)}+c$]

2. $\int\frac{dx}{\sqrt{x+x\sqrt{x}}}=$ __________ [संकेत: $t=\sqrt{x}$ रखें] [उत्तर: $4\sqrt{1+\sqrt{x}+c}$]

3. $\int 4dx$ __________ [उत्तर: $4x + c$]

4. $\int 5e^x dx =$ __________ [उत्तर: $5e^x + c$]

निम्नलिखित को मिलाएं:

5. प्रति अवकलज है?

तालिका 2.2

स्तंभ I		स्तंभ II	
(A)	$(n+1)x^n$	(i)	$\log\lvert\sin x\rvert + c$
(B)	$\cos x$	(ii)	$x^{n+1} + c$
(C)	$\cot x$	(iii)	$\tan x + c$
(D)	$\sec^2 x$	(iv)	$(\sin x) + c$

[उत्तर: $A \to (ii), B \to (iv), C \to (i), D \to (iii)$]

लघु परियोजना

पांच छात्रों के समूह बनाएं। प्रत्येक समूह को 50 प्रति अवकलज और संबंधित अवकलज की एक तालिका (Table) बनानी है। अन्य समूहों की तुलना में एक समूह के पास कितने समान प्रति अवकलज हैं (इसके लिए भी एक तालिका बनाएं) इसका मिलान करें और इसे अपने शिक्षक को दिखाएं।

गतिविधि

भूमि का कोई यादृच्छिक भाग चुनें जो आपके लिए आसानी से सुलभ हो (लेकिन आकार में बहुभुज नहीं)। निश्चित समाकलों का प्रयोग करते हुए इसका क्षेत्रफल ज्ञात करने का प्रयास कीजिए। इसके टेप की सहायता से इसका क्षेत्रफल ज्ञात कीजिए। अपने उत्तरों की तुलना और विश्लेषण करें। इसे अपने शिक्षक को दिखाएं।

अधिक जानिए

अनेक समाकलनों की गणना करने में हमें उत्तरोत्तर रूप से कई बार खण्डशः समाकलन का उपयोग करना पड़ा। खण्डशः समाकलन के लिए सामान्य सूत्र का उपयोग करके परिणाम अधिक तेजी से प्राप्त किया जा सकता है।

$$\int u(x)v(x)dx = u(x)v_1(x) - u'(x)v_2(x) + u''(x)v_3(x) - ......+(-1)^{n-1}u^{n-1}(x)v_n(x) - (-1)^{n-1}\int u^n(x)v_n(x)dx$$

जहाँ $v_1(x) = \int v(x)dx, v_2(x) = \int v_1(x)dx......, v_n(x) = \int v_{n-1}(x)dx$

यहाँ, हम मानते हैं कि इस सूत्र में प्रदर्शित होने वाले सभी अवकलज और समाकल मौजूद हैं। $\int P_n(x)Q(x)dx$ का मान ज्ञात करते समय खण्डशः समाकलन के लिए सामान्य सूत्र का प्रयोग विशेष रूप से उपयोगी होता हे, जहां $P_n(x)$ घात n का बहुपद है और गुणनखण्ड $Q(x)$ ऐसा है कि इसे उत्तरोत्तर रूप से $(n+1)$ बार समाकलित किया जा सकता है।

सन्दर्भ एवं अध्ययन हेतु सुझाव

- NCERT, Mathematics Text Book for Class XII Part II
- Narayan Shanti (1942) Integral Calculus, S. Chand & Co.
- Ayres Frank (1981), Calculus, Schaum's outline series.

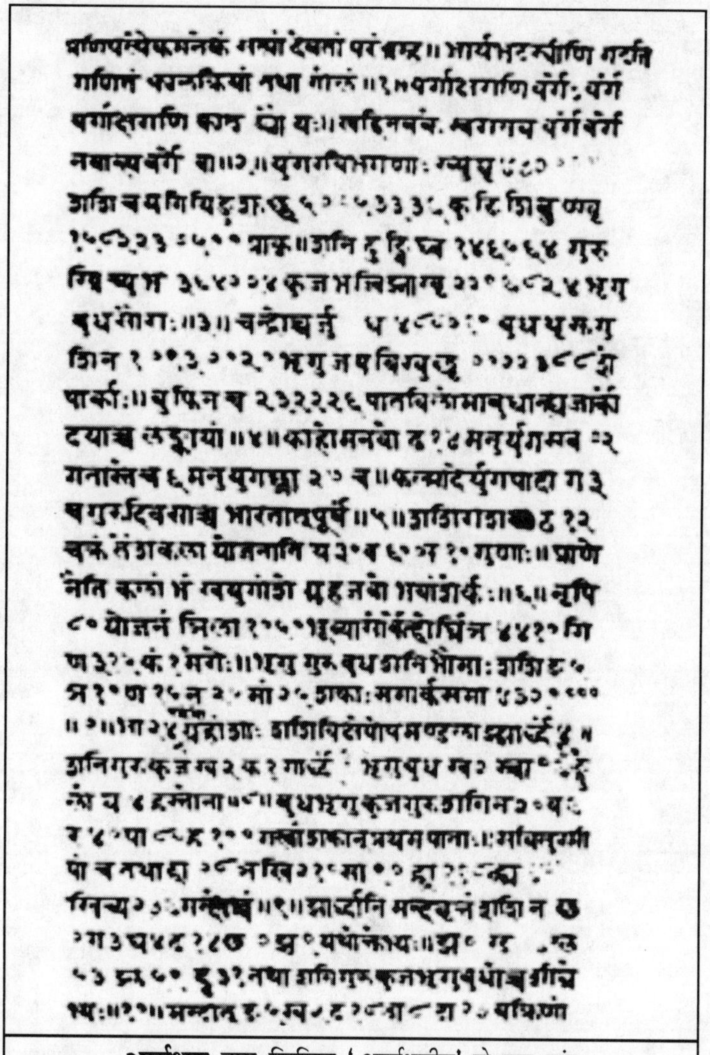

आर्यभट्ट द्वारा लिखित '*आर्यभतीय*' से दस छंद बदशगीतिकापाद का एक अंश

3 निर्देशांक ज्यामिति

यूनिट विशिष्ट

यह यूनिट विभिन्न मानक रूपों में सरल रेखा का समीकरण (बिना प्रमाण के), दो सरल रेखाओं का प्रतिच्छेदन, दो रेखाओं के बीच का कोण, समानांतर और लंबवत रेखाएँ, लंबवत दूरी सूत्र और हल किए गए उदाहरण आदि विषयों पर चर्चा करती है। एक वृत्त का सामान्य समीकरण, इसकी विशेषताएँ; शांकवों (परवलय, दीर्घवृत्त, अतिपरवलय) की परिभाषा, उनके मानक समीकरणों को भी इस इकाई में विस्तार में समझाया गया है।

भूमिका

जिस प्रकार पृथ्वी पर प्रत्येक व्यक्ति के घर का पता होता है, उसी प्रकार प्रत्येक बिंदु का एक पता होता है जिसे उसके निर्देशांक (जो अद्वितीय होते हैं) के रूप में जाना जाता है। निर्देशांक प्रणाली का उपयोग करके ज्यामिति का अध्ययन निर्देशांक ज्यामिति के रूप में जाना जाता है। यह न केवल उच्च गणित की ओर अग्रसर होने के लिए एक प्रारम्भिक प्रयास है, अपितु विभिन्न संरचनाओं के दृश्य पहलुओं को समझने की कुंजी भी है। यह बाहरी अंतरिक्ष की वर्तमान खोज और परमाणु कणों के व्यवहार अध्ययन के लिए एक महत्वपूर्ण शाखा है। पुन:, न्यूयार्क शहर द्वारा अपनी पता प्रणाली में निर्देशांक ज्यामिति अवधारणा का उपयोग किया जाता है जो पारंपरिक तरीके की तुलना में पता ढूंढना आसान बनाता है। इसलिए, निर्देशांक ज्यामिति बहुत महत्वपूर्ण है क्योंकि इसका उपयोग विभिन्न क्षेत्रों जैसे- भौतिकी में, जीपीएस में, मानचित्रों में, कंप्यूटर ग्राफिक्स में विविध रूपों में किया जाता है।

पूर्व-अपेक्षित ज्ञान

- ज्यामिति की मूल बातें जैसे रेखाएं, कोण आदि।
- एक समीकरण को हल करने से संबंधित ज्ञान।
- भुज/कोटि अक्ष का ज्ञान।

यूनिट-3 निर्देशांक ज्यामिति	यूनिट आउटकम्स (UOs) यूनिट के पूर्ण अध्ययन के बाद विद्यार्थी निम्न में सक्षम होंगे:
U3-O1	विभिन्न रूपों में सरल रेखा का समीकरण ज्ञात करना; दो देखाओं के बीच का कोण ज्ञात करने के लिए उपयुक्त सूत्रों का प्रयोग करना; दो रेखाओं के बीच लंबवत दूरी।
U3-O2	दो सरल रेखाओं के बीच प्रतिच्छेदन का निर्धारण करना; समानांतर और लंबवत रेखाओं की अवधारणा को समझना।
U3-O3	वृत्त का समीकरण ज्ञात करना और तदनुसार इसकी विशेषताओं को बताना।
U3-O4	लंब वृत्तीय शंकु के संदर्भ में शंकु की अवधारणा को समझना।
U3-O5	परवलय, दीर्घवृत्त और अतिपरवलय पर आधारित प्रश्नो को हल करना जब उनके नाभि, नियता या शीर्ष दिए गए हों।

कोर्स आउटकम्स (COs) के साथ यूनिट आउटकम्स (UOs) का परस्पर संबंध

यूनिट-3 आउटकम्स	कोर्स आउटकम्स (COs) के साथ अपेक्षित संबंध *(1-कमजोर सहसंबंध; 2-मध्यम सहसंबंध; 3-मजबूत सहसंबंध)*				
	CO-1	CO-2	CO-3	CO-4	CO-5
U3-O1	-	-	3	1	2
U3-O2	-	-	3	1	2
U3-O3	-	-	3	1	2
U3-O4	-	-	3	1	2
U3-O5	-	-	3	1	2

3.1 निर्देशांक ज्यामिति की अवधारणा

बीजगणित और ज्यामिति के गणितीय संरूपण को निर्देशांक ज्यामिति के रूप में रूपांकित किया गया है। गणित के इतिहास में पहली बार, अपने समय के महान फ्रांसीसी गणितज्ञ रेने देकार्त द्वारा बीजगणित और ज्यामिति का एक साथ उपयोग किया गया था। विश्लेषण और ज्यामिति के बीजीय संयोजन को विश्लेषणात्मक ज्यामिति कहा जाता है।

निर्देशांक ज्यामिति की उत्पत्ति

फ्रांसीसी गणितज्ञ रेने डेसकार्टेस ने सबसे पहले अपनी पुस्तक 'ला जियोमेट्री' (1637 में प्रकाशित) में बीजगणित के उपयोग से ज्यामिति का एक व्यवस्थित अध्ययन किया। उनके बाद आधुनिक निर्देशांक (विश्लेषणात्मक) ज्यामिति को 'कार्तीय' कहा जाता है।

कार्तीय निर्देशांक पद्धत्ति

कार्तीय निर्देशांक प्रणाली की अवधारणा के लिए हम ज्यामितीय स्पेस पर विचार करते हैं। एक X-Y समतल पर विचार करें, जिसमें दो आयाम हैं। एक को x-अक्ष और दूसरे को y-अक्ष कहा जाता है। चूँकि इस ज्यामितीय स्पेस में दो अक्ष (लंबवत) हैं, इसलिए इसे द्वि-आयामी आयताकार निर्देशांक प्रणाली कहा जाता है। क्षैतिज रेखा को X-अक्ष और लंबवत रेखा को Y-अक्ष के रूप में निर्दिष्ट किया जाता है। यहाँ हम स्पष्ट करते हैं कि X-अक्ष स्वतंत्र चर के रूप और Y-अक्ष आश्रित चर के रूप में प्रतीकात्मक है। चित्र 3.1 में क्षैतिज में, X-अक्ष लिया गया है और ऊर्ध्वाधर में, Y-अक्ष लिया गया है। यह ध्यान देने योग्य है कि कार्तीय प्रणाली में, एक बिंदु के निर्देशांक (x, y) के रूप में लिखे जाते हैं, जिसमें पहली स्थिति विशेष रूप से X-अक्ष के लिए और दूसरी स्थिति Y-अक्ष के लिए होती है। O(0, 0), X-अक्ष और Y-अक्ष के बीच प्रतिच्छेद बिंदु है।

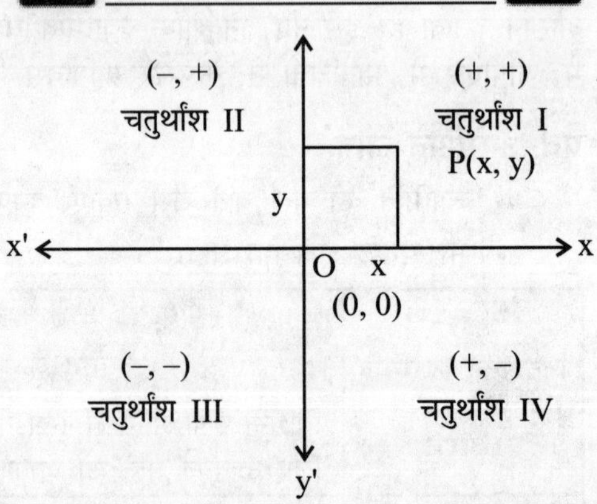

चित्र 3.1: कार्तीय निर्देशांक प्रणाली

3.2 सरल रेखा

एक ज्यामितीय स्थान पर P और Q दो शीर्षों (बिंदुओं) पर विचार करें। दो शीर्षों (बिंदुओं) P और Q के बीच की न्युनतम दूरी को सरल रेखा कहा जाता है। किसी भी सरल रेखा को बिना वक्रता के रूप में देखा जा सकता है।

यदि P और Q कोई दो बिन्दु हैं जिन्हें $P(x_1, y_1)$ और $Q(x_2, y_2)$ के रूप में दर्शाया गया है, तो P और Q के बीच की दूरी $PQ = \sqrt{(x_2 - x_1)^2 + (y_2 - y_1)^2}$ से दी जाती है।

यदि दोनों बिन्दु एक दूसरे पर स्थित हैं, तब $PQ = 0$

उदाहरण 1: X-अक्ष पर एक शीर्ष $(x_1, 0)$ है, तो दूसरे बिन्दु $Q(3, 4)$ से $a(a < 4)$ की दूरी पर है,

(1) 2 (2) 3

(3) 4 (4) परिभाषित नहीं

हल: मान लीजिए x-अक्ष पर एक शीर्ष $(x_1, 0)$ है, शीर्ष (3, 4) से इसकी दूरी

$$a = \sqrt{(x_1 - 3)^2 + (0 - 4)^2} \Rightarrow a = \sqrt{(x_1 - 3)^2 + 16}$$

$$\Rightarrow \quad a^2 = (x_1 - 3)^2 + 16 \Rightarrow (x_1 - 3)^2 = a^2 - 16$$

$$\Rightarrow \quad x_1 - 3 = \pm\sqrt{a^2 - 16}$$

$$\Rightarrow \quad x_1 = 3 \pm \sqrt{a^2 - 16}$$

चूँकि $a < 4$ इसलिए x_1 परिभाषित नहीं है। **उत्तर**

टिप्पणी: x और y में ऐसा संबंध जो एक रेखा के प्रत्येक बिंदु के निर्देशांक से संतुष्ट होता है, उसे सरल रेखा के समीकरण के रूप में जाना जाता है। जिसे $ax + by + c = 0, (a, b \neq 0)$ द्वारा प्रदर्शित करते हैं।

ऊर्ध्वाधर रेखाओं का समीकरण

1. Y-अक्ष का समीकरण $x = 0$ है।
2. a इकाई की दूरी पर Y-अक्ष के समानांतर एक रेखा का समीकरण $x = a$ अथवा $x = -a$ है। (चित्र 3.2)

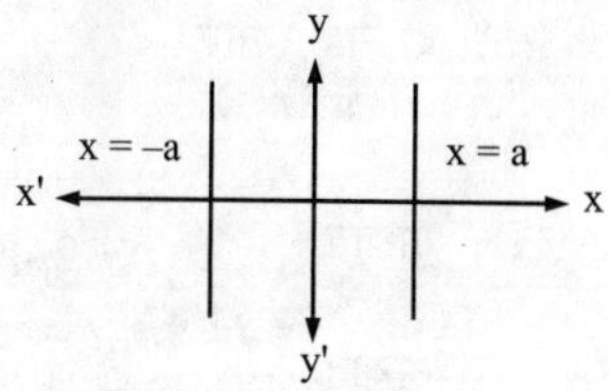

चित्र 3.2: ऊर्ध्वाधर रेखाएं

क्षैतिज रेखाओं का समीकरण

1. X-अक्ष का समीकरण $y = 0$ है।
2. a इकाई की दूरी पर X-अक्ष के समानांतर एक रेखा का समीकरण $y = b$ अथवा $y = -b$ है। (चित्र 3.3)

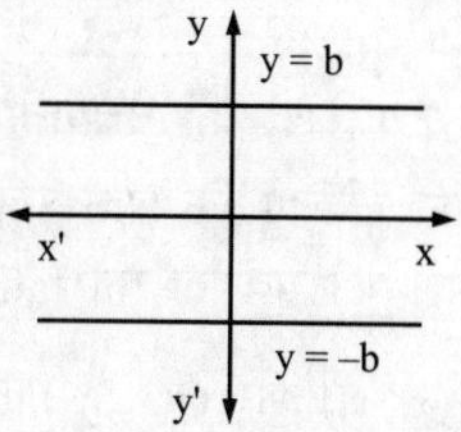

चित्र 3.3: क्षैतिज रेखाएं

समानांतर रेखाएँ: दो रेखाएँ समानांतर कहलाती है यदि उनका कोई प्रतिच्छेद बिन्दु न हो अर्थात् दो रेखाएँ जो कभी नहीं मिलती हैं।

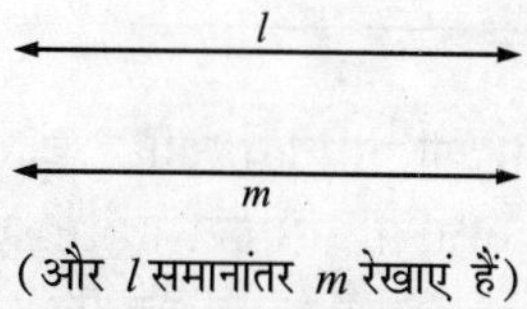

(और l समानांतर m रेखाएं हैं)

नोट: $ax + by + c = 0$ के समांतर रेखा का समीकरण $ax + by + \lambda = 0$, जहाँ λ एक प्राचल (पैरामीटर) है।

लम्बवत रेखाएँ: दो रेखाएँ लम्बवत रेखाएँ कहलाती है यदि वे 90° के कोण पर प्रतिच्छेद करती है।

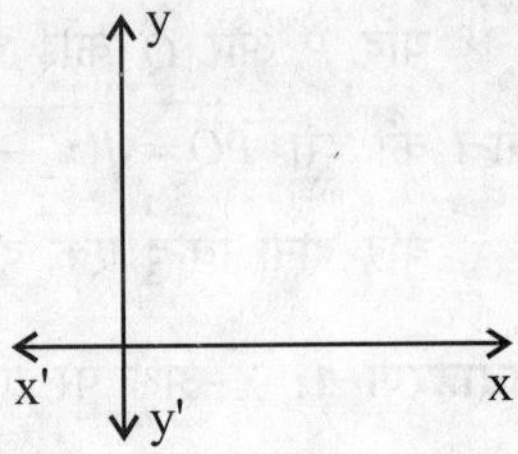

चित्र 3.4: लम्बवत रेखाऐं

रेखा $ax + by + c = 0$ के लंबवत रेखा का समीकरण $bx - ay + \lambda_1 = 0$ जहाँ λ_1 एक प्राचल (पैरामीटर) है।

उदाहरण: निर्देशांक अक्ष लंबवत रेखाएं हैं। (चित्र 3.4)

संपाती रेखाएँ: दो रेखाएँ एक-दूसरे पर संपाती कहलाती हैं यदि एक रेखा दूसरी रेखा के ऊपर आ जाए। यहां ध्यान देने योग्य है कि जब दो समानांतर रेखाएँ एक ही दिशा में चलती हैं, तो वे एक शीर्ष (बिंदु) पर मिलेंगी, जिसे अनंत पर शीर्ष कहा जाता है। लेकिन ज्यामितीय रूप से इसका निर्माण संभव नहीं है।

उदाहरण 2: सिद्ध कीजिए कि रेखाएँ

(*a*) $2x + 5y + c = 0; 4x + 10y + 2c_1 = 0$ एक दूसरे के समानांतर हैं।

(*b*) $3x + 4y + 7 = 0; 4x - 3y + 1 = 0$ एक दूसरे के लंबवत हैं।

हल: (*a*) माना $2x + 5y + c = 0$ ...(1)

$4x + 10y + 2c_1 = 0$ ...(2)

$$(1) \Rightarrow \quad y = -\frac{2}{5}x - \frac{c}{5}$$

$$(2) \Rightarrow \quad y = -\frac{4}{10}x - \frac{2c_1}{10}$$

$$\Rightarrow \quad y = -\frac{2x}{5}x - \frac{c_1}{5}$$

$m_2 = \frac{-2}{5} = m_1 \therefore$ (1) और (2) समानांतर रेखाएं हैं।

(*b*) दी गई रेखाएं

$x + 4y + 7 = 0$ और $4x - 3y + 1 = 0$

अर्थात् $y = \frac{-3}{4}x - \frac{7}{4}$ और $y = \frac{4}{3}x + \frac{1}{3}$

अर्थात् $m_1 = -\frac{3}{4}$ और $m_2 = \frac{4}{3}$

$\therefore \quad m_1 = m_1 m_2 = \left(\frac{-3}{4}\right) \times \left(\frac{4}{3}\right) = -1$ अतः रेखाएँ एक-दूसरे के लंबवत हैं।

3.2.1 रेखा की प्रवणता या ढाल

मान लीजिए कि एक रेखा PQ, X-अक्ष की धनात्मक दिशा के साथ एक कोण $\phi (0° \le \phi < 180°)$ बनाती है, तो इस रेखा की प्रवणता को $\tan\phi$ द्वारा निर्दिष्टि किया जाएगा और इसे प्रतीक m अर्थात् $m = \tan\phi$ द्वारा दर्शाया जाएगा। यदि $P(x_1, y_1)$ और $Q(x_2, y_2)$ ऐसे दो बिंदु हैं, $x_1 \ne x_2$ तब रेखा की प्रवणता $PQ = \frac{y_2 - y_1}{x_2 - x_1}$ होगी।

टिप्पणी:

(*i*) यदि, $\phi = 90°$ तब प्रवणता (ढाल) m का अस्तित्व नहीं है और रेखा Y-अक्ष से असयुंक्त है।

(*ii*) यदि $\phi = 0$, तब $m = 0$ और रेखा X-अक्ष से असंयुक्त है।

(*iii*) (*a*) यदि रेखाएँ असंयुक्त हों तो $m_1 = m_2$ और इसके विपरीत भी लागू होता है।

(*b*) यदि रेखाएँ एक दूसरे के लंबवत हैं, तब $m_1 \cdot m_2 = -1$ और इसके विपरीत भी लागू होता है।

3.2.2 विभिन्न रूपों में सरल रेखा के सामान्य समीकरण

(*i*) **प्रवणता-अन्त:खण्ड रूप:** माना की m एक रेखा की प्रवणता है और Y-अक्ष पर c अन्त:खण्ड काटती है। तब सरल रेखा का समीकरण इस प्रकार हैं:

$$y = mx + c \qquad ...(1)$$

जहाँ, y और x क्रमश: आश्रित और स्वतंत्र चर हैं। यदि इस समीकरण में हम $c = 0$ रखते हैं, तो समीकरण (1) $y = mx$ हो जाती है।

(*ii*) **बिन्दु-प्रवणता रूप** यदि m एक सरल रेखा की प्रवणता हो जो एक बिन्दु (x_1, y_1) से गुजरती है, तब इसका समीकरण $y - y_1 = m(x - x_1)$ के रूप में लिखा जाता है।

(*iii*) **अन्त:खण्ड रूप:** मान लीजिए कि X-अक्ष और Y-अक्ष पर एक सरल रेखा द्वारा प्राप्त किए गए दो अन्त:खण्ड c_1 और c_2 हैं, तो इसके समीकरण $\frac{x}{c_1} + \frac{y}{c_2} = 1$ होगा।

नोट:

(*i*) निर्देशांक अक्ष के बीच रेखा के अन्त:खण्ड की दूरी $= \sqrt{c_1^2 + c_2^2}$

(*ii*) त्रिभुज OPQ का क्षेत्रफल $= \frac{1}{2} PO \cdot QO = \left|\frac{1}{2} c_1 \cdot c_2\right|$

(*iii*) **दो बिन्दु रूप:** दो बिन्दुओं (x_1, y_2) और (x_2, y_2) से जाने वाली रेखा के समीकरण को निम्न प्रकार से व्यक्त किया जाता है।

$$y - y_1 = \frac{y_2 - y_1}{x_2 - x_1}(x - x_1) \quad \text{अथवा} \quad \begin{vmatrix} x & y & 1 \\ x_1 & y_1 & 1 \\ x_2 & y_2 & 1 \end{vmatrix} = 0$$

जहाँ $|x|$, x के सारणिक को दर्शाता है।

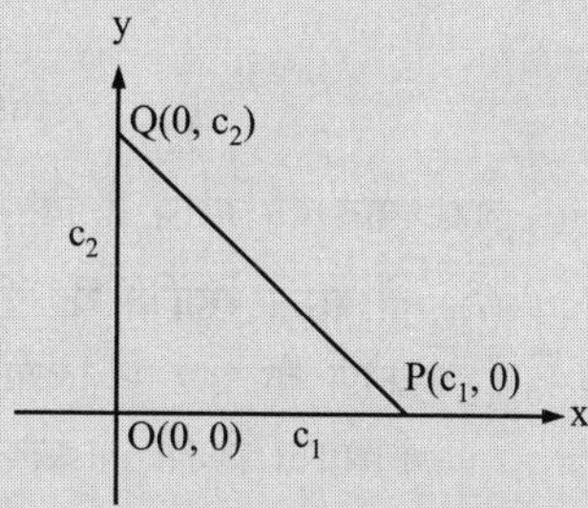

चित्र 3.5: रेखाओं का अक्षों पर अंत:खंड

उदाहरण 3: बिन्दु (0, 0) और (2, 2) से गुजरने वाली रेखा का समीकरण ज्ञात कीजिए।

हल: सूत्र $y - y_1 = \left(\frac{y_2 - y_1}{x_2 - x_1}\right)(x - x_1)$ का उपयोग करने पर

$$y - 0 = \left(\frac{2-0}{2-0}\right)(x - 0)$$

$$\Rightarrow \quad 2y = 2x$$

$$\Rightarrow \quad y = x$$ **उत्तर**

(*iv*) **अभिलम्ब रूप:** यदि मूल बिन्दु से एक सरल रेखा पर लम्ब की दूरी p है और धनात्मक X-अक्ष और इस लम्ब के बीच का कोण θ है, तो इस सरल रेखा का समीकरण इस प्रकार व्यक्त किया जाता है

$x \cos\theta + y \sin\theta = p$ (p हमेशा 0 से बड़ा होता है)

जहाँ $0 \le \theta \le 2\pi$

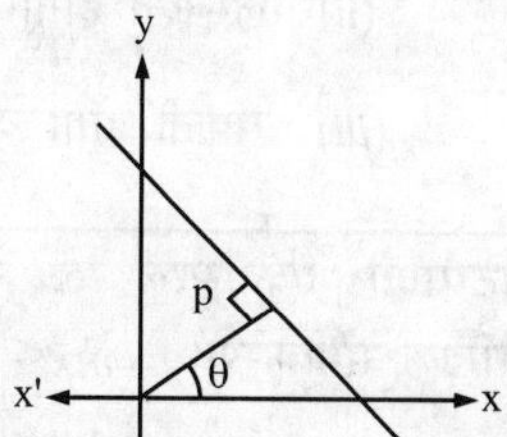

चित्र 3.6: अभिलम्ब रूप

(*v*) **व्यापक रूप:** दो चर x, y और तीन अचर a, b, c पर विचार कीजिये। चर x और y में रैखिक या एकघाती समीकरण निम्न प्रकार से दर्शाया गया है।

$$ax + by = c = 0 \qquad ...(1)$$

यह एक सरल रेखा का समीकरण है। (1) में दी गई बीजीय संरचना सरल रेखा का व्यापक रूप है। अब हम निम्नलिखित को (1) से प्राप्त करते हैं–

(i) रेखा की प्रवणता $= -\frac{a}{b} = -\frac{x \text{ का गुणांक}}{y \text{ का गुणांक}}$

(ii) इस रेखा द्वारा x-अक्ष पर अंत: खण्ड $= -\frac{c}{a}$ और इस रेखा द्वारा y-अक्ष पर अंत:खंड $-\frac{c}{b}$ है।

(iii) सरल रेखा के व्यापक रूप को अभिलम्ब रूप में बदलने के लिए हम c को (1) के दायीं ओर लिखते हैं और इसे धनात्मक रूप में परिवर्तित करते हैं, फिर पूरे समीकरण को $\sqrt{a^2+b^2}$ से विभाजित करते हैं।

3.2.3 दो रेखाओं के बीच का कोण

(a) माना की दो सरल रेखाओं $y = a_1 x + c_1$ और $y = a_2 x + c_2$, के बीच का कोण ϕ हो तो

$$\tan\phi = \pm\left(\frac{a_1 - a_2}{1 + a_1 a_2}\right)$$

यह ध्यान देने योग्य है कि–

(i) दो सरल रेखाओं के बीच दो कोण बनते हैं लेकिन आमतौर पर न्यून कोण को दो रेखाओं के बीच के कोण के रूप में लिया जाता है। इसलिए ϕ का मान केवल $\tan\phi$ के धनात्मक मान पर विचार करके निर्धारित किया जा सकता है।

(ii) माना a_1, a_2, a_3 तीन सरल रेखाओं $L_1 = 0; L_2 = 0; L_3 = 0$, की प्रवणताएं है, जहाँ $a_1 > a_2 > a_3$, तब किसी त्रिभुज (ΔEFG) के अन्त: कोण निम्नलिखित सूत्रों द्वारा प्रदर्शित होंगे।

$$\tan E = \frac{a_1 - a_2}{1 + a_1 a_2}, \tan F = \frac{a_2 - a_3}{1 + a_2 a_3}, \tan G = \frac{a_3 - a_1}{1 + a_3 a_1}$$

(b) माना दो सरल रेखाओं के समीकरण–

$a_1 x + b_1 y + c_1 = 0$

$a_2 x + b_2 y + c_2 = 0$ है।

तब ये सरल रेखाएं

(i) समानान्तर होगी यदि $\Leftrightarrow$ $\frac{a_1}{a_2} = \frac{b_1}{b_2} \neq \frac{c_1}{c_2}$

(ii) लम्बवत होगी यदि $\Leftrightarrow$ $a_1 a_2 + b_1 b_2 = 0$ $(\because a_1 a_2 = -1)$

(iii) संपाती होगी यदि $\Leftrightarrow$ $\frac{a_1}{a_2} = \frac{b_1}{b_2} = \frac{c_1}{c_2}$

टिप्पणी: *एक सरल रेखा से दिए गए कोण बनाने वाली रेखा* - एक बिन्दु (x_1, y_1) से गुजरने वाली सरल रेखा जो रैखिक समीकरण $y = mx + c$ वाली सरल रेखा से α कोण बनाती हैं, निम्नलिखित समीकरण द्वारा व्यक्त किया जाता है।

$$y - y_1 = \frac{m \pm \tan\alpha}{1 \mp m\tan\alpha}(x - x_1)$$

उदाहरण 4: यदि $3x + 4y - 5 = 0$ और $2x + ky + 6 = 0$ दो लंबवत रेखाओं के समीकरण हैं तब निम्नलिखित में से कौन सा सही मान है।

(a) $-\frac{3}{2}$ (b) $\frac{3}{2}$

(c) 3 (d) 4

हल: हम जानते हैं, रेखा की प्रवणता $= -\frac{x \text{ का गुणांक}}{y \text{ का गुणांक}}$

माना की समीकरण $3x + 4y - 5 = 0$, तब

$$m_1 = \frac{-3}{4}$$

समीकरण $2x + ky + 6 = 0$, से

$$m_2 = \frac{-2}{k}$$

यदि $m_1 m_2 = -1$, तब दोनों सरल रेखाएं लम्बवत हैं

$$m_1 = \frac{-3}{4}, m_2 = \frac{-2}{k}$$

$$\therefore m_1 m_2 = -1, \Rightarrow \frac{-3}{4} \times \frac{-2}{k} = -1$$

$$\frac{3}{2k} = -1 \Rightarrow 3 = -2k \Rightarrow k = \frac{-3}{2}$$ **उत्तर:** (a)

उदाहरण 5: एक समद्विबाहु समकोण त्रिभुज की भुजाओं का समीकरण ज्ञात कीजिए, जिसके कर्ण का समीकरण $5x + 6y = 6$ है और विपरीत शीर्ष P के निर्देशांक (3, 3) है।

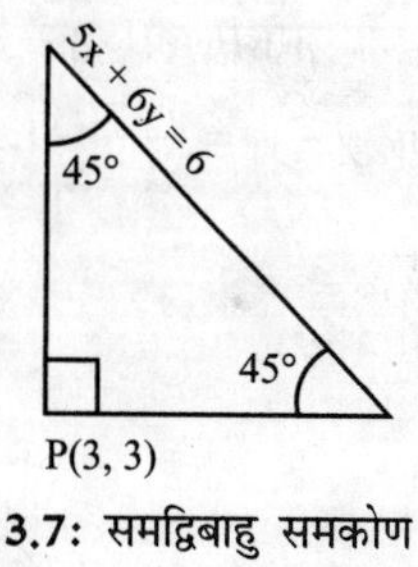

चित्र 3.7: समद्विबाहु समकोण त्रिभुज

हल: हम गए बिन्दु (3, 3) से गुजरने वाली और दी गई सरल रेखा $5x + 6y = 6$ या $5x + 6y - 6 = 0$ से 45° का कोण बनाने वाली सरल रेखाओं का समीकरण प्राप्त करेंगे। सरल रेखा $5x + 6y - 6 = 0$ की प्रवणता

$$m_1 = -\frac{x \text{ का गुणांक}}{y \text{ का गुणांक}} = -\frac{5}{6}$$

समीकरण
$$\tan 45° = \pm\frac{m - m_1}{1 + mm_1}$$

अथवा
$$1 = \pm\frac{m - m_1}{1 + mm_1} \qquad (\because \tan 45° = 1)$$

$$= +\frac{m + \frac{5}{6}}{1 + m\left(\frac{-5}{6}\right)} = +\frac{6m + \frac{5}{6}}{6 - 5\frac{m}{6}}$$

$$1 = +\frac{6m + 5}{6 - 5m} \Rightarrow 6 - 5m = 6m + 5 \text{ अथवा } m_A = \frac{1}{11}$$

अब माना
$$1 = -\frac{6m + 5}{6 - 5m} \Rightarrow 6 - 5m = -6m - 5$$

अथवा $6 + 5 = -6m + 5m$ अथवा $11 = -m$

$$m_B = -11$$

अत: दो सरल रेखाओं के अभीष्ट समीकरण

$$y - 3 = m_A(x - 3)$$

$$\Rightarrow \quad y - 3 = \frac{1}{11}(x-3) \quad \Rightarrow x - 11y + 30 = 0$$

और $$y - 3 = m_B(x - 3)$$

$$\Rightarrow \quad y - 3 = -(11)(x-3) \quad \Rightarrow 11x + y - 36 = 0$$

3.2.4 एक रेखा पर स्थित बिन्दु से लंब की दूरी

आइए हम एक सरल रेखा पर विचार करें जिसका समीकरण $ax + by + c = 0$ तब, एक बिन्दु $P(x_1, y_1)$ से लंब की दूरी $\left|\frac{ax_1 + by_1 + c}{\sqrt{a^2 + b^2}}\right|$ से प्रदर्शित होगी।

विशेष रूप से, रेखा $ax + by + c = 0$ पर मूल बिन्दु (0, 0) से लंब की दूरी $p = \frac{|c|}{\sqrt{a^2 + b^2}}$ (चूंकि $x = 0, y = 0$)

उदाहरण: 6 सत्यापित करें कि क्या बिन्दु $(4, -6)$ से कोई रेखा खींची जा सकती है, जिसकी बिन्दु $(-2, 3)$ से दूरी 10 हो।

हल: हमें ज्ञात करना है बिन्दु $P(4, -6)$ से जाने वाली सरल रेखा का समीकरण ऐसा हो कि बिन्दु $(-2, 3)$ से इसकी दूरी 10 के बराबर हो। हम जानते हैं कि बिन्दु $P(4, -6)$ से होकर जाने वाली रेखा, जिसकी प्रवणता m हो, का समीकरण $y - y_1 = \frac{y_2 - y_1}{x_2 - x_1}(x - x_1)$ होता है

$$y + 6 = m(x - 4)$$

$$\Rightarrow \quad y + 6 = mx - 4m \quad \Rightarrow mx - y - 4m - 6 = 0$$

तब $$\frac{|m(-2) - 3 - 4m - 6|}{\sqrt{m^2 + 1}} = 10$$

$$\frac{|-6m - 9|}{\sqrt{m^2+1}} = 10 \Rightarrow \frac{6m + 9}{\sqrt{m^2 + 1}} \quad \text{या} \quad 6m + 9 = 10\sqrt{m^2 + 1}$$

दोनों पक्षों का वर्ग करने पर,

$$(6m + 9)^2 = 100(m^2 + 1)$$

$$\Rightarrow \quad 36m^2 + 108m + 81 = 100m^2 + 100$$

$$\Rightarrow \quad 64m^2 - 108m + 19 = 0$$

अब, विविक्तकर $\sqrt{b^2 - 4ac} = (108)^2 - 4(64)(19)$

$$= 11664 - 4864$$

$$= 6800 > 0$$

जो धनात्मक है। इसलिए ऐसी रेखा संभव है।

3.2.5 दो समानान्तर रेखाओं के बीच की दूरी

(*i*) दो समानांतर (असंयुक्त) रेखाओं $ax + by + c_1 = 0$ और $ax + by + c_2 = 0$ के बीच की दूरी को $D = \frac{|c_1 - c_2|}{\sqrt{a^2 + b^2}}$ से प्रदर्शित करते हैं।

यह ध्यान देने योग्य है कि समांतर (असंयुक्त) रेखाओं के परिपेक्ष्य में दोनों समीकरणों में x और y के गुणांक समान होने चाहिए।

(*ii*) समांतर चतुर्भुज का क्षेत्रफल $= \frac{q_1 q_2}{\sin\theta}$, जहाँ q_1 और q_2 विपरीत कोरों के दो जोड़े के बीच की लंबाई है और θ किन्हीं दो आसन्न कोरों के बीच का कोण है। यहां ध्यान देने योग्य है कि चार सरल रेखाओं जैसे,

$y = m_1 x + c_1$ ...(*i*) $\qquad$ $y = m_1 x + c_2$ ...(*ii*)

$y = m_2 x + d_1$ ...(*iii*) $\qquad$ $y = m_2 x + d_2$ ...(*iv*)

से घिरे समांतर चतुर्भुज का क्षेत्रफल $z = \left|\frac{(c_1 - c_2)(d_1 - d_2)}{m_1 - m_2}\right|$ द्वारा दिया जाता है।

उदाहरण 7: नीचे दी गई तीन रेखाओं के समीकरण दो वर्गों की तीन भुजाओं को प्रदर्शित करते हैं

$$x + 2y + 3 = 0 \quad ...(1)$$

$$x + 2y - 8 = 0 \quad ...(2)$$

$$3x - y - 5 = 0 \quad ...(3)$$

अत: वर्गों की शेष भुजाओं के समीकरण ज्ञात कीजिए।

हल: हम दो समानान्तर रेखाओं के बीच की दूरी ज्ञात करने के लिए सूत्र $D = \frac{|c_1 - c_2|}{\sqrt{a^2 + b^2}}$ का उपयोग करते हैं, जहां x का गुणांक a और y का गुणांक b है। c_1, c_2 अचर पद हैं।

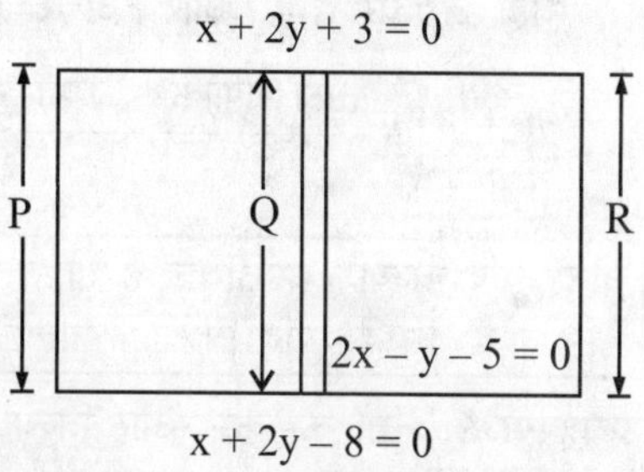

चित्र 3.8: दो समानांतर रेखाओं के बीच की दूरी

D का मान ज्ञात करने के लिए समीकरण (1) और (2) को लेने पर

$D = \frac{|8 + 3|}{\sqrt{5}} = \frac{11}{\sqrt{5}}$ भुजाओं P और R के समीकरण $2x - y + k = 0$ के रूप के होंगे।

चूंकि, P और Q भुजाओं के बीच की दूरी = भुजा Q और R के बीच की दूरी

$$\frac{|k - (-5)|}{\sqrt{5}} = \frac{11}{\sqrt{5}}$$

$$\Rightarrow \quad \frac{k + 5}{\sqrt{5}} = \frac{11}{\sqrt{5}} \text{ अथवा } k + 5 = 11 \text{ अथवा } k = 11 - 5 = 6$$

$$\Rightarrow \quad \frac{k + 5}{\sqrt{5}} = -\frac{11}{\sqrt{5}} \text{ अथवा } k + 5 = -11 \text{ अथवा } k = -11 - 5 = -16$$

अत: दोनों वर्गों की चौथी भुजाएँ (*i*) $2x - y + 6 = 0$ और (*ii*) $2x - y - 16 = 0$ हैं।

वृत्त

3.3 वृत्त की अवधारणा

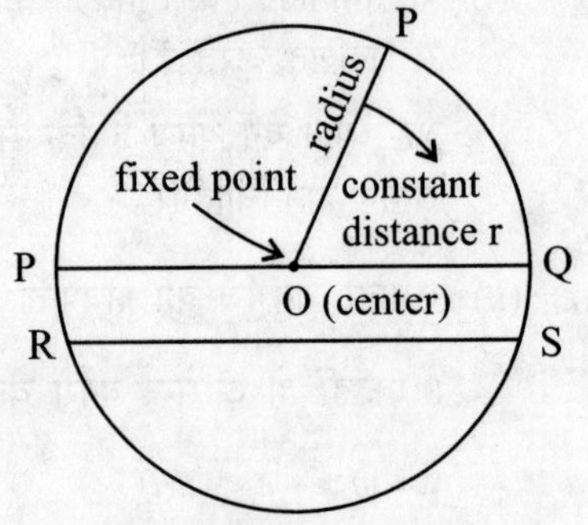

चित्र 3.9: वृत्त

वृत्त एक बंद द्वि-आयामी वृत्ताकार आकृति है जिसमें तल के सभी बिन्दुओं का समूह जो एक स्थिर बिन्दु से समान दूरी पर होता है, स्थिर बिन्दु को वृत्त का केन्द्र तथा स्थिर दूरी को वृत्त की त्रिज्या कहते हैं।

वृत्त का व्यास $(PQ) = 2 \times r = 2r$

वृत्त की परिधि $= C = 2\pi r$। यह वृत्त की सीमा की लंबाई है। एक वृत्त का क्षेत्रफल उसकी परिधि से घिरा क्षेत्र है और निम्नलिखित सूत्र का उपयोग करके गणना की जाती है,

$$\text{क्षेत्रफल } A = \pi r^2$$

जहां π एक अचर राशि है और इसका मान $\dfrac{22}{7}$ या $\pi = 3.14$ होता है और r वृत्त की त्रिज्या है।

परिधि पर किन्हीं दो बिन्दुओं को मिलाने वाली रेखा जीवा कहलाती है चित्र 3.8 (वृत्त) से होकर गुजरती है तो इसे व्यास कहते हैं।

चित्र (3.8) में $RS =$ जीवा, $PQ =$ व्यास, $O =$ केन्द्र

नोट: वृत्त एक दीर्घवृत्त (शांकव खण्ड) की विशेष स्थिति है।

3.3.1 वृत्त का व्यापक समीकरण

हम वृत्त के व्यापक समीकरण के गणितीय सूत्र को निम्न प्रकार लिखते हैं:

$$x^2 + y^2 + 2gx + 2fy + c = 0 \qquad \text{...(1)}$$

जहाँ x, y चर हैं g, f और c अचर हैं और केन्द्र $(-g, -f)$ है अर्थात

$$\left(-\frac{x \text{ का गुणांक}}{2}, -\frac{y \text{ का गुणांक}}{2}\right) \text{ और त्रिज्या } r = \sqrt{g^2 + f^2 - c}$$

नोट: यदि त्रिज्या r वास्तविक है तो वृत्त वास्तविक वृत्त के रूप में जाना जाता है; यदि त्रिज्या $r = 0$ है तो वृत्त एक बिन्दु/शीर्ष वृत्त है; यदि त्रिज्या r काल्पनिक है तो वृत्त भी काल्पनिक होगा।

उदाहरण 8: वृत्तों का केन्द्र और त्रिज्या ज्ञात कीजिए–

(*a*) $2x^2 + 2y^2 - 6x - 8y + 2 = 0$

(*b*) $x^2 + y^2 + 2x \sin\theta + 2y \cos\theta - 10 = 0$

(*c*) $2x^2 + \lambda xy + 2y^2 + (\lambda - 2)x + 4y - 6 = 0$ कुछ λ के लिए।

हल: (*a*) दिए गए समीकरणों का पुर्नव्यवस्थित कर लिखने पर

$$x^2 + y^2 - \frac{6}{2}x - \frac{8}{2}y + \frac{2}{2} = 0$$

$$\Rightarrow \qquad x^2 + y^2 - 3x - 4y + 1 = 0 \qquad \text{...(i)}$$

समीकरण (1) से g, f और c का मान ज्ञात करते हैं, अत: $g = -3/2, f = -2, c = 1$ इसलिए केन्द्र $(3/2, 2)$

और त्रिज्या $\sqrt{g^2 + f^2 - 1} = \sqrt{-3/2^2 + 2^2 - 1} = \sqrt{9/4 + 3 + 16} = \sqrt{21/4}$ है।

इसलिए, त्रिज्या $r = 2.29$

(*b*) दिया गया समीकरण $x^2 + y^2 + 2x \sin\theta + 2y \cos\theta - 10 = 0$

इस वृत्त का केन्द्र $(-\sin\theta, -\cos\theta)$ है

इसलिए त्रिज्या $= \sqrt{-(\sin\theta)^2 + (-\cos\theta)^2 + 10}$

$= \sqrt{\sin^2\theta + \cos^2\theta + 10} = \sqrt{1+10} = 3.3 \qquad (\because \sin^2\theta + \cos^2\theta = 1)$

(*c*) दिए गए वृत्त समीकरण

$$2x^2 + \lambda xy + 2y^2 + (\lambda - 2)\, x + 4y - 4 = 0 \qquad ...(ii)$$

दिए गए समीकरण को x^2 के गुणांक (अर्थात् 2) से विभाजित कर पुर्नव्यवस्थित कर लिखने पर

$$\frac{2x^2}{2} + \frac{\lambda xy}{2} + \frac{2y^2}{2} + \frac{(\lambda-2)\cdot x}{2} + \frac{4y}{2} - \frac{4}{2} = 0$$

अथवा $$x^2 + \frac{\lambda}{2}\cdot xy + y^2 + \frac{(\lambda-2)}{2}\cdot x + 2y - 2 = 0 \qquad ...(iii)$$

एक वृत्त के व्यापक समीकरणों में xy का कोई पद नहीं होता है लेकिन हमारे समीकरण (*iii*) में xy का एक पद है जिसका गुणांक $\frac{\lambda}{2}$, है

अर्थात् $\therefore \frac{\lambda}{2} = 0 \Rightarrow \lambda = 0$

तब समीकरण (*iii*) बदलकर निम्न रूप का हो जाता है

$$x^2 + y^2 - x + 2y - 2 = 0 \qquad ...(iv)$$

इसलिए केन्द्र (1/2, – 1) अर्थात् $\left(-\frac{x \text{ का गुणांक}}{2}, -\frac{y \text{ का गुणांक}}{2},\right)$

$$\text{त्रिज्या} = \sqrt{g^2 + f^2 - c} = \sqrt{1/2^2 + 1^2 - 2} = \sqrt{13/2}$$

चूंकि त्रिज्या शून्य है, इसलिए वृत्त बिन्दु वृत्त है।

3.3.2 वृत्त की विशेषताएँ

(*i*) वृत्त का व्यास वृत्त की सबसे लंबी जीवा होती है और वृत्त को बराबर भागों में विभाजित करती है।

(*ii*) वृत्त की किसी भी जीवा पर वृत्त के केन्द्र से खींचा गया लम्ब उस जीवा को समद्विविभाजित करता है। (लंबवत् द्वविभाजक)

(*iii*) दी गई परिधि की लंबाई के लिए वृत्त सबसे बड़े क्षेत्रफल वाला आकार है।

(*iv*) वृत्तों को सर्वांगसम कहा जाता है यदि उनकी त्रिज्याएँ समान हों।

(*v*) अर्धवृत्त का कोण हमेशा 90° (समकोण) होता है। (चित्र 3.10 में कोण ACB)

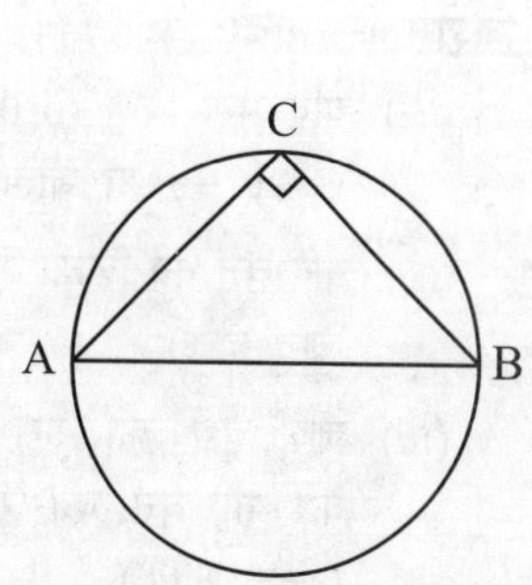

चित्र 3.10: वृत्त की विशेषताएं

(*vi*) सभी वृत्त समरूप होते हैं चाहे त्रिज्या का व्यास की माप कुछ भी हो।

(*vii*) एक वृत्त की समान जीवाएँ केन्द्र पर समान कोण अंतरित करती हैं।

नोटः

1. समीकरण $x^2 + y^2 + 2gx + 2fy + c = 0$ में तीन अचर हैं, इसलिए वृत्त के व्यापक समीकरण को प्राप्त करने के लिए कम से कम तीन स्थितियां ज्ञात होनी चाहिए, इसका मतलब है कि एक अद्वितीय वृत्त तीन असरेख बिन्दुओं से होकर गुजरता है।
2. चर x, y एवं अचर h, g, f, c में एक व्यापक द्विघात समीकरण $ax^2 + by^2 + 2hxy + 2gx + 2fy + c = 0$ है यह एक वृत्त को प्रदर्शित करेगा यदि–
   - x^2 का गुणांक $= y^2$ का गुणांक अथवा $a = b \neq 0$
   - xy का गुणांक $= 0$ अर्थात् $h = 0$
   - $(g^2 + f^2 - c) \geq$ (एक वास्तविक वृत्त के लिए)।

उदाहरण 9: एक पिज्जा का व्यास 10 इंच है। पिज्जा की त्रिज्या क्या है?

हलः व्यास = 2 × त्रिज्या

∴ त्रिज्या = $\frac{10}{2} = 5$ इंच **उत्तर**

3.3.3 वृत्त का समीकरण ज्ञात करना

(*i*) यदि केन्द्र और त्रिज्या दी गई हो।

(*ii*) यदि उस पर स्थिति तीन बिन्दु दिए गए हो।

(*iii*) यदि व्यास के सिरों के निर्देशांक दिए गए हो।

I. केन्द्र और त्रिज्या

यदि (l, m) वृत्त का केन्द्र और r त्रिज्या है तो वृत्त का समीकरण

$$(x - l)^2 + (y - m)^2 = r^2 \quad ...(i)$$

विशेष स्थितियाँः

चित्र 3.11: X-अक्ष को स्पर्श करने वाला वृत्त

(*i*) यदि मूल बिन्दु (0, 0) और त्रिज्या 'r' है, तो (*i*) में दिए गए वृत्त का समीकरण $x^2 + y^2 = r^2$ हो जाता है।

(*ii*) यदि वृत्त की त्रिज्या शून्य है, तो वृत्त का समीकरण $(x - l)^2 + (y - m)^2 = 0$ (शून्य/बिन्दु वृत्त)

(*iii*) जब वृत्त को इस प्रकार बनाया जाता है कि वह x-अक्ष को स्पर्श करे तो वृत्त का समीकरण $(x - l)^2 + (y - m)^2 = m^2, (r = m)$ होता है। (चित्र 3.11)

(*iv*) जब वृत्त को इस प्रकार बनाया जाता है कि उसका एक भाग y-अक्ष को स्पर्श कर रहा हो, तो समीकरण $(x - l)^2 + (y - m)^2 = l^2$ होता है। (चित्र 3.12)

(*v*) जब वृत्त दोनों अक्षों (x-अक्ष और y-अक्ष) को स्पर्श करता है तो खींचे गए वृत्त का समीकरण $(x - l)^2 + (y - l)^2 = l^2$ होता है। (चित्र 3.13)

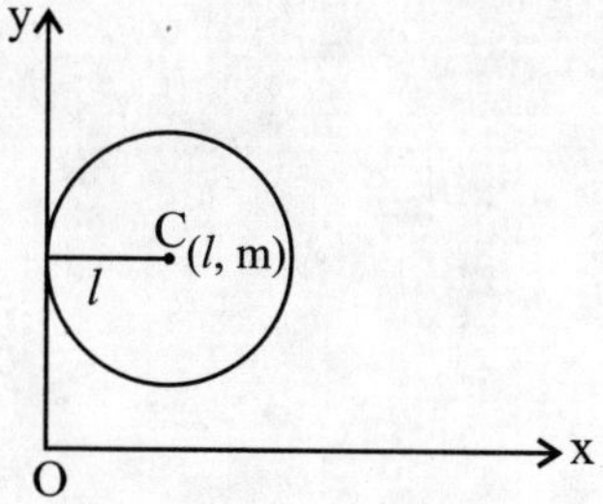

चित्र 3.12: Y-अक्ष को स्पर्श करने वाला वृत्त

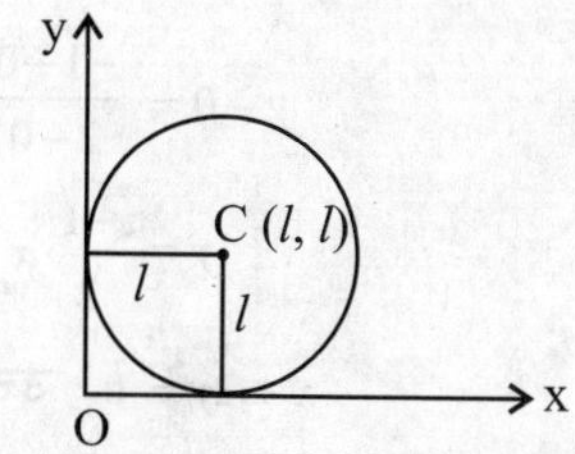

चित्र 3.13: दोनों अक्षों को स्पर्श करने वाला वृत्त

(*vi*) जब वृत्त मूल बिन्दु से होकर गुजरता है और वृत्तों का केन्द्र एक निश्चित बिन्दु (l, m), पर होता है, तो त्रिज्या $(\ell^2 + m^2)^{\frac{1}{2}} = r$ और x-अक्ष पर काटा गया अन्तःखण्ड $OP = 2l$ और y-अक्ष पर काटा गया अन्तःखण्ड $OQ = 2m$ अंतः, वृत्त का समीकरण $(x - l)^2 + (y - m)^2 = l^2 + m^2$ अथवा $x^2 + y^2 - 2lx - 2my = 0$ है।

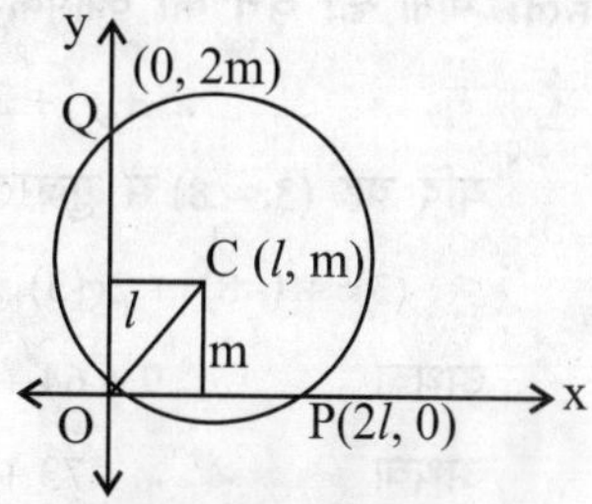

चित्र 3.14: मूलबिंदु से गुजरने वाला वृत्त

अध्ययन के इस चरण में यह नोट करना बहुत महत्त्वपूर्ण है कि वृत्त का केन्द्र किसी भी चतुर्थांश में हो सकता है, इसलिए सामान्य स्थितियों में l और m से पहले $\pm$ चिह्न का उपयोग करें। अर्थात् l और m के गुणांक या तो +1 या –1 हैं। (चित्र 3.14)।

नोटः जब वृत्त का व्यापक रूप दिया जाता है तो हम उसका केन्द्र और त्रिज्या ज्ञात कर सकते हैं।

एक वृत्त का केन्द्र बिन्दु और त्रिज्या ज्ञात करने का नियमः वृत्त के व्यापक समीकरण पर विचार करें,

$$x^2 + y^2 + 2gx + 2fy + c = 0$$

(*i*) समीकरण को बीजगणितीय रूप में इस प्रकार लिखिए कि x^2 और y^2 के गुणांक प्रत्येक समीकरण में इकाई (1) हों।

यदि ऐसा नहीं है, तो व्यापक समीकरण के दोनों पक्षों को x^2 और y^2 के गुणांक से विभाजित करिए, जो वृत्त के मामले में समान (बराबर) हैं।

(*ii*) वृत्त के केन्द्र के निर्देशांक $\left(-\frac{x \text{ का गुणांक}}{2}, -\frac{y \text{ का गुणांक}}{2}\right)$ है।

(*iii*) वृत्त की त्रिज्या $\left[\left(\frac{1}{2} x \text{का गुणांक}\right)^2 + \left(\frac{1}{2} y \text{का गुणांक}\right)^2 - \text{अचर पद}\right]^{\frac{1}{2}}$

उदाहरण 10: वृत्त $x^2 + y^2 - 4x + 2y - 10 = 0$, के उस व्यास का समीकरण ज्ञात कीजिए, जो मूल बिन्दु से होकर जाता है।

हलः दिए गए वृत्त के केन्द्र C के निर्देशांक

$$\left[-\frac{1}{2}(-4), -\frac{1}{2}(2)\right] \text{ अथवा } (2, -1) \text{ होते हैं।}$$

इसलिए, चाहा गया व्यास मूल बिन्दु (0, 0) और केन्द्र $C(2, -1)$ को मिलाने वाली सीधी रेखा है

अतः अभीष्ट समीकरण

$$y - y_1 = \frac{y_2 - y_1}{x_2 - x_1}(x - x_1)$$

इस स्थिति में $y_1 = 0, y_2 = -1, x_1 = 0, x_2 = 2$

$$y - 0 = \frac{-1-0}{2-0}(x-0)$$

अथवा $y = \frac{-1}{2}\cdot x$ अथवा $2y = -x$

अथवा $x + 2y = 0$ **उत्तर**

उदाहरण 11: $(3, -8)$ और $(-6, 6)$ से होकर जाने वाले वृत्त का समीकरण ज्ञात कीजिए जिसका केन्द्र $2x - y = 7$ पर है।

हल: माना की वृत्त का व्यापक समीकरण

$$x^2 + y^2 + 2gx + 2fy + c = 0 \quad ...(i)$$

यदि यह $(3, -8)$ से गुजरता है, तब

$$(3)^2 + (-8)^2 + 2g(3) + 2x(-8) + c = 0$$

अथवा $9 + 64 + 6g - 16f + c = 0$

अथवा $73 + 6g - 16f + c = 0 \quad ...(ii)$

यदि यह $(-6, 6)$ से होकर गुजरता है, तब समीकरण (i) से

$$(-6)^2 + (6)^2 + 2g(-6) + 2f(6) + c = 0$$

$$36 + 36 - 12g + 12f + c = 0$$

$$-12g + 12f + c = -72 \quad ...(iii)$$

चूंकि, केन्द्र बिन्दु $(-g, -f)$, $2x - y = 7$ पर स्थित है, अत:

$$2(-g) - (-f) = 7$$

अथवा $-2g + f = 7 \quad ...(iv)$

(ii) और (iv) से, हम प्राप्त करते हैं की

$$-13f + c = -52 \quad ...(v)$$

(iii) और (v) से, हम प्राप्त करते हैं की

$$6f + c = 114 \quad ...(vi)$$

(iv) से (vi) घटाने पर

$$\begin{array}{r} -13f + \not{c} = -52 \\ -6f \;\pm \not{c} = \mp 114 \\ \hline -19f \quad = 62 \end{array} \quad \Rightarrow \quad f = \frac{-62}{19} = -3.3$$

अत: (v) से

$$c = -52 - (13 \times 3.3) = -52 - 42.9 = -94.9$$

समीकरण (iv) से,

$$-2g - 3.3 = 7 \Rightarrow -2g = 7 + 3.3 = 10.3$$

$$\therefore \quad g = \frac{-10.3}{2} = -5.1$$

अब हमारे पास, $f = -3.3, g = -5.1, c = -94.9$ है

अत: अभीष्ट समीकरण

$$x^2 + y^2 + 2(-5.1)x + 2(-3.3)y - 94.9 = 0$$

$$x^2 + y^2 - 10.2x - 6.6y - 94.9 = 0$$ **उत्तर**

II. दिए गए तीन बिन्दुओं से जाने वाले वृत्त का समीकरण

दिए गए तीन शीर्षों से जाने वाले वृत्त का समीकरण प्राप्त करने के लिए, माना की तीन बिन्दु $L(x_1, y_1), M(x_2, y_2)$ और $N(x_3, y_3)$ है और मान लीजिए कि अभीष्ट वृत्त का समीकरण $x^2 + y^2 + 2gx + 2fy + c = 0$ है। ...(*i*)

चूंकि तीन बिन्दु $L(x_1, y_1), M(x_2, y_2,)$ और $N(x_3, y_3)$ सभी (*i*) पर स्थित है, इसलिए

$$x_1^2 + y_1^2 + 2gx_1 + 2fy_1 + c = 0 \quad ...(ii)$$

$$x_2^2 + y_2^2 + 2gx_2 + 2fy_2 + c = 0 \quad ...(iii)$$

$$x_3^2 + y_3^2 + 2gx_3 + 2fy_3 + c = 0 \quad ...(iv)$$

(*i*), (*ii*), (*iii*), और (*iv*) से *g*, *f* और *c* को विलोपित पर हमें वांछित समीकरण प्राप्त होते हैं, जो निम्न है

$$\begin{vmatrix} x^2+y^2 & x & y & 1 \\ x_1^2+y_1^2 & x_1 & y_1 & 1 \\ x_2^2+y_2^2 & x_2 & y_2 & 1 \\ x_3^2+y_3^2 & x_3 & y_3 & 1 \end{vmatrix} = 0$$

उप प्रमेय: यदि चार बिन्दु (x_r, y_r) जहाँ $r = 1, 2, 3, 4$ एक वृत्त पर स्थित है तो

$$\begin{vmatrix} x_1^2+y_1^2 & x_1 & y_1 & 1 \\ x_2^2+y_2^2 & x_2 & y_2 & 1 \\ x_3^2+y_3^2 & y_3 & y_3 & 1 \\ x_4^2+y_4^2 & x_4 & y_4 & 1 \end{vmatrix} = 0$$

उदाहरण 12: वृत्त का समीकरण ज्ञात कीजिए जो बिन्दुओं $L(0, 1), M(1, 0)$ और $N(3, 2)$ से होकर गुजरता है, केन्द्र के निर्देशांक और त्रिज्या भी ज्ञात करो।

हल: मान लीजिए कि एक वृत्त का व्यापक समीकरण

$$x^2 + y^2 + 2gx + 2fy + c = 0 \quad ...(i)$$

यदि यह बिन्दु L (0, 1) से होकर जाता है, तब

$$(0)^2 + (1)^2 + 2g(0) + 2f(1) + c = 0$$

अथवा $1 + 2f + c = 0$ अथवा $2f + c + 1 = 0$ ...(*ii*)

यदि यह बिन्दु $M(1, 0)$ से होकर गुजरता है, तब

$$1^2 + 0^2 + 2 \cdot g \cdot (3) + 2 \cdot f(2) + c = 0$$

अथवा $1 + 2g + c = 0$ अथवा $2g + c + 1 = 0$ ...(*iii*)

यदि यह बिंदु N(3, 2) से होकर गुजरती है, तब

$$3^2 + 2^2 + 2 \cdot g \cdot (3) + 2 \cdot f(2) + c = 0$$

$$9 + 4 + 6g + 4f + c = 0$$

$$6g + 4f + c + 13 = 0 \quad ...(iv)$$

समीकरण (*ii*) और (*iii*) से

$$2f + c + 1 = 0$$

$$2g + c + 1 = 0$$

इन दोनों को हल करने पर

$$2f = 2g \text{ अथवा } f = g \quad ...(v)$$

समीकरण (*iv*) और (*v*) से

$$6g + 4g + c + 13 = 0$$

अथवा $\quad 10g + c + 13 = 0 \quad ...(vi)$

(*iii*) को (*vi*) से घटाने पर

$$8g = -12 \text{ अथवा } -\frac{12}{8} = -1.5 \quad ...(vii)$$

समीकरण (*v*) से

$$f = g = -1.5$$

और समीकरण (*ii*) से

$$2(-1.5) + c + 1 = 0$$

$$-3.0 + c + 1 = 0$$

अथवा $\quad c = 3.0 - 1 = 2.0$

अब, हमारे पास $f = g = -1.5, c = 2.0$ है, इसलिए (*i*) में $f = g = -1.5, c = 2.0$ रखने पर वृत्त का अभीष्ट समीकरण

$$x^2 + y^2 - 2(1.5)x - 2(1.5)y + 2.0 = 0$$

$$x^2 + y^2 - 3x + 2 = 0$$

अत: हमें केन्द्र c के निर्देशांक $(-g, -f)$ या $(1.5, 1.5)$ के रूप में प्राप्त होते हैं।

और त्रिज्या

$$= \sqrt{g^2 + f^2 - c}$$

$$= \sqrt{(1.5)^2 + (1.5)^2 - 2}$$

$$= \sqrt{2.25 + 2.25 - 2}$$

$$= \sqrt{4.50 - 2}$$

$$= \sqrt{2.50} = 1.6$$

III. व्यास के रूप में वृत्त का समीकरण

यदि $A(x_1, y_1)$ और $B(x_2, y_2)$ वृत्त के व्यास के सिरे हैं और $P(x, y)$ वृत्त पर A और B से अलग परिधि पर स्थित बिन्दु है, तब ज्यामितीय से, हम जानते हैं कि यदि $\angle APB = 90°$ तब

$$(PA \text{ की प्रवणता}) \times (PB \text{ की प्रवणता}) = -1$$

$$\Rightarrow \quad \left(\frac{y - y_1}{x - x_1}\right)\left(\frac{y - y_2}{x - x_2}\right) = -1$$

$$\Rightarrow \quad (x - x_1)(x - x_2) + (y - y_1)(y - y_2) = 0$$

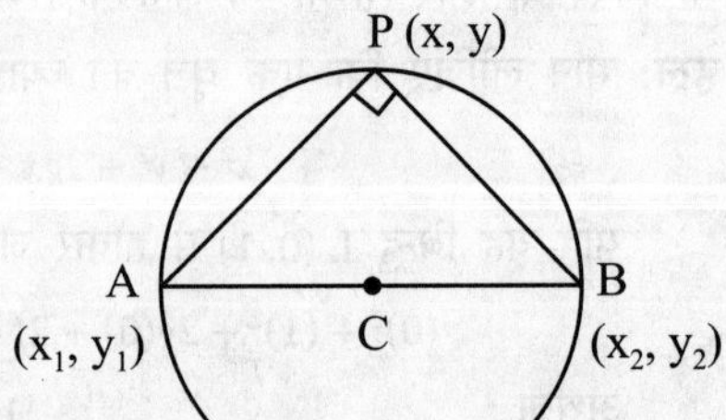

चित्र 3.15: व्यास रूप में वृत्त का समीकरण

> **टिप्पणी:** $A(x_1, y_1)$ और $B(x_2, y_2)$ से बनाने वाले सबसे कम त्रिज्या के वृत्त का समीकरण प्रदर्शित करता है।

3.4 शंकु परिच्छेद

शंकु परिच्छेद (या केवल शांकव) एक समतल में शंकु की सतह के प्रतिच्छेदन द्वारा प्राप्त अच्छी तरह से परिभाषित वक्र है। शांकव मूल रूप से तीन प्रकार के होते हैं

(*i*) परवलय (*ii*) अतिपरवलय (*iii*) दीर्घवृत्त (वृत्त, दीर्घवृत्त की एक विशेष स्थिति है)

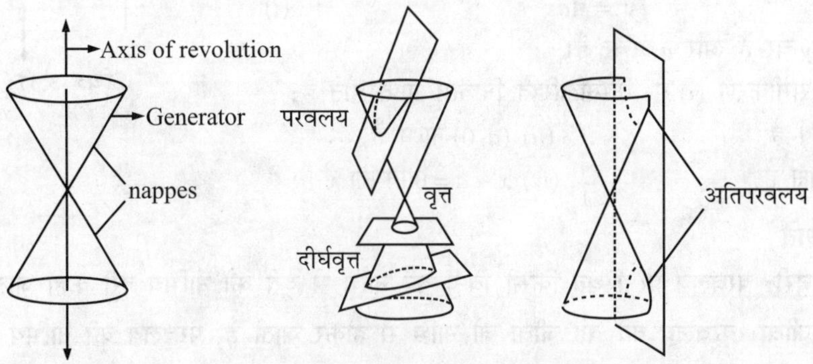

चित्र 3.16: शंकु एवं शंकु परिच्छेद

क्र.सं.	समतल को प्रतिच्छेद करते समय	तब प्राप्त शांकव
(*i*)	जनक रेखा के समानान्तर है	परवलय
(*ii*)	अक्ष के समानान्तर है	अतिपरवलय
(*iii*)	नापे को अक्ष के कोण पर प्रतिच्छेद करता है (90° के अलावा अन्य)	दीर्घवृत्त
(*iv*)	अक्ष पर लंबवत (90°) है	वृत्त

यदि कोई बिन्दु एक समतल में इस प्रकार गमन करता है कि उसकी एक स्थिर बिन्दु और एक स्थिर रेखा से दूरियों में सदैव एक अचर अनुपात रहता है तो बिन्दु के बिन्दुपथ को शंकु परिच्छेद या शांकव कहते हैं और यह स्थिर बिन्दु जो स्थिर रेखा पर नहीं है को नाभि कहा जाता है। अचर अनुपात को उत्केंद्रता (e द्वारा निरूपित) के रूप में जाना जाता है। स्थिर सरल रेखा को नियता कहते हैं। अपने नाभि से जाने वाली और नियता के लबवत् रेखा को परिक्रमण अक्ष कहा जाता है तथा शंकु के परिक्रमण अक्ष के साथ प्रतिच्छेदन बिन्दु को शीर्ष कहते हैं।

एक शांकव का सामान्य समीकरण

नाभि (s, t) और नियता $lx + my + n = 0$ वाले एक शांकव का सामान्य समीकरण इस प्रकार दिया गया है।

$$(l^2 + m^2)\,[(x - s)^2 + (y - t)^2] = e^2\,(lx + mg + n)$$

$$\Rightarrow \quad ax^2 + 2hxy + by^2 + 2gx + 2fy = 0$$

यदि $e > 1$, शांकव को अतिपरवलय कहते हैं।

यदि $e = 1$, शांकव को परवलय कहते हैं।

यदि $e < 1$, शांकव को दीर्घवृत्त कहते हैं।

3.4.1 परवलय

परवलय एक ज्यामितीय संरचना है जो ऐसे बिन्दु का बिन्दुपथ है, जो एक ज्यामितीय तल में इस प्रकार गमन करता है की उसकी एक स्थिर बिन्दु (नाभि) और एक स्थिर सरल रेखा (नियता) से इसकी दूरी सदैव बराबर होती है। परवलय का मानक समीकरण निम्न है

$$y^2 = 4ax \quad ...(i)$$

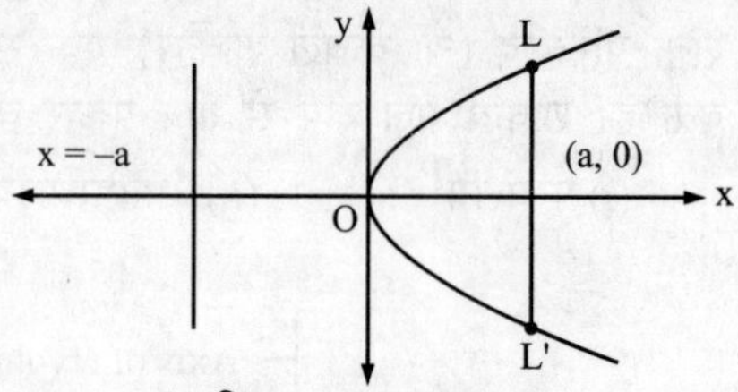

चित्र 3.17: परवलय

जहाँ x और y चर हैं और a अचर है।

परवलय के समीकरण (i) से, निम्नलिखित निष्कर्ष प्राप्त होते हैं:

(i) (0, 0) शीर्ष है, (ii) $(a, 0)$ नाभि है,

(iii) $y = 0$ अक्ष है, (iv) $x + a = 0$ नियता है

कुछ महत्त्वपूर्ण शर्तें

(a) नाभिय दूरी: परवलय पर स्थित किसी बिन्दु की नाभि से दूरी को नाभिय दूरी कहा जाता है।

(b) नाभिय जीवा: परवलय की वह जीवा जो नाभि से होकर जाती है, परवलय की नाभिय जीवा कहलाती है।

(c) नाभिलम्ब जीवा: परवलय की वह जीवा जो नाभि से होकर जाती है तथा परवलय के अक्ष पर लम्ब होती है, परवलय की नाभिलम्ब जीवा कहलाती है।

परवलय $y^2 = 4ax$, के लिए, हम निम्नलिखित प्राप्त करते हैं:

(i) नाभिलम्ब जीवा की लंबाई $= 4a$

(ii) अर्ध नाभिलम्ब जीवा की लंबाई $= 2a$

(iii) नाभिलम्ब जीवा के सिरे $L\,(a, 2a)$ और $L'\,(a, -2a)$.

3.4.2 अतिपरवलय

अतिपरवलय शांकव से प्राप्त होता है जब उत्केन्द्रता $e > 1$ होती है।

परिभाषा: उस बिन्दु का बिन्दुपथ जो इस प्रकार गति करता है कि उसकी एक स्थिर बिन्दु (नाभि) से दूरी, उसकी एक स्थिर सरल रेखा (नियता) से दूरी का e गुना है, अतिपरवलय के रूप में परिभाषित किया गया है। इसलिए अतिपरवलय की उत्केन्द्रता $e > 1$ से होती है।

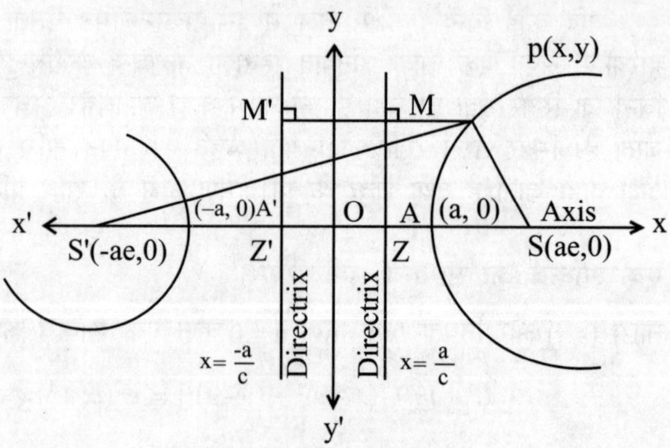

चित्र 3.18: अतिपरवलय

अब हम गणितीय सूत्र के रूप में अतिपरवलय की संरचना को इस प्रकार व्यक्त करते हैं:

नाभि S के निर्देशांक $(ae, 0)$ हैं और नियता का समीकरण $x = \frac{a}{e}$ है।

मान लीजिए $P\,(x, y)$ अतिपरवलय पर कोई बिन्दु है, तब $SP/PM = e$ अथवा $SP^2 = e^2 \times PM^2$ है

$$\text{अथवा} \quad (a - ae)^2 + (y - 0)^2 = e^2 \left[x - \left(\frac{a}{e} \right) \right]^2$$

अथवा $(x - ae)^2 + y^2 = (ex - a)^2$

अथवा $(x^2)(1 - e^2) + y^2 = a^2(1 - e^2)$

अथवा $\frac{x^2}{a^2} - \frac{y^2}{a^2(e^2-1)} = 1$ अथवा $\frac{x^2}{a^2} - \frac{y^2}{b^2} = 1$

जहाँ $b^2 = a^2(e^2 - 1)$, क्योंकि यहाँ $e > 1$, इसलिए $b^2 > 0$ है।

यहाँ $e > 1$ इसलिए, अंततः अतिपरवलय का सामान्य समीकरण $\boxed{\frac{x^2}{a^2} - \frac{y^2}{b^2} = 1}$ है। (अतिपरवलय का मानक समीकरण)

जहाँ x और y चर हैं, a और b अचर हैं और $b^2 = a^2(e^2 - 1)$ अतिपरवलय के मानक समीकरण को ध्यान में रखते हुए, हम निम्नलिखित प्राप्त करते हैं:

(*i*) चूंकि इस समीकरण में केवल x और y की सम घातें ही होती हैं, इसलिए अतिपरवलय दोनों अक्षों के परितः सममित होता है।

(*ii*) अतिपरवलय y-अक्ष को वास्तविक बिन्दुओं में नहीं काटता जबकि यह x-अक्ष को बिन्दुओं $(a, 0)$ और $(-a, 0)$ पर काटता है।

(*iii*) संबंधों के लिए $-a \le x \le a$, y का मान काल्पनिक है, अर्थात् खण्ड $x = -a$ से $x = a$ में वक्र मौजूद नहीं है।

(*iv*) जैसे-जैसे x बढ़ता है, y भी बढ़ता है अर्थात् वक्र अनंत तक जाता है।

(*v*) यदि c केन्द्र से नाभि की दूरी है तो $c^2 = a^2 + b^2$ और अतिपरवलय के लिए $e = \frac{c}{a}$ ।

कुछ महत्त्वपूर्ण परिभाषाएँ

नाभियाँ और नियताएँ: चूंकि वक्र y-अक्ष के प्रति सममित है, इसलिए बिन्दु $(-ae, 0)$ पर एक अन्य नाभि S' मौजूद है। अतः अतिपरवलय की ज्यामितीय संरचना में दो नाभियाँ $S(ae, 0)$ और $S'(-ae, 0)$ होती हैं। इन नाभियों के अनुरूप, दो नियता हैं जिनके समीकरण $x = \frac{a}{e}$ और $x = -\frac{a}{e}$ हैं।

केन्द्र: अतिपरवलय की कोई भी जीवा C से होकर, AB के मध्य-बिन्दु को C पर समद्विविभाजित करेगी और इसलिए C को अतिपरवलय का केन्द्र कहा जाता है।

हम अतिपरवलय को सभी बिन्दुओं (x, y) के समुच्चय के रूप में भी इस प्रकार समझाते हैं कि (x, y) से नाभियों तक की लंबाई का अंतर अचर रहता है। शीर्ष बिन्दु $(\pm a, 0)$ $(\pm a, 0)$ और सह-शीर्ष $(0, \pm b)$ $(0, \pm b)$ के साथ केन्द्रित अतिपरवलय का मानक समीकरण

$$\frac{x^2}{a^2} - \frac{y^2}{b^2} = 1 \text{ है।}$$

3.4.3 दीर्घवृत्त

निर्देशांक अक्षों के साथ दीर्घ अक्ष के अनुदिश दीर्घवृत्त का मानक समीकरण $\frac{x^2}{a^2} + \frac{y^2}{b^2} = 1$ है, जहाँ $a > b$ एवं $b^2 = a^2(1 - e^2) \Rightarrow a^2 - b^2 = a^2 e^2$

जहां e = उत्केन्द्रता $(0 < e < 1)$

नाभियां $F \equiv (ae, 0)$ और $F' \equiv (-ae, 0)$

(1) शीर्ष $A' \equiv (-a, 0)$ और $A \equiv (a, 0)$

(2) नियताओं के समीकरण $x = \frac{a}{e}$ और $x = -\frac{a}{e}$

(3) दीर्घ अक्ष रेखा खंड A'A जिसमें नाभियाँ F' और F स्थित हो एवं जिसकी लंबाई $2a$ हो, दीर्घ अक्ष कहलाता है, जहाँ $(a > b)$ दीर्घ अक्ष तथा नियता का प्रतिच्छेदी बिन्दु नियता का पाद कहलाता है $\left(\pm\frac{a}{e}, 0\right)$

रोचक तथ्य

वक्र (अर्थात् वृत्त, दीर्घवृत्त, परवलय, अतिपरवलय) शांकव के रूप में जाने जाते हैं क्योंकि वे एक लम्ब वृत्तीय शंकु से प्राप्त किए जा सकते हैं।

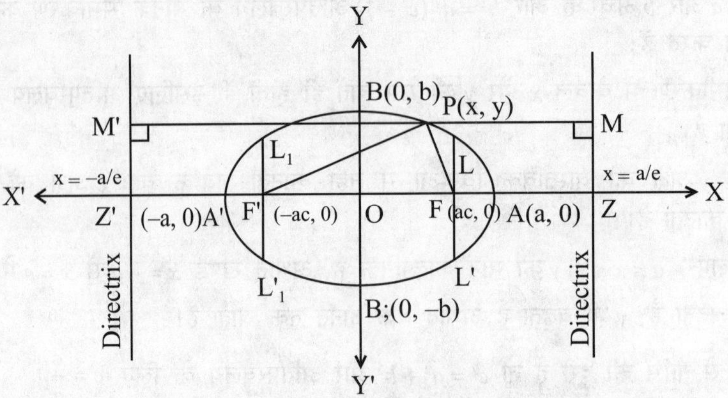

चित्र 3.19: दीर्घवृत्त

(4) लघु अक्ष y-अक्ष दीर्घवृत्त को बिन्दुओं $B' \equiv (0, -b)$ और $B \equiv (0, b)$ पर प्रतिच्छेद करता है लंबाई $2b$ $(b < a)$ के रेखा खंड B'B को दीर्घवृत्त का लघु अक्ष कहा जाता है।

(5) **मुख्य अक्षः** दीर्घ और लघु अक्ष को मिलाकर दीर्घवृत्त का मुख्य अक्ष कहा जाता है।

(6) **केन्द्रः** वह बिन्दु जो इसके द्वारा खींचे गए शंकु की प्रत्येक जीवा को समद्विविभाजित करता है, शांकव का केन्द्र O(0, 0) कहलाता है, उस मूल बिन्दु को दीर्घवृत्त $\frac{x^2}{a^2} + \frac{y^2}{b^2} = 1$ का केन्द्र कहते हैं।

(7) **नाभिलम्ब जीवाः** प्रमुख अक्ष के लंबवत् नाभिय जीवा को नाभिलम्ब जीवा कहा जाता है।

(*i*) नाभिलम्ब जीवा की लंबाई (LL') $= \frac{2b^2}{a}$

(*ii*) नाभिलम्ब जीवा का समीकरण $x = \pm ae$

(8) **नाभिय त्रिज्याः** $SP = a - ex$ और $S'P = a + ex \Rightarrow SP + S'P = 2a =$ दीर्घ अक्ष।

(9) **उत्केन्द्रता** $e = \sqrt{1 - \frac{b^2}{a^2}}$

टिप्पणीः दीर्घवृत्त पर किसी भी बिंदु की फोकस दूरी का योग हमेशा दीर्घ अक्ष के बराबर होता है अर्थात $2a$ के बराबर होता है। उपरोक्त शर्तों के लिए चित्र 3.19 देखें।

नोट:

(i) यदि दीर्घवृत्त के केन्द्र से नाभि की दूरी $= C$ तब, $C = \sqrt{a^2 - b^2}$

(ii) यदि दीर्घवृत्त के समीकरण को $\frac{x^2}{a^2} + \frac{y^2}{b^2} = 1$ के रूप में दिया गया है और कुछ भी उल्लेख नहीं किया गया है, तो यह माना जाता है कि $a > b$।

(iii) दोनों निर्देशांक अक्षों के सापेक्ष दीर्घवृत्त सममित होता है।

(iv) नाभि हमेशा दीर्घ अक्ष पर स्थित होती है।

उदाहरण 13: एक दीर्घवृत्त का समीकरण प्राप्त कीजिये जिसकी नाभि (– 2, 2) है, जिसकी नियता $2x - 3y + 5 = 0$ और उत्केन्द्रता $\frac{1}{3}$ है।

हल: मान लीजिए कि दीर्घवृत्त पर कोई बिन्दु $P(x, y)$ इसकी नाभि $S(-2, 2)$ है और इसकी नियता $2x - 3y + 5 = 0$ पर P से खींचा गया लंब PM है, तब $SP = e.PM$ अथवा $SP^2 = e^2 PM^2$

$$(x+2)^2 + (y-2)^2 = e^2\left[(2x-3y+5)/\sqrt{(2)^2+(-3)^2}\right]^2$$

$$\Rightarrow \quad (x+2)^2 + (y-2)^2 = \left(\frac{1}{3}\right)^2 \left[(2x-3y+5)/\sqrt{13}\right]^2$$

$$= \frac{1}{(9\times 13)}(2x-3y+5)^2$$

$$\Rightarrow \quad (x+2)^2 + (y-2)^2 = \frac{1}{117}(2x-3y+5)^2$$

$$\Rightarrow \quad 117[x^2+4x+4+y^2-4y+4] = [4x^2+9x^2-12xy+20x-30y+25]$$

$$\Rightarrow \quad 113x^2+113y^2+12xy+448x-438y+911=0$$

उदाहरण 14: यदि एक दीर्घवृत्त का नाभिलम्ब जीवा उसके लघु अक्ष का $\frac{1}{2}$ है, तो निम्न में से कौन सा उत्केन्द्रता 'e' का सही मान है।

(a) 5/2 (b) 2/5

(c) $\frac{\sqrt{3}}{2}$ (d) $\frac{2}{\sqrt{3}}$

हल: हमें दिया गया है कि $\frac{2b^2}{a} = \frac{2b}{2}$ ($\because 2b$ लघु अक्ष का मान है)

अथवा $\frac{2b^2}{a} = b \Rightarrow \frac{2b^2}{b} = a$

$\therefore \quad 2b = a$ ...(i)

अब (i) के दोनों पक्षों का वर्ग करने पर, हमें प्राप्त होता है

$$4b^2 = a^2 \Rightarrow (1 - e^2) = a^2$$

$$\Rightarrow \qquad 1 - e^2 = \frac{1}{4} \Rightarrow e^2 = 1 - \frac{1}{4} = \frac{3}{4}$$

$$\therefore \qquad e = \sqrt{\frac{3}{4}} = \frac{\sqrt{3}}{2} \quad \text{उत्तर } (iii)$$

उदाहरण 15: परवलय $y^2 = 16x$ की नाभि, अक्ष नियता के समीकरण और नाभिलम्ब जीवा के निर्देशांक ज्ञात कीजिये।

हलः दिए गए समीकरण की $y^2 = 4ax$ से तुलना करने पर, हमें $4a = 16$ प्राप्त होता है,

इस प्रकार परवलय की नाभि (4, 0) है और परवलय की नियता का समीकरण $x = -4$ है।

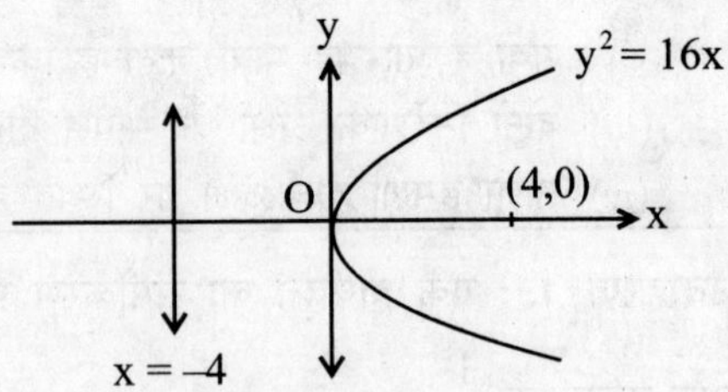

चित्र 3.20: परवलय

नाभिलम्ब जीवा की लंबाई $= 4a = 4 \times 4 = 16$

उदाहरण 16: नाभि (4, 0) और नियता $x = -4$ के परवलय का समीकरण ज्ञात कीजिए।

हलः x-अक्ष परवलय का अक्ष है क्योंकि नाभि (4, 0), x-अक्ष पर स्थित है। अतः परवलय का समीकरण $y^2 = 4ax$ या $y^2 = -4ax$ के रूप का होता है। यहां दिया गया है कि नियता $x = -4$ है और नाभि (4, 0) है, परवलय $y^2 = 4ax$ के रूप में होना चाहिए जिसमें $a = 4$ हो

$\therefore$ अभीष्ट समीकरण $y^2 = 4 \times 4 \times x \Rightarrow y^2 = 16x$ है।

उदाहरण 17: दीर्घवृत्त $\frac{x^2}{9} + \frac{y^2}{4} = 1$ की नाभियाँ, शीर्ष, दीर्घ अक्ष की लंबाई, लघु अक्ष, उत्केन्द्रता और नाभिलम्ब जीवा के निर्देशांक ज्ञात कीजिये।

हलः चूंकि $9 > 4$, दीर्घ अक्ष x-अक्ष के अनुदिश है। दिए गए समीकरण की $\frac{x^2}{a^2} + \frac{y^2}{b^2} = 1$ से तुलना करने पर हमें $a = 3, b = 2$, प्राप्त होता है

$$\therefore \text{ उत्केन्द्रता} \qquad e = \sqrt{1 - \frac{b^2}{a^2}} = \sqrt{1 - \frac{4}{9}}$$

$$e = \frac{\sqrt{5}}{3}$$

$$c = \sqrt{a^2 - b^2} = \sqrt{9 - 4} = \sqrt{5}$$

$\therefore$ नाभियों के निर्देशांक $\left(-\sqrt{5}, 0\right)$ और $\left(\sqrt{5}, 0\right)$ है।; शीर्ष (–3, 0) और (3, 0) है।

दीर्घ अक्ष की लंबाई $= 2 \times a = 6$ इकाई

लघु अक्ष की लंबाई $= 2b = 4$ इकाई

नाभिलम्ब जीवा $= \frac{2b^2}{a} = \frac{2 \times 4}{3} = \frac{8}{3}$

उदाहरण 18: उस दीर्घवृत्त का समीकरण ज्ञात कीजिए जिसके शीर्ष (± 10, 0) तथा नाभियाँ (± 4, 0) हैं।

हलः चूंकि शीर्ष x-अक्ष पर हैं, दीर्घवृत्त का समीकरण निम्न रूप का होगा $\frac{x^2}{a^2} + \frac{y^2}{b^2} = 1$,, जहाँ, a अर्ध-दीर्घ अक्ष है

दिया गया है $a = 10, c = 4$

$\therefore$ $c^2 = a^2 - b^2 \Rightarrow b = \sqrt{100-16}$

$\Rightarrow$ $b = \sqrt{84}$

$\therefore$ दीर्घवृत्त का समीकरण

$$\frac{x^2}{100}+\frac{y^2}{84} = 1$$

उदाहरण 19: अतिपरवलय $\frac{x^2}{25}-\frac{y^2}{36} = 1$ की नाभियाँ और शीर्ष के निर्देशांक, उत्केन्द्रता, नाभिलम्ब जीवा की लंबाई ज्ञात कीजिये।

हलः दिया गया है $\frac{x^2}{25}-\frac{y^2}{36}=1$ ...(1)

(1) की $\frac{x^2}{a^2}-\frac{y^2}{b^2}=1$ से तुलना करने पर $a = 5$,

$b = 6$ और $c=\sqrt{a^2+b^2}=\sqrt{25+36}=\sqrt{61}$ प्राप्त होता है

$\therefore$ नाभि के निर्देशांक $\left(\pm\sqrt{61},0\right)$ हैं और शीर्ष $(\pm 5, 0)$

उत्केन्द्रता $e=\frac{c}{a}=\frac{\sqrt{61}}{5}$

नाभिलम्ब जीवा $= \frac{2b^2}{a}=\frac{2\times 36}{5}=\frac{72}{5}$

रोचक तथ्य

'परवलय' (Parabola) और 'अतिपरवलय' (Hyperbola पद ग्रीक गणितज्ञ अपोलोनियस ने 2000 साल से भी पहले दिये थे

उदाहरण 20: नाभियों $(0, \pm 2)$ और शीर्षों $(0, \pm 1)$ के साथ अतिपरवलय का समीकरण ज्ञात कीजिए।

हलः चूंकि नाभियाँ y-अक्ष पर होती हैं, अतिपरवलय का समीकरण $\frac{y^2}{a^2}-\frac{x^2}{b^2}=1$ रूप का होता है।

शीर्ष $(0, \pm 1)$ एवं $a = 1$ है।

इसके अलावा नाभियां $(0, \pm 2)$ एवं $c = 2$ है।

$\therefore$ $b^2 = c^2 - a^2 = 4 - 1 = 3$

$b^2 = 3$

$\therefore$ अतिपरवलय का समीकरण $\frac{y^2}{1}-\frac{x^2}{9}=1 \Rightarrow 9y^2 - x^2 = 9$

वस्तुस्थिति अध्ययन

किसान A द्वारा खरीदे गए भूखण्ड की सीमा के निर्देशांक समीकरण $x^2 + y^2 = 25$ को संतुष्ट करते हैं। जबकि किसान B द्वारा खरीदे गए भूखण्ड के निर्देशांक वक्र $\frac{x^2}{36}+\frac{y^2}{100}=1$ को संतुष्ट करते हैं।

क्या आप निम्नलिखित का उत्तर दे सकते हैं?

1. किसान A द्वारा खरीदे गए भूखण्ड का आकार कैसा है?
2. क्या आप किसान A द्वारा खरीदे गए भूखण्ड के आकार के प्राचल बता सकते हैं?
3. किसान B द्वारा खरीदे गए भूखण्ड की सीमा के निर्देशांक को संतुष्ट करने वाले वक्र का आकार कैसा है?
4. क्या आप किसान B द्वारा खरीदे गए भूखण्ड के प्राचल दे सकते हैं?
5. क्या निर्देशांक (0, 0) किसान A के भूखण्ड की सीमा पर स्थित है?
6. क्या निर्देशांक $\left(\frac{6}{\sqrt{2}}, \frac{10}{\sqrt{2}}\right)$ किसान B के भूखण्ड की सीमा पर स्थित है?

जाँच कीजिये

इकाई 5 के पढ़ाने के बाद MATLAB निःशुल्क परीक्षण संस्करण को डाउनलोड करें और जांचें कि क्या आप निम्नलिखित शंकुओं का आलेखन कर सकते हैं।

Math Works

1. $x^2 + y^2 = 1$
2. $\frac{x^2}{4} + \frac{y^2}{9} = 1$
3. $y^2 = 4ax$
4. $\frac{x^2}{a^2} - \frac{y^2}{b^2} = 1$

निर्देशांक ज्यामिति के अनुप्रयोग

- निर्माणाधीन भवन के रेखा चित्र में निर्देशांक ज्यामिति का उपयोग होता है।
- गूगल मानचित्र इस अवधारणा का उपयोग छोटे से छोटा संभव पथ बताने में करता है।
- ड्राइंग, घुमावदार और तिरछी रेखाओं के लिए एम एस पेंट (MS Paint) में उपयोग किया जाता है।
- ज्योतिष में उदाहरण के लिए, सूर्य के चारों ओर ग्रहों की स्थिति (क्योंकि उनकी कक्षाएँ एक ही दीर्घ वृत्ताकार तल में है) को जानना।
- राडार तकनीक के साथ-साथ वायुयानों की स्थिति का सही-सही निर्धारण करना।
- अक्षांश और देशांतर पूरी तरह से निर्देशांक ज्यामिति पर आधारित होते हैं।
- सैनिक सेवाएं।
- नक्शा प्रक्षेपण।
- भूमि माप, इत्यादि।

यूनित सारांश

1. सरल रेखा

- दूरी सूत्र $\sqrt{(x_2-x_1)^2+(y_2-y)^2}$
- आनुपातिक विभाजन सूत्र $= \left(\frac{m_1x_2+m_2x_1}{m_1+m_2}, \frac{m_1y_2+m_2y_1}{m_1+m_2}\right)$

  $= \left(\frac{x_1+kx_2}{k+1}, \frac{y_1+ky_2}{k+1}\right)$

  मध्य बिन्दु सूत्र $\rightarrow$ $\left(\frac{x_1+x_2}{2}, \frac{y_1+y_2}{2}\right)$
- Δ का क्षेत्रफल $= \frac{1}{2}|x_1(y_2-y_3)+x_2(y_3-y_1)+x_3(y_1-y_2)|$
- प्रवणता, जब दो बिन्दु दिए गए हो $\tan\theta = \frac{y_2-y_1}{x_2-x_1}$
- यदि रेखाएं

  (A) समानान्तर हैं $m_1 = m_2$

  (B) लम्बवत हैं $m_1\, m_2 = -1$
- दो रेखाओं के बीच का कोण, $\tan\theta = \frac{m_2-m_1}{1+m_1m_2}$

  यदि $\frac{m_2-m_1}{1+m_1m_2}$ $\Rightarrow$ + धनात्मक $\Rightarrow$ न्यूनकोण θ, अधिक कोण ϕ

  $\Rightarrow$ – ऋणात्मक $\Rightarrow$ अधिक कोण θ, न्यूनकोण ϕ
- बिन्दुओं की समरेखता (A, B, C)

  AB की प्रवणता $=$ BC की प्रवणता

रेखा के समीकरण के रूप

- बिन्दु–प्रवणता रूप (एक बिन्दु के निर्देशांक + प्रवणता दी गई हो)

  $$y - y_0 = m\,(x - x_0)$$
- दो बिन्दु रूप (2 निर्देशांक दिए गए हो) $\frac{y-y_1}{x-x_1} = \frac{y_2-y_1}{x_2-x_1}$
- प्रवणता–अन्तः खंड रूप (प्रवणता और अन्तःखंड दी गई हो)

  (A) y-अक्ष पर अन्तःखंड c तब, $y = mx + c$

  (B) x-अक्ष पर अन्तःखंड d तब, $y = m(x - d)$
- अन्तः खंड रूप (x-अक्ष पर अन्तःखंड (a) और y-अक्ष पर अन्तःखंड (b) दिया हो $\frac{x}{a}+\frac{y}{b}=1$
- **अभिलम्ब रूप** (मूल बिन्दु से खींचे गए लंब की लंबाई (P) और लंब द्वारा एक अक्ष के साथ बनाया हुआ कौन ω दिए हो)।

  $x\cos\omega = y\sin\omega = P$

रेखा का व्यापक समीकरण

$$Ax + By + C = 0$$

- **प्रवणता-अन्तः खंड रूप**

  (A) $B \neq 0, m = \frac{-A}{B}, y$ अक्ष पर अन्त:खण्ड $= \frac{-C}{B}$

  (B) $B = 0, m =$ अपरिभाषित, x अक्ष पर अन्त:खंड $= \frac{-C}{A}$

- **अन्तःखंड रूप**

  (I) $C \neq 0$, x अक्ष पर अन्त:खंड $= \frac{-C}{A}$, y अक्ष पर अन्त:खंड $= \frac{-C}{B}$

  (II) $C = 0$, अक्षों पर शून्य अन्त:खंड (मूल बिन्दु से जाता है)

- अभिलम्ब रूप $\frac{A}{\cos\theta} = \frac{B}{\sin\theta} = \frac{-C}{P}$

$$\cos\theta = \pm\frac{A}{\sqrt{A^2 + B^2}}, \sin\theta = \pm\frac{A}{\sqrt{A^2 + B^2}}, P = \pm\frac{C}{\sqrt{A^2 + B^2}} (P = +ve)$$

2. वृत्तः वृत्त का समीकरण $x^2 + y^2 + 2gx + 2xy + c = 0$ है जहाँ x, y चर हैं, g, f और c अचर हैं और केन्द्र $(-g, -f)$ है, अर्थात्

$$\left(-\frac{x \text{ का गुणांक}}{2}, -\frac{y \text{ का गुणांक}}{2}\right) \text{ और त्रिज्या } r = \sqrt{g^2 + f^2 - c}$$

- यदि (l, m) केंद्र है और r वृत्त की त्रिज्या है तो इसका समीकरण $(x - l)^2 + (y - m)^2 = r^2$ के रूप में दिया जाता है।

- तीन दिए गए बिन्दुओं से वृत्त का समीकरण- $\begin{vmatrix} x^2 + y^2 & x & y & 1 \\ x_1^2 + y_1^2 & x_1 & y_1 & 1 \\ x_2^2 + y_2^2 & x_2 & y_2 & 1 \\ x_3^2 + y_3^2 & x_3 & y_3 & 1 \end{vmatrix} = 0$

- व्यास के रूप में वृत्त का समीकरण-$(x - x_1)(x - x_2) + (y - y_1)(y - y_2) = 0$

3. परवलयः परवलय का मानक समीकरण

$$y^2 = 4ax \quad \text{...}(i)$$

जहाँ, x और y चर हैं और a अचर है।

परवलय के समीकरण (i) से, निम्नलिखित निष्कर्ष निकलते हैं:

(*i*) (0, 0) शीर्ष है, (*ii*) $(a, 0)$ नाभि है,

(*iii*) $y = 0$ अक्ष है, (*iv*) $x + a = 0$ नियता है।

4. अतिपरवलयः अतिपरवलय का मानक समीकरण $\boxed{\frac{x^2}{a^2} - \frac{y^2}{b^2} = 1}$

जहाँ x और y चर हैं, a और b अचर हैं और अतिपरवलय के मानक समीकरण से

$$b^2 = a^2(e^2 - 1)$$

यदि c केन्द्र से नाभि दूरी की लंबाई है तब $c^2 = a^2 + b^2$ और $e = c/a$

5. दीर्घवृत्त: निर्देशांक अक्षों के साथ प्रमुख अक्षों को सापेक्ष दीर्घवृत्त का मानक समीकरण है

$$\frac{x^2}{a^2}+\frac{y^2}{b^2}=1,\quad a>b \text{ और } b^2=a^2(1-e^2)\Rightarrow a^2-b^2=a^2e^2$$

- नाभियाँ $F=(ae, 0)$ और $F'\equiv(-ae, 0)$
- शीर्ष $A'\equiv(-a, 0)$ और $A\equiv(a, 0)$
- नियताओं के समीकरण $x=\frac{a}{e}$ और $x=-\frac{a}{e}$
- यदि दीर्घवृत्त के केन्द्र से नाभि की दूरी $=C$ तो, $C=\sqrt{a^2-b^2}$

अभ्यास

विश्लेषणात्मक प्रश्न

1. त्रिज्या 1 वाले वृत्त का समीकरण का ज्ञात करें जो प्रथम चतुर्थांश में दोनों अक्षों को स्पर्श करता है।

[**उत्तर:** $x^2+y^2-2x-2y+1=0$]

2. यदि दो सरल रेखाओं की प्रवणता $\frac{1}{2}$ और 2 हैं, तो दोनों रेखाओं के बीच प्रतिच्छेद कोण ज्ञात कीजिए।

[**उत्तर:** $\tan^{-1}\left(\frac{3}{4}\right)$]

3. मान लीजिए $P(5, 3)$ और $Q(10, 2)$ दो बिन्दु है। PQ के लंबवत रेखा की प्रवणता ज्ञात कीजिए।

[**उत्तर:** प्रवणता $=5$]

4. एक दीर्घवृत्त $9x^2+25y^2=225$ दिया गया है। नाभि और उत्केन्द्रता का पता लगाएं।

[**उत्तर:** नाभि$(+4, 0)$; $e=\frac{4}{5}$]

5. अतिपरवलय का समीकरण ज्ञात कीजिए जिसकी उत्केन्द्रता 3/2 है और नाभि $(\pm 1, 0)$ पर है।

[**उत्तर:** $\frac{9x^2}{4}-\frac{4y^2}{5}=1$]

6. $x=-6$ पर नियता और $(6, 0)$ पर नाभि वाले परवलय का समीकरण ज्ञात कीजिए। [**उत्तर:** $y^2=24x$]

वस्तुनिष्ठ प्रश्न

1. बिन्दुओं $(5, 9)$ और $(-2, 5)$ से जाने वाली रेखा की प्रवणता है–

(*a*) 5 (*b*) 9
(*c*) 4/7 (*d*) 0 [**उत्तर:** (*c*)]

2. x-अक्ष की धनात्मक दिशा के साथ 45° का झुकाव बनाने वाली रेखा की प्रवणता है–

(*a*) $\sqrt{3}$ (*b*) 1
(*c*) $\frac{\sqrt{3}}{2}$ (*d*) ∞ [**उत्तर:** (*b*)]

3. यदि xy-तल में $A, B\ C$ तीन बिन्दु हैं तो वे संरेख होंगे यदि–

(*a*) OA की प्रवणता = BC की प्रवणता (*b*) AB की प्रवणता $=BC$ की प्रवणता
(*c*) OC की प्रवणता $=AB$ की प्रवणता (*d*) OB की प्रवणता $=AC$ की प्रवणता [**उत्तर:** (*b*)]

4. अक्षों के समानान्तर और (5, 8) से गुजरने वाली रेखाओं का समीकरण है–

(*a*) $x = 2, y = 8$ (*b*) $x = 5, y = 3$

(*c*) $x = 5, y = 9$ (*d*) $x = 5, y = 8$ **[उत्तर: (*d*)]**

5. बिन्दु (0, 1) से होकर जाने वाली एवं प्रवणता 2 वाली रेखा का समीकरण है।

(*a*) $y = 3x + 1$ (*b*) $2y = 2x + 1$

(*c*) $y = 2x + 1$ (*d*) $x = 3y + 1$ **[उत्तर: (*c*)]**

6. केन्द्र (0, 0) और त्रिज्या 5 वाले वृत्त का समीकरण है।

(*a*) $x^2 + y^2 = 9$ (*b*) $(x - 3)^2 + y^2 = 10$

(*c*) $x^2 + y^2 = 25$ (*d*) $x^2 + (y - 4)^2 = 9$ **[उत्तर: (*c*)]**

7. एक दीर्घवृत्त एक तल के सभी बिन्दुओं का समुच्चय है जिसकी तल में दो स्थिर बिन्दुओं से दूरियों का योग है

(*a*) अचर (*b*) चर

(*c*) 0 (*d*) 1 इकाई **[उत्तर: (*a*)]**

8. दीर्घवृत्त $\frac{x^2}{a^2}+\frac{y^2}{b^2}=1$ के नाभिलम्ब जीवा की लंबाई है।

(*a*) $\frac{a^2}{2}$ (*c*) $\frac{b^2}{a}$

(*c*) $\frac{2b^2}{a}$ (*d*) 0 **[उत्तर: (*c*)]**

लघु परियोजना

प्रत्येक समूह में पाँच विद्यार्थी हों। समाचार पत्रों से बने दस लम्ब वृत्तीय शंकुओं में से शंकु परिच्छेद को काटने का प्रयास करें। प्रत्येक समूह द्वारा बनाए गए शंकु अनुभागों के प्रकार/संख्या के लिए एक तालिका बनाएं। अपने परिणामों की तुलना करें ओर इसे अपने शिक्षक को दिखाएं।

गतिविधि

एक निर्देशांक प्रणाली में सभी प्रकार के शंकु परिच्छेद के कटआउट का उपयोग करके अपने सपनों के घर को A3 आकार की पत्रक पर स्केच करें। रंग लगाकर आकर्षक बनाएं। अपने शिक्षक को अपने सपनों के घर की पत्रक (ऑनलाइन/ऑफलाइन) के साथ एक मौखिक प्रस्तुति दें, जिसमें शंकु के कुछ गुणों को भी समझाया जाए।

अधिक जानिए

ध्रुवीय निर्देशांक पद्धति–

माना की कार्तिय निर्देशांक पद्धति में बिन्दु $P(x, y)$ है। चित्र 3.21

अब
$$x = r\cos\theta \quad ...(1)$$
$$y = r\sin\theta \quad ...(2)$$

समीकरणों के दोनों पक्षों का वर्ग करने पर

(1) और (2), से

$$x^2 = r^2\cos^2\theta$$
$$y^2 = r^2\sin^2\theta$$
$$x^2 + y^2 = r^2\cos^2\theta + r^2\sin^2\theta$$
$$= r^2(\cos^2\theta + \sin^2\theta)$$
$$= r^2 \quad (\because \cos^2\theta + \sin^2\theta = 1)$$
$$r = \sqrt{x^2 + y^2},\ \tan\theta = \frac{\sin\theta}{\cos\theta} = \frac{y}{x},\ \theta = \tan^{-1}\left(\frac{y}{x}\right)$$

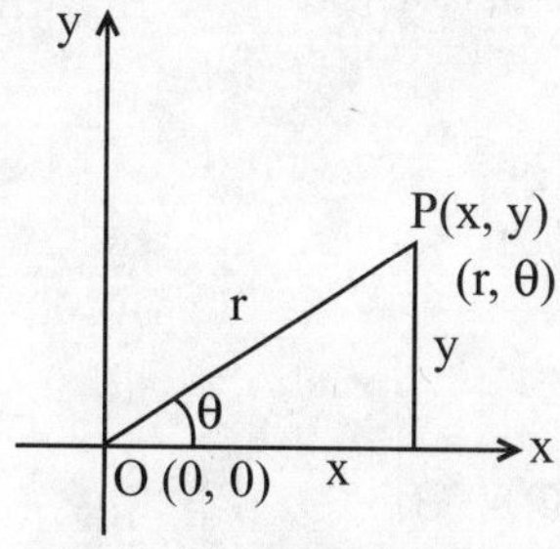

चित्र 3.21: ध्रुवीय निर्देशांक प्रणाली

सन्दर्भ एवं अध्ययन हेतु सुझाव

- ***Loney S.L.(1895),*** The Elements of Coordinate Geometry part I, Cartesian coordinates, Cambridge University press
- ***NCERT***, Mathematics Text Book for Class XI
- Vasishtha A.R. & Agrawal D.C. (2019) Analytical Geometry 2D, Krishna's educational Publishers.
- ***Ballabh Ram, Saran Raghunath (13th edition)***Co-ordinate Geometry, Prakashan Kendra, Luckno
- ***Chatteerji P.N. (1998),*** Co-ordinate Geometry, Rajhans Publication, Meerut.

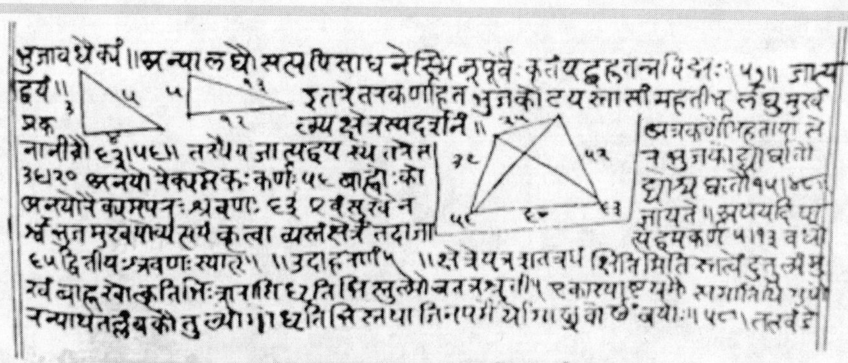

लीलावती के 'क्षेत्रव्यवहार' का एक नियम और उदाहरण।

भास्कराचार्य की पुस्तक 'लीलावती' का एक अंश

(**स्रोत:** गुणाकर मुले द्वारा "संसार के महान गणितज्ञ")

4 सदिश बीजगणित

यूनिट विशिष्ट

यह यूनिट एक सदिश के आयताकार वियोजन, सदिशों के योग एवं अंतर, 2 सदिशों के अदिश और सदिश गुणनफल एवं कार्य, आघूर्ण और कोणीय वेग से संबंधित सरल प्रश्नों का समावेश करती है।

भूमिका

सदिश बीजगणित में कुछ संक्रियाओं के अंतर्गत सदिश (जिसमें परिमाण और दिशा दोनों होते हैं) रूपी गणितीय राशियों का अध्ययन शामिल है। इसका विकास गणितीय परिस्थितियों को सरल बनाने के लिए कई वर्षों में हुआ है। ज्यामिति की तुलना में सदिश बीजगणित का उपयोग करना अपेक्षाकृत आसान है और इसके लिए अपेक्षाकृत कम नियमों के ज्ञान की आवश्यकता होती है। कई नियम जो मूल बीजगणित में लागू होते हैं, वे सदिश बीजगणित में भी लागू होते हैं।

यह गणित, भौतिकी, अभियांत्रिकी और कई अन्य क्षेत्रों में व्यापक रूप से उपयोग किया जाता है। विस्थापन, वेग, त्वरण, बल, भार, विद्युत क्षेत्र की तीव्रता, संवेग आदि सदिश राशियों के कुछ उदाहरण हैं। सदिश का व्यापक उपयोग बल, बल आघूर्ण, वेग, प्रक्षेप्य, सैन्य, द्यूत, क्रिकेट आदि में किया जाता है। अतः, सदिश की व्यापक उपयोगिता होती है और कई अन्य जटिल तरीकों की तुलना में इसे प्रयोग करना बहुत आसान होता है जो उन्हें बहुत उपयोगी बनाते हैं।

पूर्व-अपेक्षित ज्ञान

- बीजगणित का बुनियादी ज्ञान।
- कार्य, आघूर्ण और कोणीय वेग की मूल अवधारणा।

यूनिट-4 सदिश बीजगणित	यूनिट आउटकम्स (UOs) यूनिट के पूर्ण अध्ययन के बाद विद्यार्थी निम्न में सक्षम होंगे:
U4-O1	सदिशों की अवधारणा, इसके आयताकार वियोजन की व्याख्या करना।
U4-O2	सदिशों की बुनियादी संक्रियाएँ जैसे-योग, अंतर, अदिश गुणन ज्ञात करना।
U4-O3	दो सदिशों के अदिश गुणनफल और सदिश गुणनफल ज्ञात करना।
U4-O4	सदिशों के संदर्भ में कार्य, आघूर्ण, कोणीय वेग से संबंधित सरल प्रश्नों को हल करना।

कोर्स आउटकम्स (COs) के साथ यूनिट आउटकम्स (COs) का परस्पर संबंध

यूनिट-4 आउटकम्स	कोर्स आउटकम्स (COs) के साथ अपेक्षित संबंध *(1-कमजोर सहसंबंध; 2-मध्यम सहसंबंध; 3-मजबूत सहसंबंध)*				
	CO-1	CO-2	CO-3	CO-4	CO-5
U4-O1	-	-	1	3	1
U4-O2	-	-	1	3	1
U4-O3	1	-	1	3	1
U4-O4	1	-	-	3	1

4.1 प्रस्तावना

हर दिन हम कई भौतिक राशियों का सामना करते हैं जैसे भवन की ऊंचाई को मापते समय हम कहते हैं, इसकी माप 10 मीटर हो सकती है, इसमें केवल परिमाण (वास्तविक संख्या) शामिल है। ऐसी मात्राओं को अदिश राशि कहा जाता है। जबकि अगर हम इस बात पर विचार करें कि एक हॉकी खिलाड़ी को अपनी टीम के दूसरे खिलाड़ी को कैसे पास देना चाहिए, तो इसमें परिमाण (बल) और दिशा (दूसरे खिलाड़ी की स्थिति) दोनों शामिल हैं। ऐसी मात्राओं को सदिश कहा जाता है। इस इकाई में हम सदिशों के बारे में संक्षेप में अध्ययन करेंगे। सदिश राशियों को गणित, भौतिकी, तकनीकी शाखाओं आदि में विभिन्न प्रकार की समस्याओं को हल करने के लिए उपयोगी रूप से प्रयुक्त किया जा सकता है। वे ऐसी राशियों के अध्ययन की सुविधा प्रदान करते हैं जिनमें परिमाण के साथ-साथ दिशा भी होती है। भौतिक राशियों को मुख्य रूप से निम्न प्रकार विभाजित किया गया है–

1. **सदिश राशियाँ:** इनमें परिमाण और दिशा दोनों होते हैं। उदाहरण के लिए विस्थापन, वेग, भार, बल, कोणीय वेग, आघूर्ण आदि।
2. **अदिश राशियाँ:** इनका केवल परिमाण होता है। उदाहरण के लिए–द्रव्यमान, आयतन, कार्य, तापमान आदि।

उदाहरण 1: निम्नलिखित को अदिश और सदिश के रूप में वर्गीकृत कीजिए–

(*a*) 10 मी. उत्तर पश्चिमी
(*b*) 10^{-10} कूलम्ब
(*c*) 20 किमी./घंटा
(*d*) 15 मी./सेकेंड पूर्व की ओर
(*e*) 100 न्यूटन

हल: (*a*) यहाँ दिशा के साथ दूरी भी दी गई है, इसलिए यह एक सदिश राशि है।

(*b*) यह विद्युत आवेश है, इसलिए एक अदिश राशि है।

(*c*) यह गति है, दिशा का उल्लेख नहीं है इसलिए एक अदिश राशि है।

(*d*) यह किसी वस्तु का वेग है, इसलिए सदिश है।

(*e*) यह एक बल है, इसलिए एक सदिश राशि है।

रोचक तथ्य

'वेक्टर' और 'स्केलर' दोनों लैटिन भाषा से निकले हैं वेक्टर शब्द 'वेरे' से प्राप्त हुआ है, जिसका का अर्थ है ले जाना; इसी तरह स्केलर शब्द स्केलेरिया, जिसका का अर्थ है 'सीढ़ी

सदिश का निरूपण

याद करें: सरल रेखा के दो अंतिम सिरों, आदि बिंदु (प्रारंभिक बिंदु) (A) और सीमांत बिंदु (अंतिम बिंदु) (B) सहित रेखाखंड कहते हैं (जिसे $\overline{AB}$ के रूप में दर्शाते हैं)

एक दिष्ट रेखाखंड को सदिश कहा जाता है।

प्रत्येक सदिश (चित्र 4.1) में निम्नलिखित तीन विशेषताएँ होती हैं–

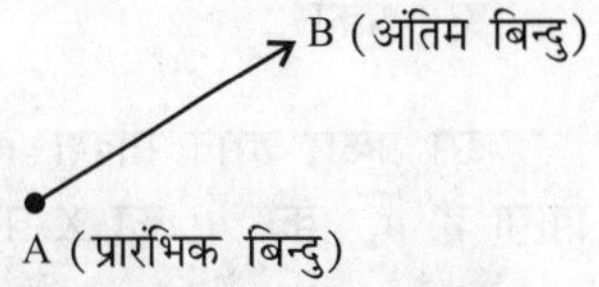

चित्र 4.1: सदिश निरूपण

1. **लंबाई:** $\overrightarrow{AB}$ की लंबाई को $|\overrightarrow{AB}|$ से प्रदर्शित किया जाएगा।
2. **आलंब:** असीमित लंबाई की वह रेखा जिसका सदिश भाग $\overline{AB}$ होता है, उसका आलम्ब कहलाती है।
3. **अभिदिशा:** यह अपने प्रारंभिक बिंदु से अंतिम बिंदु तक होता है, अर्थात $\overrightarrow{AB}$ की अभिदिशा A से B तक और $\overrightarrow{BA}$ की अभिदिशा से B तक A है।

नोट: सदिशों को प्रदर्शित करने वाले प्रतीकों जैसे $\overrightarrow{AB}, \overrightarrow{OP}$ आदि पर एक तीर लगाकर व्यक्त किया जाता है। कभी-कभी उन्हें एक अक्षर $\vec{a}, \vec{F}$ आदि द्वारा भी व्यक्त किया जाता है।

उदाहरण 2: आलेखीय निरूपण

(*i*) उत्तर के पश्चिम में 50° पर 80 किमी विस्थापन

(*ii*) 30 किमी. उत्तर-पूर्व का विस्थापन

हल: चित्र (4.2) पर विचार करें

(*i*) सदिश $\overrightarrow{OP}$ अभीष्ट सदिश को व्यक्त करता है।

(*ii*) सदिश $\overrightarrow{OQ}$ अभीष्ट सदिश को व्यक्त करता है।

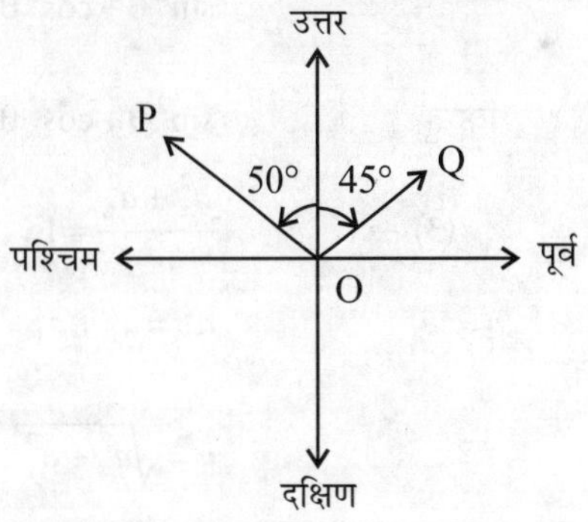

चित्र 4.2: सदिश का ग्राफिकल उदाहरण

नोट: परिमाण अर्थात् सदिश के आदि (प्रारंभिक) और सीमांत (अंतिम) बिंदुओं के बीच की दूरी हमेशा एक ऋणेतर वास्तविक संख्या होती है और इसे $|\overrightarrow{OA}|$ अथवा अथवा $|\vec{a}|$ के रूप में दर्शाया जाता है। यदि $\vec{a} = x\hat{i} + y\hat{j}$ तब $|\vec{a}| = \sqrt{x^2 + y^2}$ ।

4.2 एक सदिश का आयताकार वियोजन

किसी सदिश के वियोजन से इसका अर्थ है कि किसी विशेष दिशा में सदिश के प्रभाव का निर्धारण करना और इस प्रकार प्राप्त विभक्त सदिश, सदिश के घटक कहलाते हैं। यदि किसी दिए गए सदिश के ये घटक एक-दूसरे के लंबवत (90° पर) हैं, तो वे आयताकार घटक कहलाते हैं। आइए एक सदिश $\overrightarrow{OA}$ द्वारा निरूपित सदिश का आयताकार वियोजन ज्ञात करने के उदाहरण पर विचार करें। जैसा कि चित्र 4.3 में दिखाया गया है। बिंदु O से, दो परस्पर लंब अक्ष X और Y बिंदु A से खींचे गए हैं, दो लंब AR और AS क्रमशः X और Y अक्ष पर डाले गए हैं। फिर समकोण त्रिभुज ORA पर विचार करें। यहाँ सदिश $\vec{a}$, X-अक्ष की स्थिति दिशा के साथ एक कोण θ बनाता है।

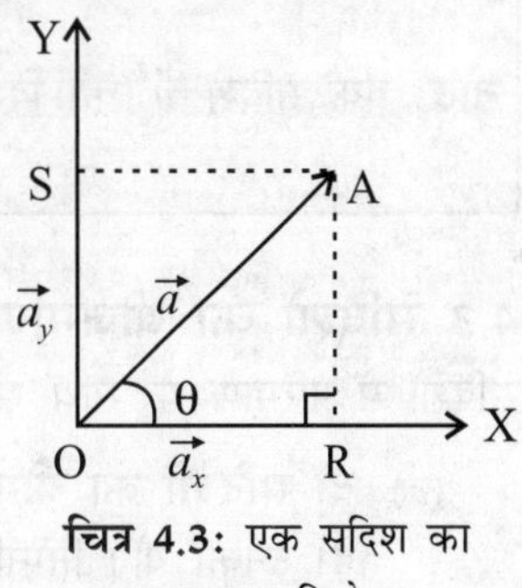

चित्र 4.3: एक सदिश का आयताकार वियोजन

इसलिए $$\cos\theta = \frac{OR}{OA}$$

$\Rightarrow$ $$OR = OA\cos\theta$$

$\Rightarrow$ $$\boxed{\vec{a}_x = \vec{a}\cos\theta} \quad ...(1)$$

इसी प्रकार, $$\boxed{\vec{a}_y = \vec{a}\sin\theta} \quad ...(2)$$

इस प्रकार हमने सदिश $\vec{a}$ को दो आयताकार घटकों $\overrightarrow{a_x}$ और $\overrightarrow{a_y}$ में क्रमशः X और Y अक्षों के साथ प्राप्त किया है $\overrightarrow{a_x}$ को $\vec{a}$ का X-घटक कहा जाता है और $\overrightarrow{a_y}$ को $\vec{a}$ का Y-घटक कहा जाता है।

यहाँ, (1) और (2) से हमें

$\cos\theta = \dfrac{a_x}{a}$ और $\cos\theta = \dfrac{a_y}{a}$ प्राप्त होता है।

दोनों का वर्ग कर जोड़ने पर,

$$\sin^2\theta + \cos^2\theta = \frac{a_x^2}{a^2} + \frac{a_y^2}{a^2} \quad ...(3)$$

किन्तु $$\sin^2\theta + \cos^2\theta = 1$$

$\therefore$ (3) $\Rightarrow$ $$\frac{a_x^2 + a_y^2}{a^2} = 1$$

$\Rightarrow$ $$a^2 = a_x^2 + a_y^2$$

$\Rightarrow$ $$a = \sqrt{a_x^2 + a_y^2}$$

यह घटकों के परिमाण के संदर्भ में सदिश $\vec{a}$ का परिमाण है।

नोटः यदि $\hat{i}$ और $\hat{j}$ क्रमशः *OX* और *OY* अक्ष के अनुदिश इकाई परिमाण के सदिशों को निरूपित करते हैं तो

$$\vec{a}_x = a\cos\theta\hat{i} \text{ और } \vec{a}_y = a\sin\theta\hat{j}$$

अतः $$\vec{a} = a\cos\theta\hat{i} + a\sin\theta\hat{j}$$

नोटः एक सदिश $\vec{a}$ की दिशा में इकाई सदिश $\hat{a} = \dfrac{\vec{a}}{|\vec{a}|}$ द्वारा दिया जाता है। जिसकी लंबाई 1 होती है।

4.3 सदिशों का बीजगणित

सदिशों में परिमाण के साथ-साथ दिशा भी होती है, इसलिए उनका बीजगणित वास्तविक संख्याओं से भिन्न होता है।

(*a*) **दो सदिशों का योगः** मान लीजिए $\vec{a}$ और $\vec{b}$ क्रमशः $\overrightarrow{OA}$ और $\overrightarrow{AB}$ द्वारा निरूपित समतल में दो सदिश हैं। उनका योग निम्नलिखित दो नियमों से किया जा सकता है–

(1) सदिशों के योग का त्रिभुज नियम

यहाँ दो सदिशों $\vec{a}$ और $\vec{b}$ का योग करना हैं। इस नियम के अंतर्गत हम एक आकृति (चित्र 4.4) बनाते हैं जिनमें $\vec{b}$ का आदि बिंदु, $\vec{a}$ का सीमांत बिंदु है। $\vec{a}$ के आदि बिंदु को $\vec{b}$ के अंतिम बिंदु से जोड़ने वाला सदिश $\vec{a}$ और $\vec{b}$ का सदिश योग कहलाता है।

अर्थात् $\overrightarrow{OA}+\overrightarrow{AB}=\overrightarrow{OB}$

$\Rightarrow \quad \vec{a}+\vec{b}=\overrightarrow{OB}$

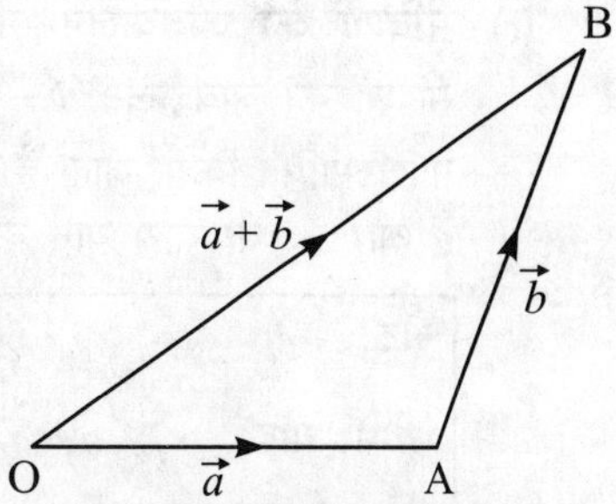

चित्र 4.4: सदिशों के योग का त्रिभुज नियम

दो सदिशों के योग की इस विधि को सदिशों के योग का त्रिभुज नियम कहते हैं।

> **नोट:** योग/परिणाम
>
> यदि $\vec{a}=a_1\hat{i}+a_2\hat{j}$ और $\vec{b}=b_1\hat{i}+b_2\hat{j}$
>
> तब, $\vec{a}+\vec{b}=(a_1+b_1)\hat{i}+(a_2+b_2)\hat{j}$

(2) सदिशों के योग का समांतर चतुर्भुज नियम

इस नियम के अंतर्गत, हम दो सदिश $\vec{a}$ और $\vec{b}$ इस प्रकार बनाते हैं कि, जिसमें दोनों के आदि बिंदु एक ही जगह पर मिलते हैं। तब हम इन दोनों सदिशों को एक समांतर चतुर्भुज की आसन्न भुजाएँ मानते हैं। समांतर चतुर्भुज की आकृति को पूरा करते हैं। इस समांतर चतुर्भुज में उभयनिष्ठ आदि बिंदुओं से प्रारंभ होने वाला विकर्ण चित्र 4.5 में दिखाए गए दो सदिशों $\vec{a}$ और का $\vec{b}$ योग प्रदर्शित करता है।

अर्थात् $\overrightarrow{OA}+\overrightarrow{OB}=\overrightarrow{OC}$

$\Rightarrow \quad \vec{a}+\vec{b}=\overrightarrow{OC}$

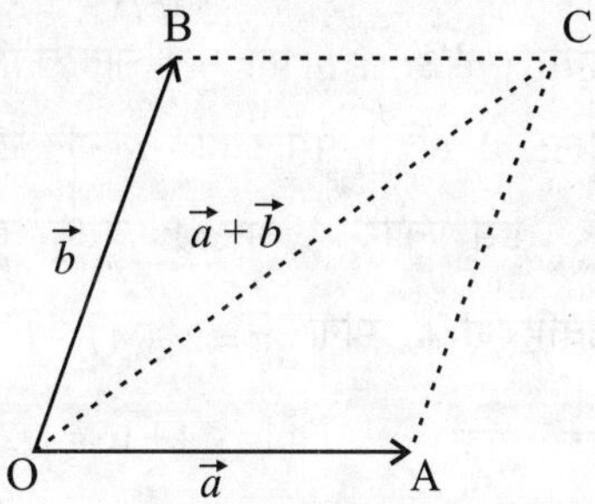

चित्र 4.5: सदिशों के योग का समांतर चतुर्भुज नियम

दो सदिशों के योग की इस विधि को सदिशों के योग का समांतर चतुर्भुज नियम कहते हैं।

सदिश योग के गुणधर्म

(1) $\vec{a}+\vec{b}=\vec{b}+\vec{a}$ (क्रम विनिमेय नियम) (2) $(\vec{a}+\vec{b})+\vec{c}=\vec{a}+(\vec{b}+\vec{c})$ (साहचर्य नियम)

(3) $\vec{a}+\vec{o}=\vec{a}=\vec{o}+\vec{a}$ (योज्य तत्समक) (4) $\vec{a}+(-\vec{a})=\vec{o}=(-\vec{a})+\vec{a}$ (योज्य प्रतिलोम)

***(b)* सदिश का एक अदिश से गुणन:** मान लीजिए $\vec{a}$ दिया गया सदिश है और m एक एक अदिश राशि है। तब हम $\vec{b}=m\vec{a}$ को परिमाण $|ma|$ के एक सदिश के रूप में परिभाषित करते हैं। यदि m धनात्मक है, तो $\vec{b}=m\vec{a}$ सदिश की दिशा वही है जो $\vec{a}$ की है परन्तु यदि m ऋणात्मक हो तो सदिश $\vec{b}=m\vec{a}$ की दिशा $\vec{a}$ की दिशा के विपरीत होगी। इस प्रकार के गुणन को अदिश गुणन कहते हैं। उदाहरण के लिए, यदि हम $\vec{a}$ को (–1) से गुणा करते हैं तो इसकी दिशा विपरीत हो जाती है। अर्थात् $\vec{a}$ और $-\vec{a}$ के परिमाण समान हैं लेकिन दिशाएँ विपरीत हैं।

> **नोट:** यदि $\vec{a}=a_1\hat{i}+a_2\hat{j}$ तब, $m\vec{a}=(ma_1)\hat{i}+(ma_2)\hat{j}$

(*c*) **सदिशों का व्यवकलन**–मान लीजिए $\vec{a}$ और $\vec{b}$ दो सदिश हैं। तब इन सदिशों का व्यवकलन $\vec{a}-\vec{b}$ को सदिश $\vec{a}$ और $(-\vec{b})$ के योग के रूप में परिभाषित किया जाता है। इसके लिए हम $\vec{b}$ की दिशा को विपरीत करते हैं और $\vec{a}$ के साथ योग करते हैं। (चित्र 4.6)

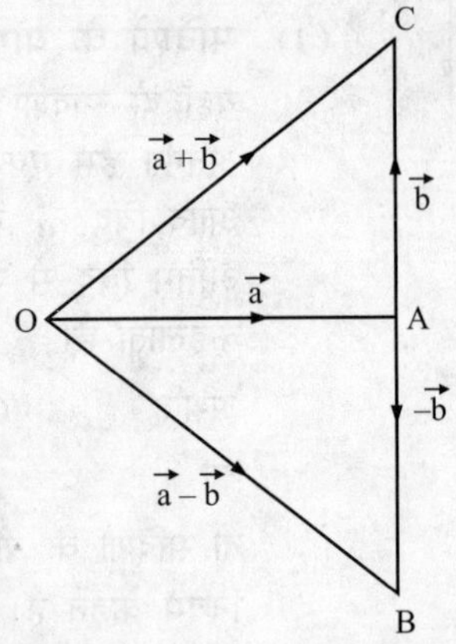

चित्र 4.6: सदिशों का व्यवकलन

नोट:

1. यदि $\vec{a}=a_1\hat{i}+a_2\hat{j}$

   $\vec{b}=b_1\hat{i}+b_2\hat{j}$

   तब, $\vec{a}-\vec{b}=(a_1-b_1)\hat{i}+(a_2-b_2)\hat{j}$

2. दो सदिशों को समान कहा जाता है यदि उनके परिमाण/घटक समान और उनकी दिशायें भी समान हों, चाहे उनके आदि (प्रारंभिक) बिंदु कुछ भी हों। उदाहरण के लिए: यदि $\vec{x}=a_1\hat{i}+b_1\hat{j}$ और $\vec{y}=a_2\hat{i}+b_2\hat{j}$ तब $\vec{x}=\vec{y}$ यदि और केवल यदि $a_1=a_2$ और $b_1=b_2$।

उदाहरण 3: a, b का मान ज्ञात कीजिए यदि सदिश $\vec{x}=a\hat{i}+2\hat{j}$ और $\vec{y}=4\hat{i}+b\hat{j}$ बराबर हों।

हल: दो सदिश समान होते हैं यदि उनके संगत घटक समान हों।

इस प्रकार $\vec{x}$ और $\vec{y}$ बराबर होंगे यदि $a=4$ और $b=2$।

उदाहरण 4: माना $\vec{a}=2\hat{i}+4\hat{j}$, $\vec{b} = 4\hat{i}+2\hat{j}$ क्या $|\vec{a}|=|\vec{b}|$ है? क्या सदिश $(\vec{a})$ और $(\vec{b})$ बराबर हैं?

हल: यहाँ $|\vec{a}|=\sqrt{4+16}=\sqrt{20}$

$|\vec{b}| = \sqrt{16+4}=\sqrt{20}$

इसलिए $|\vec{a}|=|\vec{b}|$ लेकिन दो सदिश समान नहीं हैं क्योंकि उनके संगत घटक भिन्न हैं।

उदाहरण 5: सदिशों के योग की दिशा में इकाई सदिश ज्ञात कीजिए, यदि

$$\vec{a} = \hat{i}+2\hat{j} \text{ और } \vec{b} = 4\hat{i}+5\hat{j}$$

हल: दिए गए सदिश $\vec{a}$ और $\vec{b}$ का योग $\vec{c}=\vec{a}+\vec{b}=5\hat{i}+7\hat{j}$ है।

$$|\vec{c}| = \sqrt{25+49}=\sqrt{74}$$

अत: अभीष्ट इकाई सदिश

$$\hat{c}=\frac{\vec{c}}{|\vec{c}|}=\frac{1}{\sqrt{74}}[5\hat{i}+7\hat{j}]$$

$$\Rightarrow \quad \hat{c} = \frac{5}{\sqrt{74}}\hat{i}+\frac{7}{\sqrt{74}}\hat{j}$$

रोचक तथ्य

अपने आधुनिक रूप में सदिश विश्लेषण मूल रूप से 1800 के दशक के अंत में विद्युत और चुंबकीय क्षेत्रों जैसे भौतिक मात्राओं की गतिशीलता को व्यक्त करने के लिए विकसित किया गया था।

उदाहरण 6: सदिश $\vec{b} = 4\hat{i} + 9\hat{j}$ को $\vec{a} = 3\hat{i} + 20\hat{j}$ में से घटाएं

हल: हमें $\vec{a} - \vec{b}$ ज्ञात करना है

$$-\vec{b} = -4\hat{i} - 9\hat{j}$$

$$\therefore \quad \vec{a} - \vec{b} = (3-4)\hat{i} + (20-9)\hat{j}$$

$$\Rightarrow \quad \vec{a} - \vec{b} = -\hat{i} + 11\hat{j}$$

प्रश्न 1: समान परिमाण वाले दो भिन्न सदिश लिखिए?

प्रश्न 2: समान दिश वाले दो भिन्न सदिश लिखिए?

टिप्पणी: त्रिविमीय प्रणालियों में किसी भी सदिश $\vec{a}$ को $\vec{a} = x\hat{i} + y\hat{j} + z\hat{k}$ के रूप में व्यक्त किया जा सकता है जहाँ $\hat{i}, \hat{j}$ और $\hat{k}$, क्रमशः x-अक्ष, y-अक्ष और, z-अक्ष के अनुदिश इकाई सदिश है, यहाँ $\vec{a}$ का परिमाण $|\vec{a}| = \sqrt{x^2 + y^2 + z^2}$ से दिया जाता है।

4.4. सदिशों के प्रकार

1. **शून्य सदिशः** एक सदिश जिसका परिमाण शून्य है, शून्य सदिश कहलाता है और इसे $\vec{0}$ द्वारा दर्शाया जाता है।
2. **सह-आदि सदिशः** समान प्रारंभिक बिंदु वाले दो या दो से अधिक सदिश सह-आदि (सह-प्रारंभिक) सदिश कहलाते हैं।
3. **संरेख सदिशः** दो या दो से अधिक सदिश यदि एक ही रेखा के समानांतर हों तो वे संरेख सदिश कहलाते हैं, चाहे उनका परिमाण और दिशा कुछ भी हो।
4. **स्वतंत्र (मुक्त) सदिशः** यदि किसी सदिश का मान केवल उसके परिमाण और दिशा पर निर्भर करता है तथा अंतरिक्ष में उसकी स्थिति स्वतंत्र है, तो इसे स्वतंत्र (मुक्त) सदिश कहा जाता है।
5. **सह सीमान्त सदिशः** वे सदिश जो एक ही बिंदु पर समाप्त होते हैं, सह-सीमान्त सदिश कहलाते हैं।

नोटः एक बिंदु P का स्थिति सदिश $\vec{r} = x\hat{i} + y\hat{j} + z\hat{k}$ से प्रदर्शित होता है। (चित्र 4.7)

जहाँ $\hat{i}$, x-अक्ष के अनुदिश इकाई सदिश है,

$\hat{j}$, y-अक्ष के अनुदिश इकाई सदिश है,

$\hat{k}$, z-अक्ष के अनुदिश इकाई सदिश है।

$$\therefore \quad |\vec{r}| = \sqrt{x^2 + y^2 + z^2}$$

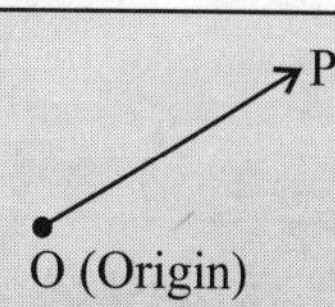

चित्र 4.7: एक बिंदु का स्थिति सदिश

उदाहरण 7: दिए गए चित्र 4.8 में कौन-कौन से सदिश

(*i*) संरेख हैं,

(*ii*) संरेख है लेकिन समान नहीं हैं,

(*iii*) समान हैं,

(*iv*) सह-आदि (सह-प्रारंभिक) हैं।

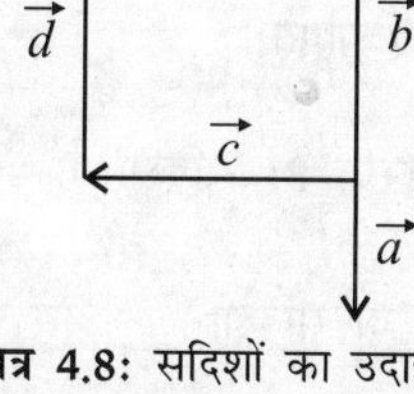

चित्र 4.8: सदिशों का उदाहरण

हलः

(*i*) सदिश $\vec{a}, \vec{b}, \vec{d}$ संरेख है।

(*ii*) सदिश $\vec{a}$ और $\vec{d}$ संरेख हैं लेकिन समान नहीं हैं क्योंकि उनकी दिखाएं समान नहीं हैं।

(*iii*) सदिश $\vec{b}, \vec{d}$ समान हैं,

(*iv*) सदिश $\vec{a}, \vec{b}, \vec{c}$ सह-आदि (सह-प्रारंभिक) हैं।

4.5. दो सदिशों का गुणनफल

दो सदिशों का गुणनफल निम्नलिखित दो विधियों द्वारा दिया जाता है–

1. डॉट या अदिश गुणनफल

दो सदिश $\vec{a}$ और $\vec{b}$ के अदिश गुणन (या डॉट गुणन) को निम्न प्रकार परिभाषित किया गया है

$$\vec{a}\cdot\vec{b} = ab\cos\theta \qquad ...(1)$$

जहाँ a और b क्रमशः $\vec{a}$ और $\vec{b}$ के परिमाण हैं और θ उनके बीच का कोण है (चित्र 4.9)। यह अदिश राशि होती है। अदिश गुणनफल $\vec{a}$ सदिश के परिमाण तथा सदिश $\vec{a}$ पर सदिश $\vec{b}$ के प्रक्षेप के गुणनफल ($ab\cos\theta$) के बराबर होता है। यदि दो सदिश परस्पर लंबवत हो तो अदिश गुणन शून्य होता है ($\cos 90° = 0$)।

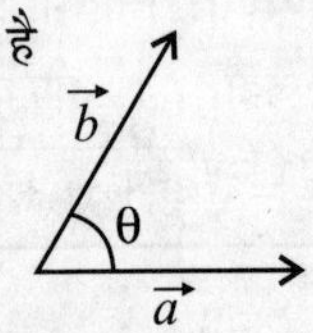

चित्र 4.9: डॉट/अदिश गुणनफल

नोटः

1. अदिश गुणनफल क्रमविनिमेय अर्थात् $\vec{a}\cdot\vec{b} = \vec{b}\cdot\vec{a}$ और वितरण अर्थात् $\vec{a}\cdot(\vec{b}+\vec{c}) = \vec{a}\cdot\vec{b}+\vec{a}\cdot\vec{c}$ के नियम का पालन करता है।
2. यदि $\theta = 0$, तब $\vec{a}\cdot\vec{b} = ab$ और $\vec{a}\cdot\vec{a} = a^2$
3. यदि $\theta = \pi$, तब $\vec{a}\cdot\vec{b} = -ab$
4. $\vec{a}$ और $\vec{b}$ के बीच कोण θ, समीकरण (1) से

$$\Rightarrow \qquad \theta = \cos^{-1}\left(\frac{\vec{a}\cdot\vec{b}}{ab}\right)$$

घटकों के संदर्भ में अदिश गुणनफलः

यदि $\vec{a} = a_1\hat{i}+b_1\hat{j}+c_1\hat{k}$ और $\vec{b} = a_2\hat{i}+b_2\hat{j}+c_2\hat{k}$

तब $\qquad \vec{a}\cdot\vec{b} = a_1a_2+b_1b_2+c_1c_2$

विशेषतः $\qquad \vec{a}\cdot\vec{a} = |a|^2 = a_1^2+b_1^2+c_1^2$

उदाहरण 8: सदिशों $\vec{a} = \hat{i}+\hat{j}-2\hat{k}, \vec{b} = \hat{i}+2\hat{j}+3\hat{k}$ के बीच के कोण 'θ' का मान ज्ञात कीजिए।

हलः दो सदिशों $\vec{a}$ और $\vec{b}$ के बीच का कोण θ, $\cos\theta = \dfrac{\vec{a}\cdot\vec{b}}{ab}$ द्वारा दिया जाता है।

तब $\vec{a}\cdot\vec{b} = (1.1) + (1.2) + ((-2).3)$

$= 1 + 2 - 6 = -3$

और $a = |\vec{a}| = \sqrt{6}$

$b = |\vec{b}| = \sqrt{14}$

$\therefore \quad \cos\theta = \dfrac{-3}{\sqrt{2\times3\times7\times2}}$

$\Rightarrow \quad \theta = \cos^{-1}\left[\dfrac{-3}{2\sqrt{21}}\right]$

उदाहरण 9: यदि $\vec{a} = \hat{i} - \hat{j} + 5\hat{k}$ और $\vec{b} = \hat{i} + \hat{j} + \lambda\hat{k}$, तब λ का मान ज्ञात करो कि $\vec{a}+\vec{b}$ और $\vec{a}-\vec{b}$ लंबवत हों।

हल: माना कि $\vec{a}+\vec{b} = 2\hat{i} + (5+\lambda)\hat{k}$

और $\vec{a}-\vec{b} = -2\hat{j} + (5-\lambda)\hat{k}$

प्रदत्त है कि $(\vec{a}+\vec{b})$ और $(\vec{a}-\vec{b})$ लंबवत (90°) हैं।

$\therefore \quad (\vec{a}+\vec{b})\cdot(\vec{a}-\vec{b}) = 0$

$\Rightarrow \quad (2\cdot0) + (0\cdot(-2)) + (5+\lambda)(5-\lambda) = 0$

$\Rightarrow \quad 25 - \lambda^2 = 0$

$\Rightarrow \quad \lambda = \pm5$ **उत्तर**

अदिश गुणन के अनुप्रयोग

कार्य (यांत्रिकी)

एक कण पर आरोपित बल कार्य करते हुए कहा जाता है, यदि कण को उस दिशा में विस्थ. ापित किया जाता है जो बल के लंबवत नहीं हो। यह एक अदिश राशि है।

किया गया कार्य = बल × बल की दिशा में विस्थापन। (चित्र 4.10)

किया गया कार्य $= \vec{F}\cdot\vec{a} = Fa\cos\theta$.

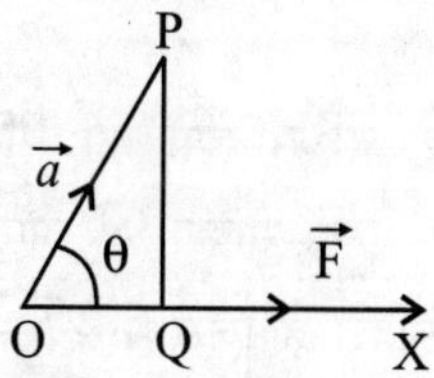

चित्र 4.10: कार्य

टिप्पणी: बल द्वारा किया गया कार्य एक अदिश राशि है। यह बल के परिमाण और विस्थापन के वियोजन भाग के गुणनफल के बराबर होता है। यदि $F_1, F_2, \ldots\ldots, F_n$ कण पर कार्यरत n बल हैं तो कण के विस्थापन d के दौरान n बलों द्वारा किया गया कार्य $F_1.d, F_2.d, \ldots\ldots, F_n.d$ होगा। अर्थात् इन बलों को इसके परिणामी बल R द्वारा प्रतिस्थापित किया जा सकता है।

उदाहरण 10: बल $\vec{F} = \hat{i} + 2\hat{j} + \hat{k}$ द्वारा विस्थापन $\vec{a} = 3\hat{i} + 4\hat{j} - \hat{k}$ की दिशा में किया गया कार्य ज्ञात कीजिए।

हल: दिया गया है $\vec{F} = \hat{i} + 2\hat{j} + \hat{k}$ और $\vec{a} = 3\hat{i} + 4\hat{j} - \hat{k}$

$\therefore$ किया गया कार्य, $W = \vec{F}\cdot\vec{a}$

$\Rightarrow \quad W = 3 + 8 - 1$

$\Rightarrow \quad W = 10$ इकाई **उत्तर**

उदाहरण 11: एक बल $\vec{F}=2\hat{i}+5\hat{j}-\hat{k}$ एक बिंदु A पर आरोपित है। बिंदु A पर बल लगाने से वह बिंदु A से बिंदु A' पर चला जाता है, जहाँ $2\hat{i}+4\hat{j}+5\hat{k}$ और $3\hat{i}+5\hat{j}+\hat{k}$ क्रमशः A और A' के स्थिति सदिश हैं। किए गए कार्य की गणना कीजिए।

हल: दिया गया है $\vec{F}=2\hat{i}+5\hat{j}-\hat{k}$

बिंदु A का स्थिति सदिश $A=2\hat{i}+4\hat{j}+5\hat{k}$

बिंदु A' का स्थिति सदिश $A'=3\hat{i}+5\hat{j}+\hat{k}$

$\therefore$ विस्थापन $\vec{a}=\overrightarrow{AA}$

$$(3\hat{i}+5\hat{j}+\hat{k})-(2\hat{i}+4\hat{j}+5\hat{k})=\hat{i}+\hat{j}-4\hat{k}$$

किया गया कार्य $W=\vec{F}\cdot\vec{a}$

$\Rightarrow$ W = 2 + 5 + 4

$\Rightarrow$ W = 11 इकाई **उत्तर**

उदाहरण 12: मान लीजिए कि 10 N का बल किसी वस्तु पर ऊर्ध्वाधर ऊपर की दिशा में कार्य करता है और वस्तु 4m से लंबवत नीचे की ओर विस्थापित होती है। इस विस्थापन के दौरान बल द्वारा किया गया कार्य ज्ञात कीजिए।

हल: किया गया कार्य $W=\vec{F}\cdot\vec{a}$

$= Fa\cos\theta$

जहाँ θ, बल $\vec{F}$ और विस्थापन $\vec{a}$ के बीच का कोण है।

यहां θ = 180°

अत: W = (10 N) (4m) cos 180°

= −40 न्यूटन मीटर

= −40 जूल **उत्तर**

2. दो सदिशों का सदिश (क्रॉस) गुणनफल

दो सदिश $\vec{a}$ और $\vec{b}$ का सदिश (क्रॉस) गुणन $\vec{a}\times\vec{b}$ द्वारा दर्शाया जाता है, जो एक सदिश है जिसे $\vec{a}\times\vec{b}=|\vec{a}||\vec{b}|\sin\theta\hat{n}$ द्वारा परिभाषित करते हैं।

इस सदिश का परिमाण $|\vec{a}\times\vec{b}|=ab\sin\theta$ होता है।

जहाँ a और b क्रमशः $\vec{a}$ और $\vec{b}$ के परिमाण हैं और θ दो सदिशों के बीच का न्यूनकोण है। $\vec{a}$ और $\vec{b}$ के लम्बवत $\hat{n}$ इकाई सदिश है (चित्र 4.11)। $\vec{a}\times\vec{b}$ कि दिशा $\vec{a}$ और $\vec{b}$ दोनों के लंबवत होती है, इस प्रकार $\vec{a}$, $\vec{b}$ और $\vec{a}\times\vec{b}$ की दिशा एक दाहिने हाथ के नियम का निर्माण करती है।

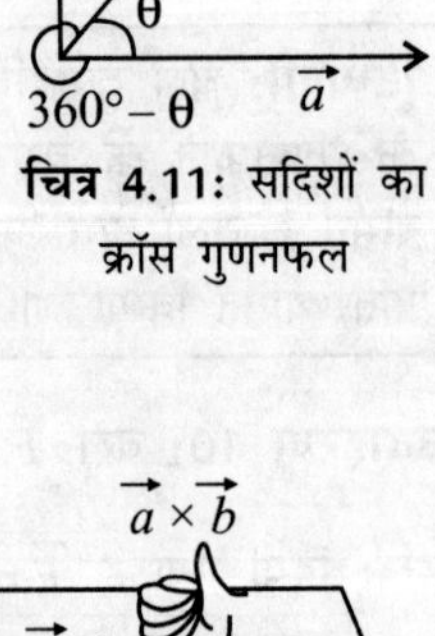

चित्र 4.11: सदिशों का क्रॉस गुणनफल

माना $\vec{a}=a_1\hat{i}+a_2\hat{j}+a_3\hat{k}$ और $\vec{b}=b_1\hat{i}+b_2\hat{j}+b_3\hat{k}$

तब
$$\vec{a}\times\vec{b}=\begin{vmatrix}\hat{i} & \hat{j} & \hat{k}\\ a_1 & a_2 & a_3\\ b_1 & b_2 & b_3\end{vmatrix}$$

चित्र 4.12: दाहिने हाथ का नियम

नोट:

1. $\vec{a}\times\vec{b}=0$ यदि और केवल यदि $\theta=0$ अर्थात् $\vec{a}$ और $\vec{b}$ एक दूसरे के समानांतर (सरेख) हैं।
2. यदि $\theta=\frac{\pi}{2}$ तब $\vec{a}\times\vec{b}=|\vec{a}||\vec{b}|\hat{n}$ होगा।
3. सदिश गुणन में, दो सदिशों $\vec{a}$ और $\vec{b}$ के बीच का कोण $\sin\theta=\frac{|\vec{a}\times\vec{b}|}{|\vec{a}||\vec{b}|}$ होता है।
4. सदिश गुणन क्रमविनिमेय नियम का पालन नहीं करता है।
5. यदि $\vec{a}$ और $\vec{b}$ किसी त्रिभुज का आसन्न भुजाओं को निरूपित करते हैं तो उसकी क्षेत्रफल $\frac{1}{2}|\vec{a}\times\vec{b}|$ होगा।
6. यदि $\vec{a}$ और $\vec{b}$ समांतर चतुर्भुज की आसन्न भुजाओं को निरूपित करते हैं, तो इसका क्षेत्रफल $|\vec{a}\times\vec{b}|$ होगा।

उदाहरण 13: यदि $\vec{a}=2\hat{i}+\hat{j}+4\hat{k}, \vec{b}=3\hat{i}+3\hat{j}+8\hat{k}$ तब $|\vec{a}\times\vec{b}|$ का मान ज्ञात करो।

हल:

$$\vec{a}\times\vec{b} = \begin{vmatrix}\hat{i} & \hat{j} & \hat{k}\\ 2 & 1 & 4\\ 3 & 3 & 8\end{vmatrix}$$

$$= \hat{i}(8-12)-\hat{j}(16-12)+\hat{k}(6-3)$$

$$= -4\hat{i}-4\hat{j}+3\hat{k}$$

$$\therefore \quad |\vec{a}\times\vec{b}| = \sqrt{(-4)^2+(-4)^2+3^2}$$

$$= \sqrt{16+16+9}$$

$$|\vec{a}\times\vec{b}| = \sqrt{41}$$

रोचक तथ्य

'वेक्टर' शब्द की शुरुआत आयरिश गणितज्ञ सर डब्ल्यूआर हैमिल्टन ने की थी।

उदाहरण 14: प्रत्येक सदिश $(\vec{a}\times\vec{b})$ और $(\vec{a}-\vec{b})$ के लंबवत एक इकाई सदिश ज्ञात करो, जहां

$$\vec{a} = \hat{i}+\hat{j}+2\hat{k}$$

$$\vec{b} = 2\hat{i}+3\hat{j}+\hat{k}$$

हल: प्रदत्त मानों से हम पाते है कि

$$\vec{a}+\vec{b}=3\hat{i}+4\hat{j}+3\hat{k}$$

$$\vec{a}-\vec{b}=-\hat{i}-2\hat{j}+\hat{k}$$

सदिश $\vec{c}$ जो $\vec{a}+\vec{b}$ और $\vec{a}-\vec{b}$ पर लंबवत है अर्थात $\vec{c}=(\vec{a}+\vec{b})\times(\vec{a}-\vec{b})$

$$= \begin{vmatrix}\hat{i} & \hat{j} & \hat{k}\\ 3 & 4 & 3\\ -1 & -2 & 1\end{vmatrix}$$

$$\Rightarrow \quad \vec{c} = \hat{i}(4+6)-\hat{j}(3+3)+\hat{k}(-6+4)$$

$$\Rightarrow \quad \vec{c} = 10\hat{i}-6\hat{j}-2\hat{k}$$

$$\therefore \quad \vec{c} = \sqrt{100+36+4}=\sqrt{140}=2\sqrt{35}$$

$\therefore$ अभीष्ट इकाई सदिश

$$\frac{\vec{c}}{|\vec{c}|} = \frac{5\hat{i}}{\sqrt{35}} - \frac{3\hat{j}}{\sqrt{35}} - \frac{\hat{k}}{\sqrt{35}}$$

प्रश्न 3: एक त्रिभुज का क्षेत्रफल ज्ञात कीजिए जिसमें बिंदु $A(1, 1, 2); B(1, 3, 1)$ और $C(2, 2, 2)$ इसके शीर्ष हैं।

प्रश्न 4: एक समान्तर चतुर्भुज का क्षेत्रफल ज्ञात कीजिए जिसकी आसन्न भुजाएँ सदिश $\vec{a} = 2\hat{i} + 3\hat{j} + \hat{k}$ और $\vec{b} = \hat{i} - \hat{j} + 3\hat{k}$ द्वारा दी गई हैं।

याद रखिये:

1.

$\hat{i}\cdot\hat{i} = \hat{j}\cdot\hat{j} = \hat{k}\cdot\hat{k} = 1$	$\hat{i}\times\hat{j} = \hat{k}$
$\hat{i}\cdot\hat{j} = \hat{j}\cdot\hat{k} = \hat{k}\cdot\hat{i} = 0$	$\hat{j}\times\hat{k} = \hat{i}$
$\hat{j}\cdot\hat{i} = -\hat{k}$	$\hat{k}\times\hat{i} = \hat{j}$
$\hat{k}\cdot\hat{j} = -\hat{i}$	
$\hat{i}\cdot\hat{k} = -\hat{j}$	$\hat{i}\times\hat{i} = \hat{j}\times\hat{j} = \hat{k}\times\hat{k} = 0$

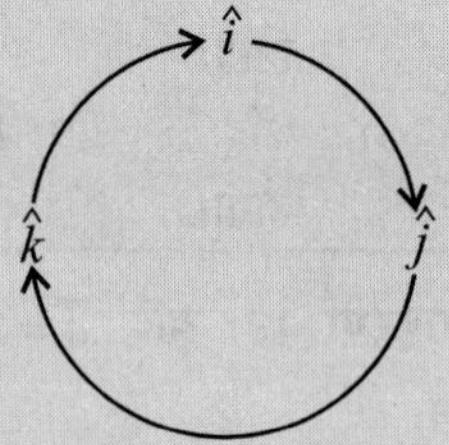

चित्र 4.13: इकाई सदिश गुणनफल चक्र

2. कोष्ठक अति महत्वपूर्ण होते हैं, उदाहरण के लिए: $(u\cdot v)w \neq u(v\cdot w)$

सदिश गुणनफल के अनुप्रयोग

सदिश गुणनफल के कुछ महत्वपूर्ण अनुप्रयोग निम्नानुसार है:

1. **बल का आघूर्ण** ($\vec{M}$): यह रैखिक बल का घूर्णन समतुल्य है, जिसे बलाघूर्ण ($\vec{\tau}$) या घूर्णन बल भी कहा जाता है। यह एक विशेष बिंदु/अक्ष के चारों ओर घूमने वाला बल है, जैसे कोई दरवाजा अपनी पकड़ के चारों ओर घूमता है। माना $\vec{F}$ किसी पिंड के बिंदु P पर आरोपित बल है। किसी बिंदु के सापेक्ष बल आघूर्ण M, बल द्वारा एक पिंड को उसी बिंदु के परितः घुमाने की प्रवृत्ति को मापता है। यदि घूमने की यह प्रवृत्ति वामावर्त दिशा में है, तो आघूर्ण सकारात्मक होता है, अन्यथा नकारात्मक होता है।

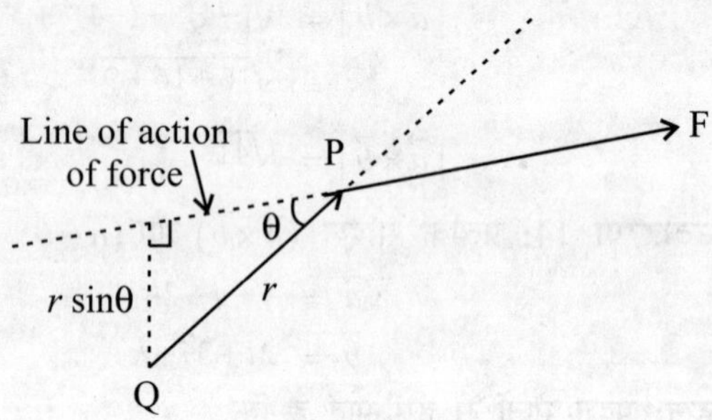

चित्र 4.14: बल आघूर्ण

किसी बिंदु O के परितः आरोपित बल का बल आघूर्ण $\vec{M}$ (चित्र 4.14) निम्नलिखित सूत्र से दिया जाता है।

$$\vec{M} = \vec{r}\times\vec{F} = \tau$$

जहाँ $\vec{F}$ = आरोपित बल

P = बिंदु जिस पर बल आरोपित किया जाता है।

Q = वह बिंदु जिसके परितः हम बलाघूर्ण की गणना करना चाहते हैं।

$\vec{r}$ = उस बिंदु का स्थिति सदिश जिस पर बल कार्य करता है।

एवं $|\vec{\tau}| = rF\sin\theta$

जहाँ θ = आरोपित बल की दिशा एवं Q के सापेक्ष P के स्थिति सदिश के बीच का कोण।

$r\sin\theta$ = बल की क्रिया रेखा की Q से लम्बवत् दूरी, इसे बल की भुजा भी कहते हैं।

$F\sin\theta = \vec{r}$ के लम्बवत $\vec{F}$ का घटक।

एक बिंदु के सापेक्ष बल आघूर्ण एक सदिश राशि है और सदैव पिंड के घूर्णन समतल के लंबवत होता है। बल आघूर्ण की एसआई इकाई (S.I. unit) न्यूटन-मीटर (एनएम) हैं।

उदाहरण 15: एक बल $2\hat{i}+3\hat{j}+5\hat{k}$ बिंदु (2, 1, –1) पर आरोपित है तो बिंदु (1, 0, 1) के परितः बल आघूर्ण ज्ञात कीजिये।

हलः माना

$$O \equiv (1, 0, 1)$$
$$A \equiv (2, 1, -1)$$

एवं $\vec{F} = 2\hat{i}+3\hat{j}+5\hat{k}$ (चित्र 4.15)

तब, हम जानते है बिंदु O के परितः बल आघूर्ण सूत्र $\overrightarrow{OA}\times\vec{F}$ से दिया जाता है।

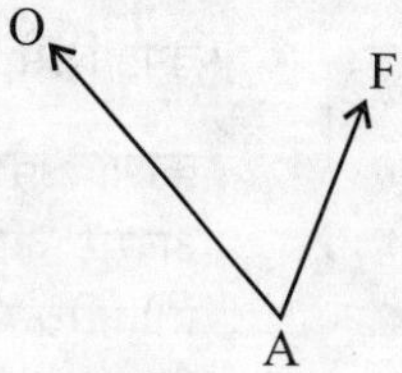

चित्र 4.15: बल आघूर्ण का उदाहरण

यहाँ
$$\overrightarrow{OA} = (2\hat{i}+\hat{j}-\hat{k})-(\hat{i}+\hat{k})$$
$$= \hat{i}+\hat{j}-2\hat{k}$$

$$\therefore \quad \overrightarrow{OA}\times\vec{F} = \begin{vmatrix} \hat{i} & \hat{j} & \hat{k} \\ 1 & 1 & -2 \\ 2 & 3 & 5 \end{vmatrix}$$

$$= \hat{i}(5+6)-\hat{j}(5+4)+\hat{k}(3-2) = 11\hat{i}-9\hat{j}+\hat{k}$$

उदाहरण 16: चित्र 4.16 में दर्शाए गए बल का बिन्दुओं O और A के परितः आघूर्ण ज्ञात कीजिए।

हलः बिंदु O के परितः आघूर्ण,

$$\vec{\tau} = \vec{r_0}\times\vec{F},\ \vec{r_0} = \hat{i}+\hat{j},\ \vec{F} = 2\hat{i}+\hat{j}$$

$$\therefore \quad \vec{\tau} = (\hat{i}+\hat{j})\times(2\hat{i}+\hat{j})$$

$$\therefore \quad = \begin{vmatrix} \hat{i} & \hat{j} & \hat{k} \\ 1 & 1 & 0 \\ 2 & 1 & 0 \end{vmatrix} = -2\hat{k}$$

$$= \hat{k}(1-2) = -\hat{k}$$

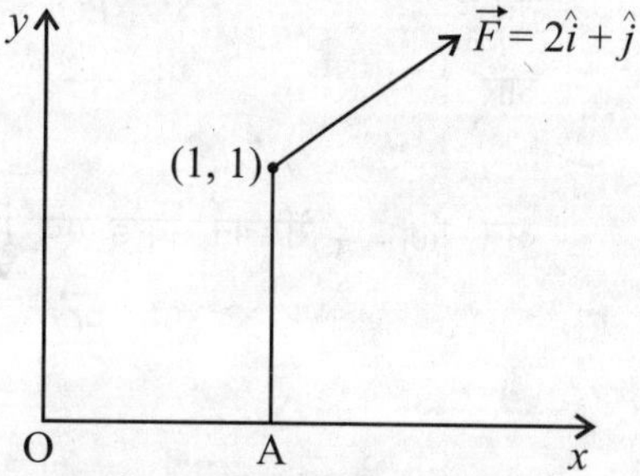

चित्र 4.16: बल आघूर्ण का उदाहरण

बिंदु A के परितः आघूर्ण,

$$\vec{\tau} = \vec{r_a}\times\vec{F}, \vec{r_a} = \hat{j} \text{ और } \vec{F} = 2\hat{i}+\hat{j}$$

$$\Rightarrow \quad \vec{\tau} = \hat{j}\times(2\hat{i}+\hat{j})$$

$$\therefore \quad = \begin{vmatrix} \hat{i} & \hat{j} & \hat{k} \\ 0 & 1 & 0 \\ 2 & 1 & 0 \end{vmatrix} = -2\hat{k}$$

2. **कोणीय वेग:** किसी पिंड का कोणीय वेग वृत्तीय गति में उस पिंड के समय सापेक्ष कोणीय विस्थापन θ के परिवर्तन की दर के रूप में परिभाषित किया जाता है। एक विमीय अन्तरिक्ष में हम रैखिक गति, रैखिक विस्थापन (x) रैखिक वेग (v), जहाँ $v = \frac{dx}{dt}$ की बात करते हैं, इसी प्रकार द्विविमीय अन्तरिक्ष में इकाई समय और पिंड के कोणीय विस्थापन θ के सापेक्ष वृत्तीय गति की बात करते हैं तो कोणीय वेग, जिसे ओमेगा ω द्वारा निरुपित किया जाता है, $\omega = \frac{d\theta}{dt}$ होगा।

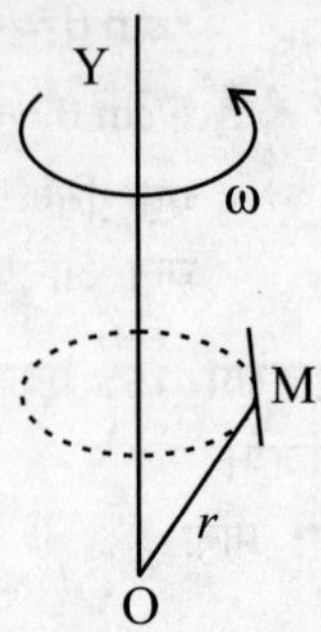

चित्र 4.17: कोणीय वेग

कोणीय वेग का SI मात्रक रेडियन प्रति सेकंड है।

अक्सर कोणीय वेग को परिक्रमण प्रति सेकंड (rev/s) के रूप में भी दिया जाता है। परिक्रमण को रेडियन प्रति सेकंड मं रूपांतरण 1 परिक्रमण $= 22\pi$ रेडियन से दिया जाता है।

रैखिक और कोणीय वेग के बीच संबंध: जब एक कठोर पिंड कोणीय वेग ω से एक निश्चित रेखा OA के परितः घूर्णन करता है, तब कण M का रैखिक वेग v निम्न सूत्र द्वारा गया है $v = \omega \times r$, जहाँ $r = \overrightarrow{OM}$ (O के सापेक्ष कण का स्थिति सदिश) (चित्र 4.17) एवं $\omega = |\omega| \times$ (OY सापेक्ष इकाई सदिश)।

उदाहरण 17: एक वस्तु की कोणीय गति 4 rad/s है और उसकी घूर्णन अक्ष बिंदुओं (1, 2, 1) और (2, 2, –1) से होकर गुजरती है। तब बिंदु $M(2, 1, 3)$ पर कण का वेग ज्ञात कीजिए।

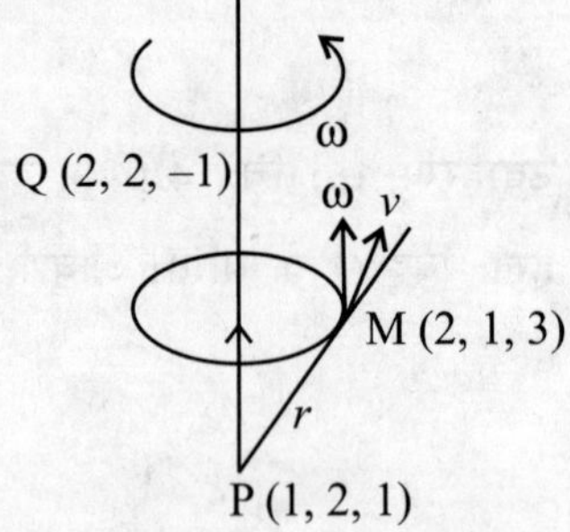

चित्र 4.18: कोणीय वेग का उदाहरण

हल: स्पष्टतः

$$\overrightarrow{OP} = \hat{i} + 2\hat{j} + \hat{k}$$

$$\overrightarrow{OQ} = 2\hat{i} + 2\hat{j} - \hat{k}$$

तब

$$\overrightarrow{PQ} = \hat{i} - 2\hat{k} \, |\overrightarrow{PQ}| = \sqrt{1+4} = \sqrt{5}$$

और

$$\vec{r} = \overrightarrow{PM} = (2\hat{i} + \hat{j} + 3\hat{k}) - (\hat{i} + 2\hat{j} + \hat{k})$$

$$= \hat{i} - \hat{j} + 2\hat{k}$$

अब, $|\omega| = 4$ रेडियन/सेकंड एवं PQ के सापेक्ष इकाई सदिश

$$\overrightarrow{PQ} = \frac{\overrightarrow{PQ}}{|\overrightarrow{PQ}|} \text{ (चित्र 4.18)}$$

∴

$$\omega = \frac{4}{\sqrt{5}}(\hat{i} - 2\hat{k})$$

अतः

$$v = \omega \times \vec{r}$$

$$= \frac{4}{\sqrt{5}}(\hat{i} - 2\hat{k}) \times (\hat{i} - \hat{j} + 2\hat{k})$$

$$= \frac{4}{\sqrt{5}} \begin{vmatrix} \hat{i} & \hat{j} & \hat{k} \\ 1 & 0 & -2 \\ 1 & -1 & 2 \end{vmatrix}$$

$$= \frac{4}{\sqrt{5}}\left[\hat{i}(-2) - \hat{j}(4) + \hat{k}(-1)\right]$$

$$v = \frac{4}{\sqrt{5}}(-2\hat{i} - 4\hat{j} - \hat{k})$$

$$v = \frac{-4}{\sqrt{5}}(2\hat{i} + 4\hat{j} + \hat{k}) \quad \textbf{उत्तर}$$

विडियो संसाधन [*स्त्रोत:* NCERT]

सदिश और उनका निरूपण

सदिश गुणनफल

दो सदिशों का अदिश गुणनफल

सदिश गुणनफल-2

सदिश बीजगणित के अनुप्रयोग

- अदिश (डॉट) और सदिश (क्रॉस) गुणनफलों का उपयोग क्रमशः किए गए कार्य और बल आघूर्ण ज्ञात करने में किया जाता है।
- एक समान्तर षट्फलक के आयतन की गणना सदिश बीजगणित का उपयोग करके की जा सकती है।
- इसका उपयोग विद्युत चुंबकत्व, जलगतिकी, रक्त प्रवाह, रॉकेट प्रक्षेपण, उपग्रह के पथ के अध्ययन में किया जाता है।
- अदिश (डॉट) और सदिश (क्रॉस) गुणनफलों का उपयोग अंतरिक्ष में दो विमानों के बीच की दूरी और उनके पथों के बीच के कोण की गणना में किया जाता है।
- सदिशों के अदिश गुणन का उपयोग छतों के झुकाव और सूर्य की दिशा के अनुरूप सौर पैनलों की स्थापना हेतु प्रयुक्त गणना में किया जाता है, ताकि अधिकतम बिजली उत्पादन हो सके।

वस्तुस्थिति अध्ययन

एक किसान के पास एक खेत ABCD है, जहाँ A = (1, 1), B = (3, 2), C = (3, 3), D = (2, 3)

एक बच्चा बिंदु $\vec{A}$ से पूर्व की ओर 100 सेमी/सेकंड के वेग से एक खिलौना (कागज का विमान) उड़ाने की कोशिश करता है, लेकिन हवा उत्तर की ओर 40 सेमी/सेकेंड के वेग से चल रही है। खिलौना $\overrightarrow{OP}$ दिशा में परिणामी वेग 30 सेकंड उड़ा। फिर खिलौना 100 सेमी/सेकंड के वेग से $\vec{E}$ से $\vec{F}$ तक 10 सेकंड तक उड़ता रहा और अंत में बिंदु $\vec{F}$ पर गिरा।

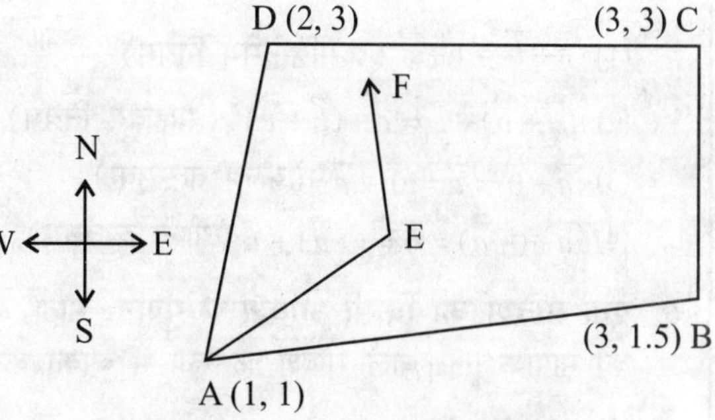

चित्र 4.19: वस्तुस्थिति अध्ययन

उपरोक्त आँकड़ों के आधार पर निम्नलिखित प्रश्नों के उत्तर दीजिए-

1. $\overrightarrow{AB}, \overrightarrow{BC}, \overrightarrow{CD}$ और $\overrightarrow{DA}$ के स्थिति सदिश ज्ञात कीजिये।
2. $\vec{A}$ से $\vec{F}$ परिणामी वेग क्या होगा?
3. $\vec{A}$ से $\vec{F}$ तक विस्थापन ज्ञात कीजिये।
4. $\vec{E}$ से $\vec{F}$ तक परिणामी वेग और विस्थापन क्या है?

परीक्षण कीजिये

Math Works

इकाई 5 के पढ़ाये जाने के पश्चात् का निशुल्क संस्करण डाउनलोड कीजिये एवं परीक्षण कीजिये कि आप सदिशों $\vec{a}=2\hat{i}+3\hat{j}$ तथा $\vec{b}=\hat{i}+4\hat{j}$ की निम्नलिखित संक्रिया कर सकते हैं।

(i) $\vec{a}+\vec{b}$ (ii) $\vec{a}-\vec{b}$ (iii) $\vec{a}\cdot\vec{b}$ (iv) $\vec{a}\times\vec{b}$

अपने परिणाम को पारंपरिक विधि से जाँच कीजिये।

यूनिट सारांश

1. एक दिष्ट रेखाखंड को सदिश कहा जाता है।
2. यदि $\vec{a}=x\hat{i}+y\hat{i}$ तब $|\vec{a}|=\sqrt{x^2+y^2}$
3. सदिशों के योग करने की विपरीत प्रक्रिया सदिशों का वियोजन कहलाती है। ऐसे दो सदिश, जिनका सयुंक्त प्रभाव दिए हुए अकेले सदिश के बराबर हो, दिए हुए सदिश के घटक कहलाते हैं।
4. सदिशों के योग का त्रिभुज नियमः

   यदि $\vec{a}=a_1\hat{i}+a_2\hat{j}, \vec{b}=b_1\hat{i}+b_2\hat{j}$ तब $\vec{a}+\vec{b}=(a_1+b_1)\hat{i}+(a_2+b_2)\hat{j}$

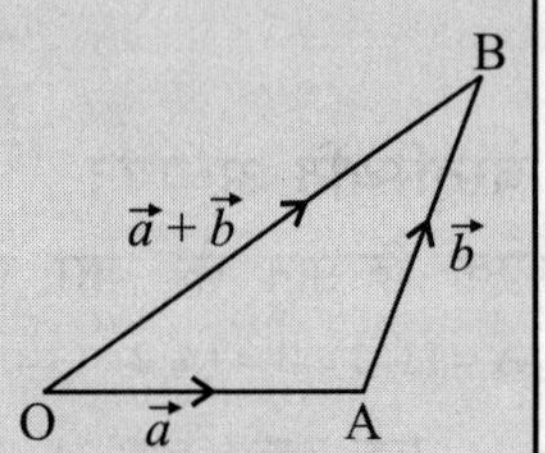

चित्र 4.20: त्रिभुज नियम

5. सदिश योग के गुणधर्म

   (1) $\vec{a}+\vec{b}=\vec{b}+\vec{a}$ (क्रमविनिमेय नियम)

   (2) $(\vec{a}+\vec{b})+\vec{c}=\vec{a}+(\vec{b}+\vec{c})$ (साहचर्य नियम)

   (3) $\vec{a}+\vec{0}=\vec{a}=\vec{0}+\vec{a}$ (योज्य तत्समक)

   (4) $\vec{a}+(-\vec{a})=\vec{0}=(-\vec{a})+\vec{a}$ (योज्य व्युत्क्रम)

6. **एक सदिश का किसी अदिश से गुणनः** माना $\vec{a}$ कोई सदिश तथा m अदिश है। तब हम सदिश $\vec{b}=m\vec{a}$ को मापांक |ma| वाले सदिश के रूप में व्यक्त करते है।
7. **दो सदिशों को व्यवकलन (घटाना):** यदि $\vec{a}=a_1\hat{i}+a_2\hat{j}, b=b_1\hat{i}+b_2\hat{j}$ तब $\vec{a}-\vec{b}=(a_1-b_1)\hat{i}+(a_2-b_2)\hat{j}$
8. **सदिशों के प्रकारः**
   - **शून्य सदिशः** एक सदिश जिसका परिमाण शून्य होता है, शून्य सदिश कहलाता है और इसे 0 से प्रदर्शित किया जाता है।

- **सह-आदि (सह-प्रारंभिक) सदिशः** एक ही बिंदु से प्रारंभ होने वाले दो या दो से अधिक सदिश सह-आदि सदिश कहलाते हैं।
- **संरेख सदिशः** दो या दो से अधिक सदिश यदि एक ही रेखा के समान्तर हों तो वे संरेख सदिश कहलाते है, चाहे उनका परिमाण और दिशा कुछ भी हो।
- **स्वतंत्र सदिशः** यदि किसी सदिश का मान केवल उसके परिमाण और दिशा पर निर्भर करता है तथा अंतरिक्ष में उसकी स्थिति स्वतंत्र है, तो इसे स्वतंत्र सदिश कहा जाता है।
- **सह-सीमान्त सदिशः** वे सदिश जो एक ही बिंदु पर समाप्त होते है, सह-सीमान्त सदिश कहलाते हैं।

9. किसी बिंदु का स्थिति सदिश $\vec{r} = x\hat{i} + y\hat{j} + z\hat{k}$ तथा उसका मापांक $|\vec{r}| = \sqrt{x^2 + y^2 + z^2}$ से दिया जाता है।

10. दो सदिशों $\vec{a}$ और $\vec{b}$ का डॉट गुणनफल या अदिश गुणनफल $\vec{a} \cdot \vec{b} = ab\cos\theta$ होता है। यदि $\vec{a} = a_1\hat{i} + b_1\hat{j} + c_1\hat{k}$ और $\vec{b} = a_2\hat{i} + b_2\hat{j} + c_2\hat{k}$, तब $\vec{a} \cdot \vec{b} = a_1a_2 + b_1b_2 + c_1c_2$

    अनुप्रयोगः किया गया कार्य $\vec{F}.\vec{a} = Fa\cos\theta$

11. दो सदिशों $\vec{a}$ और $\vec{b}$ का क्रॉस गुणनफल या सदिश गुणनफल एक सदिश राशि होती है जिसे $\vec{a} \times \vec{b}$ से निरुपित किया जाता है, अतः $\vec{a} \times \vec{b} = |\vec{a}||\vec{b}|\sin\theta\hat{n}$ जिसका परिमाण $|\vec{a} \times \vec{b}| = ab\sin\theta$ होता है। माना $\vec{a} = a_1\hat{i} + a_2\hat{j} + a_3\hat{k}$ और $\vec{b} = b_1\hat{i} + b_2\hat{j} + b_3\hat{k}$ तब

$$\vec{a} \times \vec{b} = \begin{vmatrix} \hat{i} & \hat{j} & \hat{k} \\ a_1 & a_2 & a_3 \\ b_1 & b_2 & b_3 \end{vmatrix}$$

अनुप्रयोगः

- बिंदु O के पारित बल आघूर्ण $\vec{F} = \overrightarrow{OA} \times \vec{F}$, जहाँ A वह बिंदु है जिस पर बल $\vec{F}$ आरोपित है।
- कोणी वेग $v = \omega \times r$

अभ्यास

विषयात्मक प्रश्न

1. एक कार्तीय निर्देशांक प्रणाली में एक कण की स्थिति (3, 2, 5) है। इसका स्थिति सदिश ज्ञात कीजिये। [**उत्तरः** $3\hat{i} + 2\hat{j} + 5\hat{k}$]
2. यदि एक कण बिंदु P(2, 3, 5) से बिंदु Q(3, 4, 5) तक गतिमान है। तब इसका विस्थापन सदिश ज्ञात कीजिए। [**उत्तरः** $\hat{i} + \hat{j}$]
3. सदिश $A = \hat{i} + \hat{j}$ द्वारा X-अक्ष के साथ बनाया गया कोण ज्ञात कीजिए। [**उत्तरः** 45°]

4. m kg की कोई वस्तु v m/s की गति से एक कोण θ पर दीवार से टकराती है और उसी गति और कोण से वापस पलटती है। वस्तु के संवेग में परिवर्तन के परिमाण की गणना कीजिए।

[उत्तर: $2m\, v\cos\theta$]

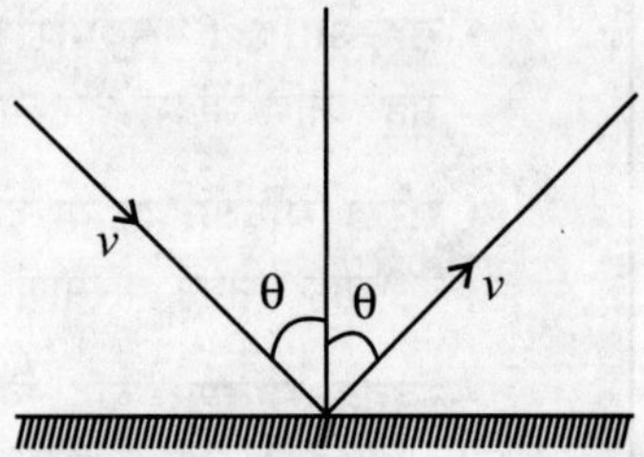

चित्र 4.21: गति के कारण परावर्तन

5. सिद्ध कीजिये कि तीन सदिश $\vec{A} = 3\hat{i} - 2\hat{j} + \hat{k}$, $\vec{B} = \hat{i} - 3\hat{j} + 5\hat{k}$ और $\vec{C} = 2\hat{i} + \hat{j} - 4\hat{k}$ समकोण त्रिभुज बनाते है।

6. यदि $|\vec{A} \times \vec{B}| = |\vec{A} \cdot \vec{B}|$ तब सिद्ध कीजिये कि $\vec{A}$ और $\vec{B}$ परस्पर $45°$ का कोण बनाते है।

वस्तुनिष्ठ प्रश्न

1. बिंदु $\vec{r} = (3\hat{i} + 2\hat{j} + 3\hat{k})$m पर आरोपित बल $\vec{F} = (2\hat{i} - 3\hat{j} + 4\hat{k})$N का बल आघूर्ण है-

   (*a*) $(3\hat{i} - 6\hat{j} - 13\hat{k})$N.m (*b*) $(17\hat{i} + 6\hat{j} - \hat{k})$N.m

   (*c*) $(17\hat{i} - 6\hat{j} - 13\hat{k})$N.m (*d*) 0

   [उत्तर: (*c*) संकेत $\vec{\tau} = \vec{r} \times \vec{F}$]

2. यदि $\vec{a} = 3\hat{i} + \hat{j} + 2\hat{k}$ एवं $\vec{b} = 2\hat{i} - 2\hat{j} + 4\hat{k}$ तब $\vec{a} \times \vec{b} = ?$

   (*a*) 0 (*b*) $\hat{i} + \hat{j} + \hat{k}$

   (*c*) $17\hat{i} + 6\hat{j} + \hat{k}$ (*d*) $8\hat{i} - 8\hat{j} - 8\hat{k}$

   [उत्तर: (*d*)]

3. यदि कोणीय वेग $\omega = 3\vec{k}$ एवं त्रिज्या $r = 3\hat{j}$ तब रैखिक वेग होगा।

   (*a*) $\hat{i}$ (*b*) 0

   (*c*) $-9\hat{i}$ (*d*) $7\hat{j}$

   [उत्तर: (*c*)]

4. यदि $\vec{F} = 2\hat{i}, \vec{r} = 3\hat{j}$, तब बल आघूर्ण होगा

   (*a*) $3\hat{k}$ (*b*) 0

   (*c*) $4\hat{j}$ (*d*) $-6\hat{k}$

   [उत्तर: (*d*)]

5. यदि सदिश $\vec{a} = 2\hat{i} + 3\hat{j} - \hat{k}$ और $\vec{b} = -4\hat{i} - 6\hat{j} + \lambda\hat{k}$ परस्पर समान्तर है तो λ का मान होगा–

   (*a*) 0 (*b*) 4

   (*c*) –9 (*d*) 2

   [उत्तर: (*d*)]

6. यदि सदिश $2\hat{i} + 3\hat{j} + 8\hat{k}$ सदिश $4\hat{j} - 4\hat{i} + \alpha\hat{k}$ के लंबवत है तो α होगा–

   (*a*) 1 (*b*) 1/3

   (c) 1/2 (*d*) 3

   [उत्तर: (*c*)]

7. यदि सदिश $\vec{A}, \vec{B}, \vec{C}$ के परिमाण क्रमशः 3,4 और 5 इकाई है और यदि $\vec{A} + \vec{B} = \vec{C}$, तब $\vec{A}$ और $\vec{B}$ के बीच का कोण होगा–

   (*a*) 60° (*b*) 90°

   (*c*) 0° (*d*) 45°

   [उत्तर: (*b*)]

8. यदि सदिश $\vec{P}, \vec{Q}$ और $\vec{R}$ के परिमाण क्रमशः 5, 12 और 13 इकाई है तथा $\vec{P}+\vec{Q}=\vec{R}$, तब $\vec{Q}$ और $\vec{R}$ के बीच का कोण होगा–

(a) $\cos^{-1}\frac{3}{5}$ (b) $\cos^{-1}\left(\frac{12}{13}\right)$

(c) $\sin^{-1}\left(\frac{12}{13}\right)$ (d) $\sin^{-1}\left(\frac{5}{13}\right)$ **[उत्तर:** (b)]

9. सदिशो $\hat{i}-2\hat{j}+2\hat{k}$ और $2\hat{i}+\hat{j}-\hat{k}$ में कौन सा सदिश जोड़ा जाना चाहिए कि परिणामी सदिश X-अक्ष के अनुदिश एक इकाई सदिश हो?

(a) $(-2\hat{i}+\hat{j}-\hat{k})$ (b) $\hat{j}+\hat{k}$

(c) $3\hat{i}+\hat{k}$ (d) $2\hat{i}-\hat{j}+\hat{k}$ **[उत्तर:** (a)]

10. यदि $\vec{A}=4\hat{i}-3\hat{j}$ और $\vec{B}=6\hat{i}+8\hat{j}$ है तब $\vec{A}+\vec{B}$ का परिमाण एवं दिशा क्रमशः $5\sqrt{5}$ एवं $\tan^{-1}\frac{1}{2}$ होंगे। (सही/गलत)

[उत्तर: सही]

लघु परियोजना

प्रत्येक पाँच विद्यार्थियों का एक समूह बनाएँ। सदिशो का एक कोलाज बनाइये जिसमें निम्नलिखित बिंदु शामिल हों:

(a) उपयुक्त उदाहरणों के साथ सदिशों की सचित्र परिभाषा।

(b) सदिश योग, सदिश व्यवकलन, सदिश डॉट गुणनफल और सदिश क्रॉस गुणनफल की विस्तृत दृश्य व्याख्या।

(c) एक द्विविमीय सदिश के आयताकार नियोजन की दृश्य प्रस्तुति।

आपके विषय शिक्षक कोलाज का मूल्यांकन करेंगे और उस समूह को प्रशंसा पत्र देंगे जिस समूह ने सबसे अच्छा प्रदर्शन किया है।

गतिविधि

अपने घर के पास अपना पसंदीदा गंतव्य चुनें। उस जगह पर चलें। अब अपने पथ का स्केल्ड सदिशीय चित्रण कीजिये। आपके पहले सदिश का आदि बिंदु आपका आरंभिक स्थान अर्थात् आपका घर होना चाहिए। प्रत्येक क्रमिक सदिश के आदि बिंदुओं को पिछले सदिश के सीमांत बिंदु से जोड़े। प्रत्येक दिशात्मक दूरिक सदिश इस प्रकार बनाये ताकि कागज पर फिट हो सके। प्रारंभिक बिंदु से अंतिम बिंदु तक परिणामी सदिश ज्ञात कीजिये।

अधिक जानिए

सदिश योग का बहुभुज नियम–इसमें कहा गया है कि यदि एक समय में एक कण पर कार्य करने वाले दो या दो से अधिक सदिशों को किसी बहुभुज की क्रमागत भुजाओं द्वारा प्रदर्शित किया जाता है। तो बहुभुज को बन्द करने वाली अंतिम भुजा विपरीत क्रम में परिणामी सदिश को प्रदर्शित करती है। यह नियम योग के त्रिभुजाकार नियम का ही विस्तार है। ज्यामितीय रूप से, यह चित्र में दिखाया गया है।

परिणामी $\vec{r} = \vec{a} + \vec{b} + \vec{c} + \vec{d}\ (\overrightarrow{OS})$

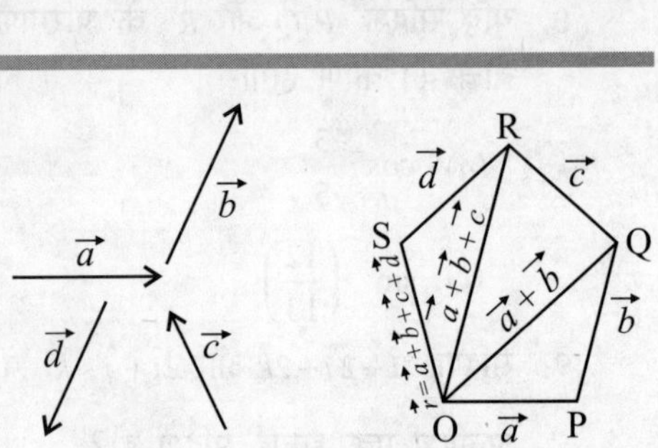

चित्र 4.22: सदिश योग का बहुभुज नियम

सन्दर्भ एवं अध्ययन हेतु सुझाव

- Narayan Shanti, Mittal P.K. (1954), Vector Algebra, S.Chand & Co.
- NCERT (2007) Mathematics Text book XII Part II
- Chatterji P.N. (1998), Vector Algebra, Rajhans Press.
- Spiegel R Murray (1974), Vector Analysis, Schaum's Outline Series McGraw-Hill.

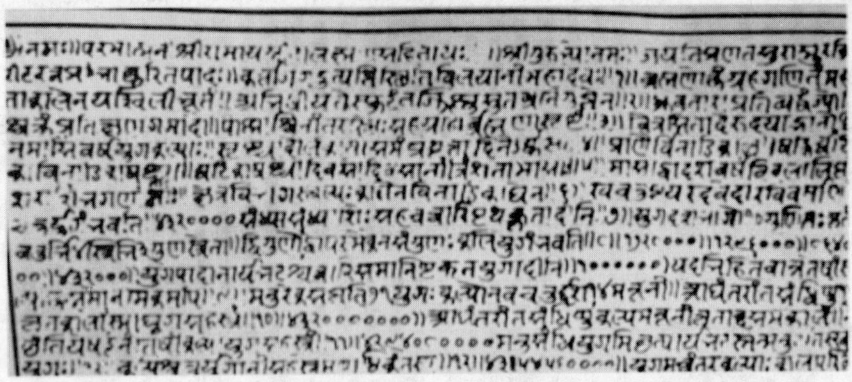

ब्रह्मगुप्त द्वारा रचित ''ब्रह्मस्फुतासिधांता'' के प्रारंभिक श्लोकों का एक अंश।
पुस्तक में कुल 24 अध्याय और 1008 श्लोक (गणित और ज्योतिष पर) हैं।
स्त्रोत: संसार के महान गणितज्ञ द्वारा मुले गुणाकर (1992), राजकमल प्रकाशन।

5 अवकल समीकरण

यूनिट विशिष्ट

इस यूनिट में प्रथम कोटि एवं प्रथम घात के अवकल समीकरणों का चर पृथक्करणीय विधि द्वारा सरल तरीके से हल करने के सम्बन्ध में विस्तार से चर्चा की गई है। उपयुक्त सचित्र उदाहरणों के साथ मैटलेब (MATLAB) का प्रारंभिक परिचय भी प्रस्तुत किया गया है।

भूमिका

विज्ञान, अभियांत्रिकी, भौतिकी, रसायन विज्ञान, जीव विज्ञान, अर्थशास्त्र और अन्य विषयों से संबंधित विभिन्न निकायों (प्रणालियों) के गणितीय प्रतिरूपण (मॉडलिंग) में अवकल समीकरण बहुत महत्त्वपूर्ण हैं। गणितीय प्रतिरूपण (मॉडलिंग) में वह निकाय जो गतिशील हैं अर्थात् समय (t) के सापेक्ष परिवर्तन दर्शाते हैं, अधिकांशतः उपयोग में लाये जाते हैं। अवकलज को परिवर्तन की दर का पर्याय माना गया है अतः, अवकलज और चर के बीच संबंध, जिन्हें अवकल समीकरण कहा जाता है, के रूप में गणितीय प्रतिरूपण करना आसान होता है। अवकल समीकरणों में हमारे आसपास की घटनाओं की भविष्यवाणी करने की उल्लेखनीय क्षमता होती है।

मैटलेब (MATLAB) दुनिया भर के तकनीकी विशेषज्ञों, अभियंताओं, वैज्ञानिकों और गणितज्ञों द्वारा उपयोग किया जाने वाला एक संगणना मंच (कम्प्यूटिंग प्लेटफॉर्म) है। इसमें कई विशेषताएँ और कार्य हैं, जिनका हम इसके टूलबॉक्स के माध्यम से लाभ उठा सकते हैं। ये टूलबॉक्स उपयोगकर्ताओं को विशेष तकनीक सीखने और लागू करने की अनुमति देते हैं। मैटलेब (MATLAB) एक बहुत ही विकसित मंच (प्लेटफॉर्म) है और साथ ही इसमें उपयोगकर्ता के अनुकूल अंतराफलक (इंटरफेस) है जो इसे और अधिक उपयोगी बनाता है।

इस इकाई में हम अवकल समीकरणों और मैटलेब (MATLAB) के बारे में संक्षेप में अध्ययन करेंगे

पूर्व-अपेक्षित ज्ञान

- कलन का ज्ञान।
- कम्प्यूटर का मूल ज्ञान।

यूनिट-5 अवकल समीकरण	यूनिट आउटकम्स (UOs) यूनिट के पूर्ण अध्ययन के बाद विद्यार्थी निम्न में सक्षम होंगे:
U5-O1	अवकल समीकरणों की संकल्पना; अवकल समीकरणों की कोटि (order) और घात (degree) ज्ञात करना।
U5-O2	प्रथम कोटि एवं प्रथम घात के अवकल समीकरणों को चर पृथक्करणीय विधि से हल करना।
U5-O3	मैटलेब (MATLAB) को समझना; मैटलेब (MATLAB) की विशेषताओं के बारे में एक अवधारणा विकसित होना।
U5-O4	मैटलेब (MATLAB) की मूल बातें आत्मसात करना; मैटलेब (MATLAB) के लाभ और हानि को समझना।

कोर्स आउटकम्स (COs) के साथ यूनिट आउटकम्स (UOs) का परस्पर संबंध

यूनिट-5 आउटकम्स (UOs)	कोर्स आउटकम्स (COs) के साथ अपेक्षित संबंध *(1-कमजोर सहसंबंध; 2-मध्यम सहसंबंध; 3-मजबूत सहसंबंध)*				
	CO-1	CO-2	CO-3	CO-4	CO-5
U5-O1	-	1	-	3	-
U5-O2	-	1	-	3	-
U5-O3	1	-	-	-	3
U5-O4	-	-	-	-	3

5.1 अवकल समीकरण

आप एक समीकरण की अवधारणा से परिचित हैं जो समान मानों वाले दो व्यंजकों के बीच "बराबर (=)" चिह्न के साथ एक गणितीय कथन है। उदाहरण के लिए $x^2 + 2x + 1 = 0$, $4 \sin x + \tan x = 0$, $3x + 2y = 4$ आदि। इस इकाई में, हम उन समीकरणों का अध्ययन करेंगे जिनमें चरों के अतिरिक्त उनके पदों के रूप में अवकलज शामिल होते हैं। ऐसे समीकरणों को अवकल समीकरण कहते हैं। अवकल कलन से आपने सीखा कि किसी फलन का अवकलज कैसे ज्ञात किया जाता है और समाकल कलन से, आप जानते हैं कि एक ऐसा फलन कैसे ज्ञात किया जाए जिसका अवकलज दिया गया है। अतः उक्त के अध्ययन के सहयोग से हम अवकल समीकरणों कि कुछ बुनियादी अवधारणाओं का अध्ययन करेंगे।

5.2 बुनियादी परिभाषाएं/अवधारणाएं

एक समीकरण जिसमें स्वतंत्र चरों के सापेक्ष आश्रित चरों के अवकलज भी शामिल होते हैं, अवकल समीकरण कहलाते हैं। स्वतंत्र चरों की संख्या के आधार पर हम उन्हें निम्नलिखित रूपों में वर्गीकृत कर सकते हैं :

(i) **व्यापक अवकल समीकरण:**

इस तरह के समीकरणों में केवल एक स्वतंत्र चर के सापेक्ष, आश्रित चरों का अवकलज होता है।

उदाहरणार्थ: $\frac{dy}{dx} + 4y = \sin x$

यहाँ आश्रित चर y और स्वतंत्र चर x है।

(ii) **आंशिक अवकल समकीण:**

ऐसे समीकरणों में दो या दो से अधिक स्वतंत्र चरों के सापेक्ष एक आश्रित चर का अवकलज होता है।

उदाहरणार्थ: $\frac{\partial z}{\partial x} + 4\frac{\partial z}{\partial y} = 10$

यहाँ z आश्रित चर और x, y स्वतंत्र चर हैं।

इस इकाई में हम अपने अध्ययन को प्रथम कोटि और प्रथम घात के व्यापक अवकल समीकरण तक सीमित रखेंगे।

नोट: सामान्यतः अवकलज के लिए निम्नलिखित संकेत चिह्नों का उपयोग किया जाता है:

$$\frac{dy}{dx} = y' \text{ या } y_1; \frac{d^2y}{dx^2} = y'' \text{ या } y_2; \frac{d^3y}{dx^3} = y''' \text{ या } y_3 ..... \frac{d^ny}{dx^n} = y_n$$

5.2.1 अवकल समीकरण की कोटि और घात

अवकल समीकरण की कोटि को अवकल समीकरण में सम्मलित उच्चतम कोटि के अवकलज की कोटि द्वारा परिभाषित किया जाता है।

जबकि, एक अवकल समीकरण की घात, उस अवकलज के बहुपद समीकरण में उपस्थित उच्चतम कोटि के अवकलज की घात के बराबर होती है, बशर्ते समीकरण में उपस्थित अवकलज भिन्नात्मक घातों एवं करणी चिह्न से मुक्त हो।

रोचक तथ्य

अवकल समीकरण विशेष होते हैं क्योंकि एक अवकल समीकरण का हल अपने आप में एक संख्या के बजाय एक फलन होता है।

उदाहरण के लिए:

क्र.सं.	अवकल समीकरण	कोटि	घात
1.	$\frac{dy}{dx}+y=e^x$	1	1
2.	$\frac{d^2y}{dx^2}+x\frac{dy}{dx}+y=\sin x$	2	1
3.	$\left(\frac{d^3y}{dx^2}\right)^2+\frac{d^2y}{dx^2}+y=10x$	3	2
4.	$\sqrt{\frac{d^2y}{dx^2}}=\frac{d^3y}{dx^3}$	3	2
5.	$\left(\frac{dy}{dx}\right)^2+\cos^2 y=0$	1	2

टिप्पणी: अवकल समीकरण की कोटि और घात हमेशा धनात्मक पूर्णांक होते हैं।

उदाहरण 1: निम्नलिखित अवकल समीकरण की कोटि और घात (यदि परिभाषित है) ज्ञात करो

(1) $\frac{dy}{dx}+4y=\sin x$ (2) $\frac{d^2y}{dx^2}+xy\frac{dy}{dx}+2y=0$

(3) $\frac{d^3y}{dx^3}+\sin\left(\frac{d^2y}{dx^2}\right)+y=\cos x$ (4) $\sqrt{\frac{dy}{dx}}=\frac{d^3y}{dx^2}$

हल:

(1) $\frac{dy}{dx}$ उच्चतम कोटि अवकलज है, इसलिए कोटि 1 है। यहां $\frac{dy}{dx}$ में एक बहुपद समीकरण है और $\frac{dy}{dx}$ की उच्चतम घात एक है, अत: समीकरण की घात एक है।

(2) यहाँ उच्चतम कोटि अवकलज $=\frac{d^2y}{dx^2}$ अत: कोटि $=2$ और यह अवकलजों में एक बहुपद समीकरण है और उसमें उपस्थित उच्चतम कोटि के अवकलज $\frac{d^2y}{dx^2}$ की घात एक है, अत: दी गई अवकल समीकरण की घात 1 है।

(3) यहाँ उच्चतम कोटि अवकलज $=\frac{d^3y}{dx^3}$ इसलिए कोटि $=3$ है लेकिन यह अवकलज का बहुपद समीकरण नहीं है, क्योंकि $\sin\left(\frac{d^2y}{dx^2}\right)$ पद मौजूद है। अतः घात परिभाषित नहीं है।

(4) दिए गए सामान्य अवकल समीकरण को करणी चिह्न से मुक्त बनाने पर $\left(\frac{d^3y}{dx^3}\right)^2=\frac{dy}{dx}$

यहाँ उच्चतम कोटि अवकलज $=\frac{d^3y}{dx^3}$ इसलिए कोटि $=3$ है और यह अवकलजों में एक बहुपद समीकरण है और उसमें उपस्थित उच्चतम कोटि के अवकलज $\frac{d^3y}{dx^3}$ की घात दो है, अतः दी गई अवकल समीकरण की घात 2 है।

5.2.2 व्यापक अवकल समीकरण का हल

कोई भी फलन/वक्र अवकल समीकरण का हल कहलाता है यदि वह समीकरण को संतुष्ट करता है। [अर्थात् यदि समीकरण का वाम पक्ष उसके दाहिने पक्ष के बराबर हो (L.H.S. = R.H.S.)]।

वह हल जिसमें स्वेच्छ अचर होते हैं, अवकल समीकरण का व्यापक हल (या समाकलन या पूर्वज्ञ) कहलाता है। एक अवकल समीकरण का एक अद्वितीय हल या अनेक हल या कोई हल नहीं हो सकता है। n कोटि के अवकल समीकरण के व्यापक (या पूर्ण) हल में n स्वेच्छ अचर होते हैं।

उदाहरण 2: पांचवें कोटि के अवकल समीकरण के व्यापक हल में स्वेच्छिक अचरों की संख्या है:

(*a*) 0 (*b*) 3

(*c*) 4 (*d*) 5

हल: व्यापक हल में स्वेच्छा अचर की संख्या = अवकल समीकरण की कोटि = 5 **[उत्तर:** (*d*)**]**

उदाहरण 3: कोटि 10 के अवकल समीकरण के विशेष हल में स्वेच्छ अचरों की संख्या ज्ञात कीजिए।

हल: अवकल समीकरण के किसी विशेष हल में स्वेच्छ अचरों की संख्या = 0

$\therefore$ उत्तर शून्य है।

रोचक तथ्य

अवकल समीकरण की उत्पत्ति दिनांक 11 नवंबर, 1675 को मानी जाती है, जब जर्मन गणितज्ञ गॉटफ्रीड विल्हेम लैबनिज ने पहली बार सर्वसमिका $\int y\,dy=\frac{1}{2}y^2$ को लिपिबद्ध किया था।

उन्हीं के द्वारा 'चर पृथक्करणीय विधि' प्रथम कोटि की समघात अवकल समीकरण को हल करने की विधि ओर प्रथम कोटि के रैखिक अवकल समकरण को हल करने की विधि, अवकल समीकरण की उत्पत्ति के 25 वर्षों के भीतर ही सूत्रबद्ध की गई थी।

उदाहरण 4: सिद्ध करो कि फलन $y=A\sin x+B\cos x$ अवकल समीकरण $\frac{d^2y}{dx^2}+y=0$ का एक व्यापक हल है (A, B अचर हैं)।

हल: दिया गया अवकल समीकरण $\frac{d^2y}{dx^2}+y=0$ ...(1)

$\therefore y = A\sin x + B\cos x$, (1) का एक व्यापक हल होगा यदि इसके प्रतिस्थापन से वाम पक्ष = दायां पक्ष

माना $y = A\sin x + B\cos x$ ...(2)

समीकरण (2) का अवकलन करने पर

$$\frac{dy}{dx} = A\cos x - B\sin x$$

$$\Rightarrow \quad \frac{d^2y}{dx^2} = -A\sin x - B\cos x \quad ...(3)$$

समीकरण (2) एवं (3) से क्रमशः y एवं $\frac{d^2y}{dx^2}$ का मान (1) में रखने पर

L.H.S. = $-A\sin x - B\cos x + A\sin x + B\cos x$

= 0 = दायां पक्ष

यही सिद्ध करना था।

याद रखिये:

1. फलन एक ऐसा संबंध है जिसमें प्रांत का प्रत्येक अवयव सह-प्रांत के ठीक एक अवयव से सम्बद्ध होता है।
2. अवकलज, स्वतंत्र चर के परिवर्तन पर, उसके फलन के परिवर्तित होने की माप है।

5.2.3 दिए गए व्यापक हल वाले अवकल समीकरण की रचना

माना कि दिया गया व्यापक हल

$$f(x, y, a) = 0 \quad ...(1)$$

जहां a एक स्वेच्छ अचर है, x स्वतंत्र चर है और y आश्रित चर है। संगत अवकल समीकरण प्राप्त करने के लिए, हमें a को विलोपित करना होगा, जिसके लिए हमें दो समीकरणों की आवश्यकता होगी। प्रथम समीकरण (1) द्वारा दिया गया है और दूसरा हम समीकरण (1) को x के सापेक्ष अवकलन करके प्राप्त करते हैं। परिणामस्वरूप हमें $g\left(x, y, \frac{dy}{dx}\right) = 0$ प्राप्त होता है जो वांछित अवकल समीकरण है (जो वक्रों के एक कुल को प्रदर्शित करता है)।

इसी तरह, हम अभीष्ट अवकल समीकरण प्राप्त करने के लिए उपरोक्त विधि को दो, तीन और अधिक स्वेच्छ अचर के लिए बढ़ा सकते हैं। (जितने स्वेच्छ अचर है उतनी ही संख्या में समीकरणों की आवश्यकता होती है)। किसी वक्र कुल को निरूपित करने वाले अवकल समीकरण की कोटि उतनी ही होती है जितने उस वक्र कुल के समीकरण में स्वेच्छ अचर होते हैं।

उदाहरण 5: वक्रों के कुल को निरूपित करने वाला अवकल समीकरण बनाइए, जहाँ a स्वेच्छ अचर है।

हल: दिया गया समीकरण

$$y = ax \quad ...(1)$$

(1) को x के सापेक्ष अवकलन करने पर

$$\frac{dy}{dx} = a \quad ...(2)$$

$\therefore$ (1) एंव (2) से

$$y = x\frac{dy}{dx}$$

$\Rightarrow \quad x\frac{dy}{dx} - y = 0$ जो अभीष्ट अवकल समीकरण है।

5.3 चर पृथक्करणीय विधि द्वारा प्रथम कोटि और प्रथम घात अवकल समीकरण का हल

एक प्रथम कोटि और प्रथम घात अवकल समीकरण को इस प्रकार लिखा जा सकता है:

$$\frac{dy}{dx} = \phi(x, y) \quad ...(1)$$

समीकरण (1) के प्रकार की अवकल समीकरणों को हल करने की कई विधियाँ हैं। यहां हम केवल एक ही विधि का विस्तार से अध्ययन करेंगे, अर्थात् चर पृथक्करणीय विधि।

यदि (1) को निम्न रूप में लिखा जा सकता है

$$f(x)\, dx = g(y)\, dy \quad ...(2)$$

तब हम कहते हैं कि चर पृथक्करण योग्य है। हम ऐसे अवकल समीकरणों को दोनों पक्षों को समाकलित करके हल करते हैं अर्थात् उसका हल

$$\int f(x)dx = \int g(y)dy + c$$ होगा।

जहाँ c समाकलन अचर है।

उदाहरण 6: अवकल समीकरण $(1 + x^2)\, dy = (1 + y^2)\, dx$ को हल कीजिए।

हल: दी गई अवकल समीकरण $(1 + x^2)dy = (1 + y^2)dx.$

$$\Rightarrow \quad \frac{dy}{1+y^2} = \frac{dx}{1+x^2}$$ (चरों का पृथक्करण करने पर)

अब, दोनों पक्षों को समाकलित करने पर,

$$\int \frac{dy}{1+y^2} = \int \frac{dx}{1+x^2} + c$$

$$\Rightarrow \quad \tan^{-1} y = \tan^{-1} x + c$$ **उत्तर**

उदाहरण 7: $\frac{dy}{dx} = e^{x-2y} + x^4 e^{-2y}$ को हल कीजिये।

हल: दी गई अवकल समीकरण

$$\frac{dy}{dx} = e^{x-2y} + x^4 e^{-2y} = (e^x + x^4)\, e^{-2y}$$

चरों का पृथक्करण करने पर,

$$(e^x + x^4)\, dx = e^{2y}\, dy$$

दोनों पक्षों को समाकलित करने पर,

$$\int (e^x + x^4)dx = \int e^{2y} dy + c$$

$$\Rightarrow \quad e^x + \frac{x^5}{5} = \frac{e^{2y}}{2} + c$$ **उत्तर**

रोचक तथ्य

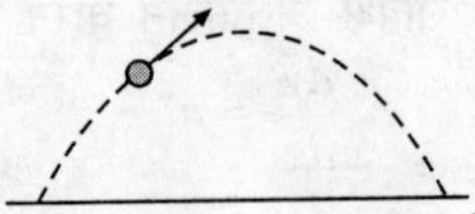

एक तोप से प्रक्षेपित, प्रक्षेप्य द्वारा अनुसरण किया जाने वाला मार्ग एक सामान्य अवकल समीकरण द्वारा प्राप्त वक्र का अनुसरण करता है जो न्यूटन के दूसरे नियम से प्राप्त होता है।

उदाहरण 8: अवकल समीकरण $\log\left(\frac{dy}{dx}\right)=a_1 x+a_2 y$ को हल कीजिये।

हल: दी गई अवकल समीकरण $\log\left(\frac{dy}{dx}\right)=a_1 x+a_2 y$

$$\Rightarrow \quad \frac{dy}{dx} = e^{a_1x+a_2y}$$

$$\Rightarrow \quad \frac{dy}{e^{a_2y}} = e^{a_1x}dx \quad \text{(चरों का पृथक्करण करने पर)}$$

दोनों पक्षों को समाकलित करने पर, $\int\frac{dy}{e^{a_2y}}=\int e^{a_1x}dx+c$

$$\Rightarrow \quad \frac{e^{-a_2y}}{-a_2} = \frac{e^{a_1x}}{a_1}+c$$

$$\Rightarrow \quad \frac{e^{a_1x}}{a_1}+\frac{e^{-a_2y}}{a_2}+c=0$$ **उत्तर**

उदाहरण 9: अवकल समीकरण $5xdy-2ydx=2x^2\,dy$ को हल कीजिए।

हल: दी गई अवकल समीकरण $5xdy-2ydx=2x^2\,dy$

चरों का पृथक्करण करने पर,

$$(5x-2x^2)dy = 2ydx$$

$$\Rightarrow \quad \frac{dy}{2y} = \frac{dx}{x(5-2x)}$$

$$\Rightarrow \quad \frac{dy}{2y} = \frac{1}{5}\left[\frac{1}{x}+\frac{2}{5-2x}\right]dx$$

दोनों पक्षों को समाकलित करने पर,

$$\int\frac{dy}{2y}=\frac{1}{5}\int\left[\frac{1}{x}+\frac{2}{5-2x}\right]dx+\log c$$

$$\Rightarrow \quad \frac{1}{2}\log y=\frac{1}{5}\left[\log x+\frac{2}{-2}\log(5-2x)\right]+\log c$$

$$\Rightarrow \quad \log\sqrt{y}=\frac{1}{5}\left[\log\left(\frac{x}{5-2x}\right)\right]+\log c$$

$$\Rightarrow \quad \sqrt{y}=c\left(\frac{x}{5-2x}\right)^{1/5}$$ **उत्तर**

5.4 मैटलेब (MATLAB): एक परिचय

मैटलेब (MATLAB), **Mat**rix **Lab**oratory का संक्षिप्त नाम है। MATLAB (मैटलेब) तकनीकी और गणितीय गणनाओं के लिए एक उच्च स्तरीय बहु-प्रतिमान भाषा है। प्रथमत: इसे क्लीव मोलर द्वारा 1970 के दशक में गणित के शिक्षण उपकरण के रूप में बनाया गया था। बाद में 1980 में मैटलेब (MATLAB) को एक वाणिज्यिक उत्पाद के रूप में जारी किया गया था। इसमें तकनीकी संगणना, ग्राफिकल मल्टी-डोमेन सिमुलेशन, एनिमेशन आदि के लिए सैकड़ों अंतर्निहित कार्यों के साथ एक संवादात्मक होता है। मैटलेब (MATLAB) का उपयोग दुनिया भर में विशेष रूप से अभियंताओं, वैज्ञानिकों, तकनीकी विशेषज्ञों द्वारा आंकड़ों (डेटा) का विश्लेषण करने, एल्गोरिदम को विकसित करने तथा मॉडल बनाने के लिए किया जाता है।

MATLAB का प्रतीक

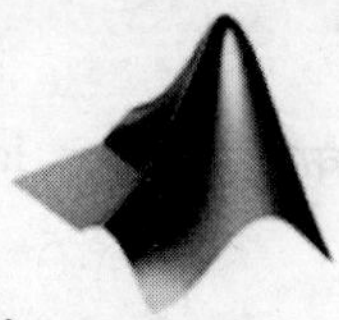

(स्त्रोत: www.mathworks.com)

MATLAB का प्रतीक चिन्ह एक त्रि-आयामी एल-आकार की झिल्ली है। यह तरंग समीकरण का एक अभिलक्षणिक फलन है, तरंग समीकरण गणितीय भौतिकी में एक मौलिक मॉडल है जो पदार्थ के माध्यम से हमारी विघ्न यात्रा का वर्णन करता है।

5.4.1 मुख्य विशेषताएँ

मैटलेब (MATLAB) की कुछ प्रमुख विशेषतायें निम्नलिखित हैं–

- मूलरूप से मैटलेब (MATLAB) का निर्माण आव्यूह पर आधारित है।
- **लाइव सम्पादक (एडिटर):** इसमें स्क्रिप्ट बनाने के लिए लाइव संपादक होता है जो एक निष्पादन योग्य नोटबुक में कोड, उत्पाद और स्वरूपित अक्षरों को जोड़ता है।

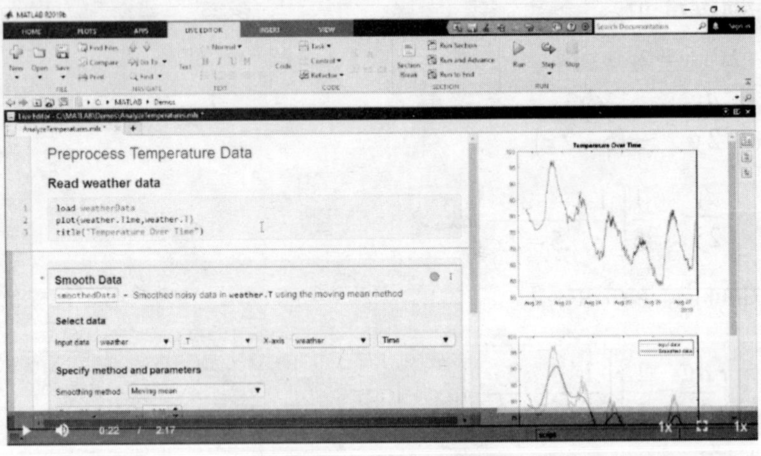

चित्र 5.1: लाइव संपादक
(स्त्रोत: www.mathworks.com)

- **प्लेटफॉर्म से स्वतंत्र:** यह विंडोज, मैकिन्टोश, लिनक्स, यूनिक्स आदि प्लेटफॉर्मों पर कार्य कर सकता है।
- मैटलेब (MATLAB) में इनमें से किसी भी प्लेटफॉर्म पर लिखा गया प्रोग्राम दूसरे पर भी चलेगा।
- इसके टूलबॉक्स पेशेवर रूप से विकसित और पूरी तरह से प्रलेखित है।
- मैटलेब (MATLAB) में संवादात्मक (इंटरेक्टिव) ऐप्स हैं जिसके माध्यम से हम वांछित परिणाम प्राप्त होने तक अपने डेटा को पुन: सक्रिय कर सकते हैं, उसके बाद स्वचलित रूप से हमारे काम से संबंधित मैटलेब (MATLAB) प्रोग्राम बना सकते हैं।

- यह तैयार विश्लेषण को मापता है और कोड को फिर से लिखने या बिग डेटा प्रोग्रामिंग सीखने (या जटिल तकनीकों को याद रखने) की आवश्यकता नहीं होती है।
- **डेटा विश्लेषणः** मैटलेब (MATLB) में हजारों पूर्वनिर्मित कार्यों का उपयोग वित्त, चिकित्सा आदि जैसे विविध क्षेत्रों में जटिल तिथि समूह (जो महत्त्वपूर्ण भी होता है!) को व्यवस्थित, साफ और विश्लेषण करने के लिए किया जा सकता है। इसके बाद इसे मैटलेब (MATLAB) लाइव संपादक का उपयोग करके प्रलेखित किया जा सकता है और इसे पीडीएफ, एमएस वर्ड, लेटेक और एचटीएमएल प्रारूप में परिवर्तित कर सकते हैं।
- **ग्राफिक्सः** हम मैटलेब (MATLAB) में बिल्ट-इन प्लॉट्स का उपयोग करके डेटा की कल्पना कर सकते हैं। यह अंतर्निहित पैटर्न और प्रवृत्तियों की पहचान करने में मदद करता है। इन्हें परिवर्तित और साझा भी किया जा सकता है।

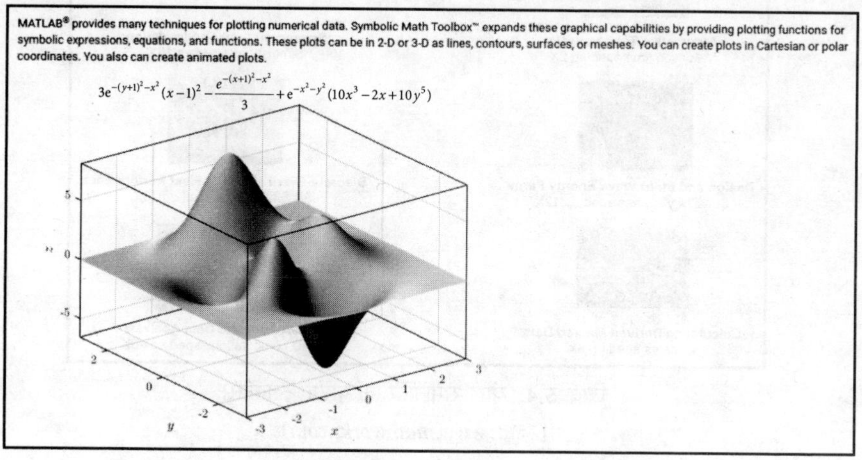

चित्र 5.2: ग्राफिक्स

(स्त्रोत: www.mathworks.com)

- **एल्गोरिथम विकासः** यह हमें C, C++ या फोरट्रान जैसी अन्य भाषाओं की तुलना में शीघ्रता से हमारे विचारों को एल्गोरिदम में बदलने की सुविधा प्रदान करता है। बड़े पैमाने पर इन एल्गोरिदम का परीक्षण और सत्यापन, साझा और वितरित किया जा सकता है और साथ ही इनका परिनियोजन भी किया जा सकता है।
- **ऐप बिल्डिंगः** मैटलेब (MATLAB) में ऐप डिजाइनर एक पेशेवर सॉफ्टवेयर डेवलपर होने के बिना किसी को भी पेशेवर ऐप (डेस्कटॉप और वेब ऐप) बनाने की अनुमति देता है। ये ऐप्स (रॉयल्टी मुक्त) साझा भी किए जा सकते हैं।

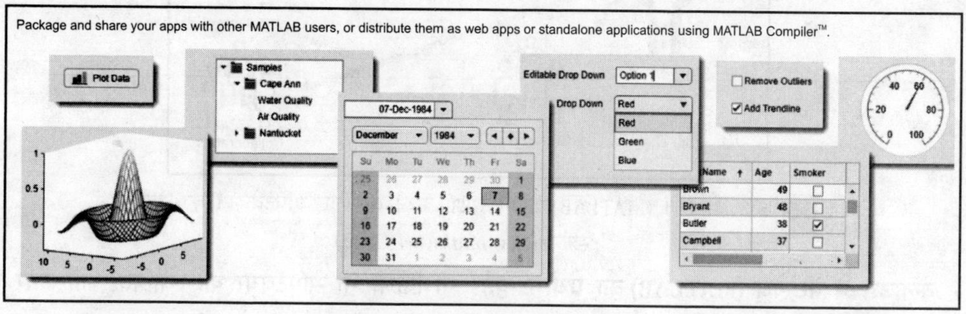

चित्र 5.3: ऐप बिल्डिंग

(स्त्रोत: www.mathworks.com)

- मैटलेब (MATLAB) का उपयोग अन्य भाषाओं (Computer Language) जैसे C, C++, फोरट्रान, जावा, पाइथन, COM घटक और एप्लिकेशन (.NET) आदि के साथ भी किया जा सकता है। मैटलेब (MATLAB) की यह विशेषता समूह के रूप में काम करने (टीम वर्क) में मदद करती है, क्योंकि इसके उपयोग से विभिन्न प्रोग्रामिंग भाषाओं का उपयोग करने वाली टीमें एक साथ काम कर सकती हैं।
- **समानांतर कम्प्यूटिंग:** यह टूलबॉक्स मल्टीकोर डेस्कटॉप, ग्राफिक प्रोसेसिंग यूनिट (जीपीयू), कम्प्यूटर कलस्टर का उपयोग करके बड़े पैमाने पर गणना करने में मदद करता है। जिन सिमुलेशन में महीनों लग जाते थे, वे कुछ ही दिनों में इस टूल से तैयार हो जाते हैं।

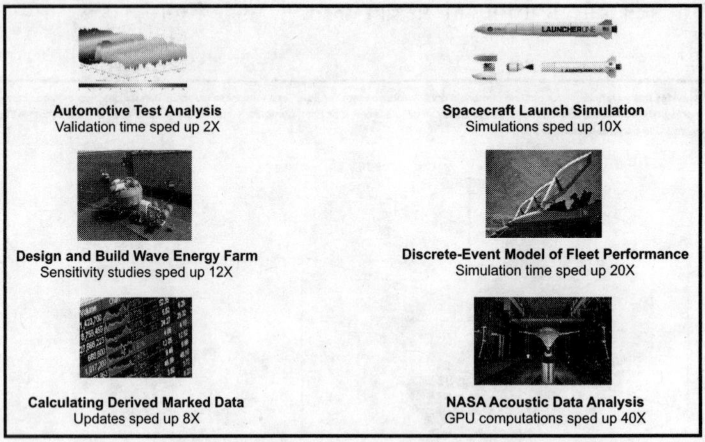

चित्र 5.4: कुछ समानांतर कंप्यूटिंग टूलबॉक्स

(स्त्रोत: www.mathworks.com)

- **वेब और डेस्कटॉप परिनियोजन:** यह एप्लिकेशन उन लोगों के साथ मैटलेब (MATLAB) में किए गए कार्य को साझा करने में मदद करता है जिनके पास मैटलेब (MATLAB) नहीं है।

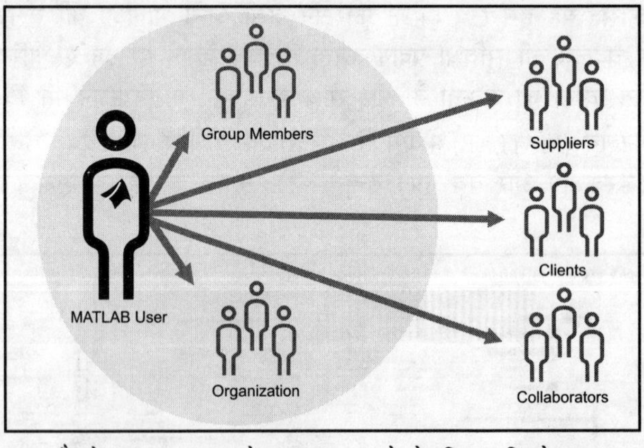

चित्र 5.5: मैटलेब (MATLAB) प्रोग्राम साझा करने के लिए एप्लिकेशन का उपयोग

(स्त्रोत: www.mathworks.com)

- **क्लाउड में मैटलेब (MATLAB) का प्रयोग:** कोई भी किसी भी सॉफ्टवेयर को स्थापित, कॉन्फिगर या प्रबंधित किए बिना वेब ब्राउजर में मैटलेब (MATLAB) का उपयोग कर सकता है। मैटलेब (MATLAB) ड्राइव किसी की फाइलों को कहीं से भी स्टोर करने, एक्सेस करने और काम करने में मदद करता है।

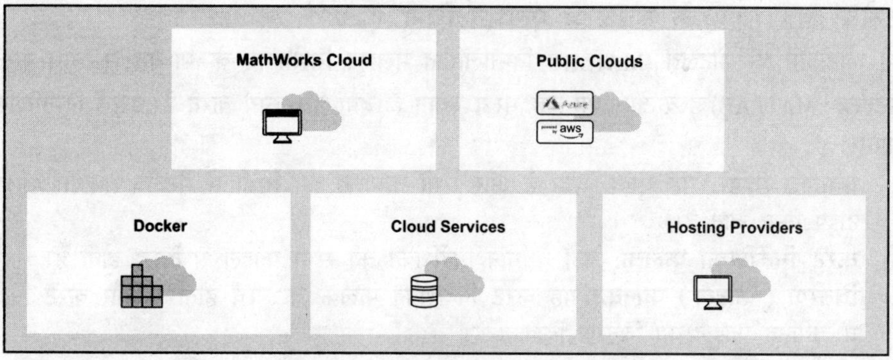

चित्र 5.6: विभिन्न क्लाउड वातावरण

(स्त्रोत: www.mathworks.com)

- मैटलेब (MATLAB) की कुछ विशेषताओं को नीचे दिये चित्र 5.7 से समझा जा सकता हैं:

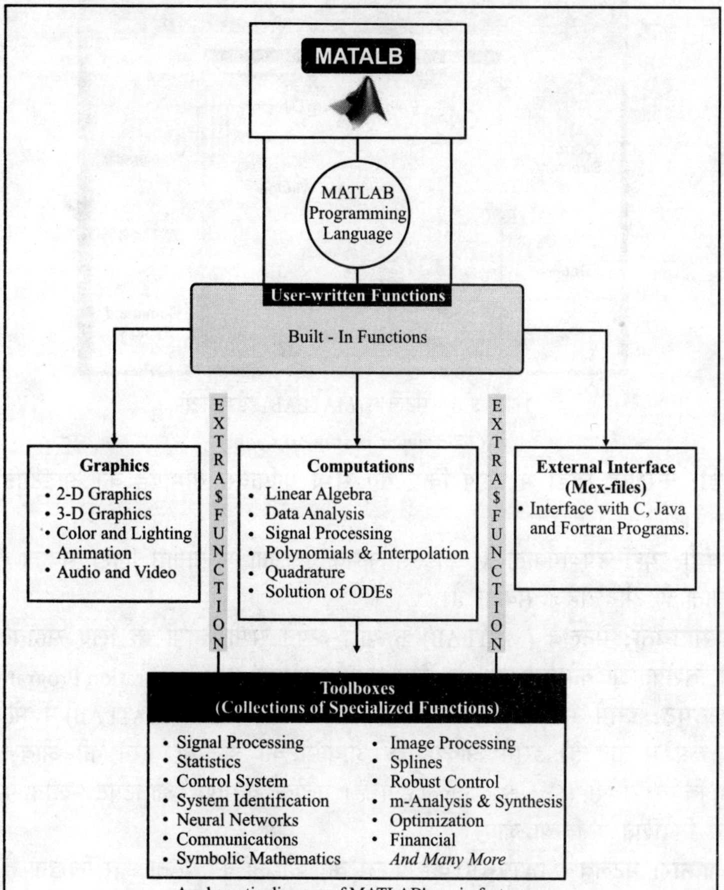

A schematic diagram of MATLAB's main features.
Source: Getting started with Matlab by Rudra Pratap

चित्र 5.7: मैटलेब की मुख्य विशेषताओं का योजनाबद्ध आरेख

5.4.2 मैटलेब (MATLAB) के संबंध में मूलभूत बिन्दु

लगभग सभी प्लेटफॉर्म पर, मैटलेब (MATLAB) निम्नलिखित मूलभूत विशेषताएं के माध्यम से काम करता है:

1. **मैटलेब (MATLAB) डेस्कटॉप:** यह वह मुख्य स्थान है जहां हम कार्य करते हैं। इसमें निम्नलिखित सब-विंडो शामिल हैं:
   (*a*) **कमाण्ड विंडो:** यह मुख्य विंडो है और सभी कमाण्ड इस विंडो में मैटलेब (MATLAB) प्रॉम्प्ट (>>) में टाइप किए जाते हैं।
   (*b*) **करंट निर्देशिका फलक:** यहाँ वर्तमान निर्देशिका की सभी फाइलें सूचीबद्ध होती हैं।
   (*c*) **वितरण (फाइल) फलक:** यह करंट निर्देशिका फलक के नीचे होती है और करंट निर्देशिका फलक में चयनित फाइल का वितरण दिखाता है।
   (*d*) **कार्यक्षेत्र फलक:** यह उपयोगकर्ता द्वारा बनाये गए सभी चरों को सूचीबद्ध करता है।
   (*e*) **कमाण्ड हिस्ट्री फलक:** कमाण्ड विंडो में सभी कमाण्ड टाइप यहां रिकॉर्ड किए जाते हैं।

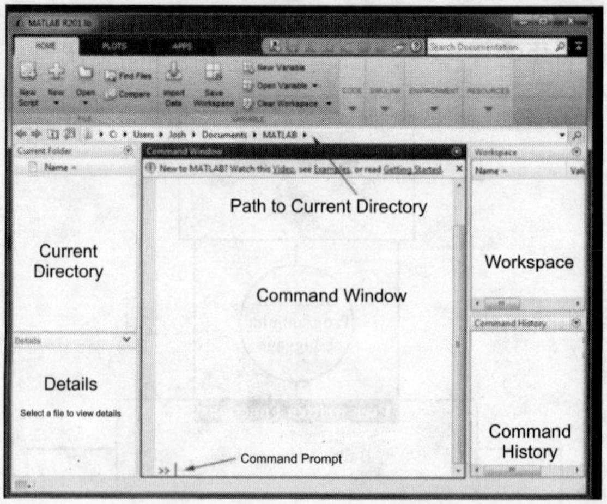

चित्र 5.8: मैटलेब (MATLAB) डेस्काटॉप

(स्त्रोत: www.mathworks.com)

2. **फाइल विंडो:** कमाण्ड विंडो में टाइप किए गए सभी ग्राफिक्स कमाण्ड का आउटपुट यहां एकत्रित (स्टोर) किया जाता है।
3. **संपादक विंडो:** यहां उपयोगकर्ता M-फाइल्स नामक फाइलों में प्रोग्राम लिख सकता है, संपादित कर सकता है, बना सकता है और सहेज सकता है।
4. **ऑनलाइन सहायता:** मैटलेब (MATLAB) के पास अपने सभी कार्यों के लिए सहायता का विकल्प होता है और इसकी विशेषताओं को समझाने के लिए प्रदर्शन प्रोग्राम (Demonstration Programs) भी होता है।
5. **इनपुट आउटपुट:** इसमें संवादात्मक गणना कर सकते हैं। मैटलेब (MATLAB) में मौलिक डेटा एक सरणी/आव्यूह के रूप में होते हैं। इसमें आव्यूह के आयामों का उल्लेख करने की आवश्यकता नहीं है। मैटलेब (MATLAB) विषय-संवेदी (Case Sensitive) होते हैं। प्रत्येक कमाण्ड आउटपुट स्क्रीन पर प्रदर्शित होता है जब तक कि इसे निर्देशित न किया जाए।
6. **फाइल के प्रकार:** मैटलेब (MATLAB) कई प्रकार की फाइलों को पढ़ता और लिखता है। हम यहाँ निम्नलिखित पाँच प्रकारों का अध्ययन करते हैं–
   (*i*) **एम-फाइलें:** इनमें .m एक्सटेंशन होते हैं और ये दो प्रकार की होती हैं: (*a*) स्क्रिप्ट फाइलें और (*b*) फंक्शन फाइलें। अधिकांश प्रोग्राम एम-फाइलों के रूप में सहेजे जाते हैं।

(*ii*) **मैट-फाइलें:** इनमें .mat एक्सटेंशन होते हैं। जब उपयोगकर्ता 'सेव' कमाण्ड के साथ डेटा स्टोर करता है तब ये फाइलें मैटलेब (MATLAB) द्वारा बनाई जाती हैं।

(*iii*) **चित्र (फिग)-फाइलें:** इनमें .fig एक्सटेंशन होते हैं। ये इस फॉर्मेट में किसी फिगर को सेव करके बनाए जाते हैं।

(*iv*) **पी-फाइलें:** इनमें .p एक्सटेंशन होते हैं। ये संकलित एम-फाइलें हैं।

(*v*) **मेक्स-फाइलें:** इनमें .mex होते हैं।

7. **मैटलेब (MATLAB) सत्र समाप्त करना:** मैटलेब (MATLAB) सत्र समाप्त करने के लिए, कमाण्ड विंडो में 'quit' टाइप करते हैं या डेस्कटॉप मुख्य मेनू में 'Exit' मैटलेब (MATLAB) फाइल का चयन करें।
8. मैटलेब (MATLAB) पर विस्तृत विवरण के लिए मैथवर्क्स (Mathworks) की अधिकारिक वेबसाइट देखिये।

टिप्पणी: (MATLAB) के TOOLBOXES: ये मैटलेब (MATLAB) कम्प्यूटिंग वातावरण पर निर्मित कई कार्यों का एक संग्रह है। जैसे-कर्व फिटिंग टूलबॉक्स, 2D प्लॉट बनाना, फोरियर ट्रांसफॉर्म आदि।

उदाहरण 10: किसी सरणी (array) में अदिश जोड़ने का एक उदाहरण दीजिये।

हल: एक सरणी (array) में A बनाते हैं और उसमें अदिश संख्या 4 जोड़ते हैं।

```
>> A = [0, 2; 2, 0]
>> C = A + 4
   C = 4   6
       6   4
```

अदिश संख्या को A की प्रत्येक प्रविष्टि में जोड़ा गया।

उदाहरण 11: 'स्ट्रिंग' (Strings)' जोड़ने का एक उदाहरण दीजिए।

हल: दो 1 × 3 स्ट्रिंग सरणियां (arrays) बनाते हैं और फिर सरणियों (arrays) में समान रूप से स्थित स्ट्रिंग्स को जोड़ते हैं।

```
>>a1 = ["सफेद" "काला" "भूरा"]
  a1 = 1 × 3 स्ट्रिंग
       "सफेद" "काला" "भूरा"
>>a2 = ["फूल" "फूलदान" "मेज"]
  a2 = 1 × 3 स्ट्रिंग
       "फूल" "फूलदान" "मेज"
>> a = a1 + a2
   a = 1 × 3 स्ट्रिंग
       "सफेद फूल" "काले फूलदान" "भूरे रंग की मेज"
```

उदाहरण 12: त्रिविमीय कुण्डलित वक्रता का अंकन कीजिये।

हल: 0 और 10π के बीच के मानों के सदिश t के रूप में परिभाषित करते हैं। st और ct को सदिशों के साइन और कोसाइन मानों से परिभाषित करते हैं। फिर st, ct, और t को निम्न प्रकार प्लॉट करते हैं–

```
>> t = θ; pi/50:10* pi;
>> st = sin (t);
>> ct = cos (t);
>> plot3 (st, ct, t)
```

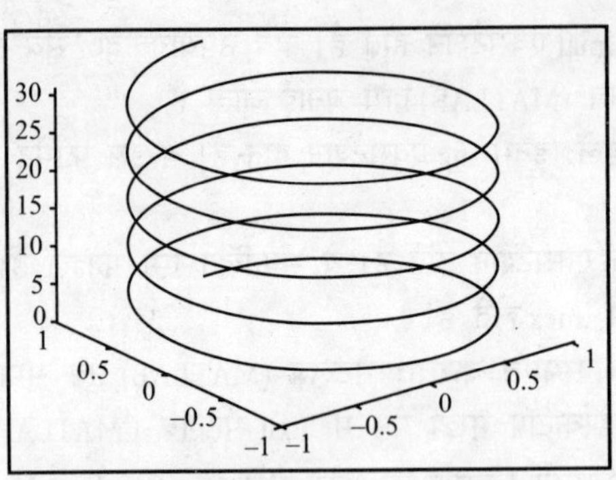

चित्र 5.9: त्रिविमीय कुंडलित वक्रता

(स्त्रोत: www.mathworks.com)

5.4.3 मैटलेब (MATLAB) के लाभ

- इसे कई तरह से इस्तेमाल किया जा सकता है। जैसे-स्थिर छवियों को संसाधित करने और सिमुलेशन वीडियो बनाने से लेकर गणना करने एवं प्रोग्रामिंग आदि में।
- इसमें पूर्व-निर्धारित फंक्शन्स होते हैं, जो इसे उपयोग हेतु आसान बनाते हैं।
- यह कई अलग-अलग प्लेटफार्मों पर प्रदर्शित हो सकता है।
- इसमें तकनीकी पहलुओं को देखने के लिए कई उत्कृष्ट टूल्स हैं।
- इंटरफेस (जीयूआई) को इंटरैक्टिव रूप से डिजाइन करने की अनुमति देता है।
- इसका मैमोरी का प्रबंधन ऑटोमैटिक होता है।
- इसमें बाहरी लाइब्रेरी को उपयोग करने की क्षमता होती है।
- मैटलेब (MATLAB) आयाम वितरण एवं सूचक की आवश्यकता नहीं होती है।
- इसमें अच्छे ऑनलाइन ट्यूटोरियल होते हैं।

5.4.4 मैटलेब (MATLAB) की सीमिततायें

- यह तकनीकी और गणितीय कम्प्यूटिंग के लिए बनाया गया है, अतः यह अन्य क्षेत्रों के लिए लागू नहीं होता है।
- इसमें व्याख्यात्मक भाषा का उपयोग होता है और इसलिए कभी-कभी संकलित भाषा की तुलना में अधिक धीमी गति से निष्पादित होती है। लेकिन इसे प्रोग्राम की उचित संरचना के माध्यम से जांचा जा सकता है।
- बड़ी कम्प्यूटिंग के लिए इसे पर्याप्त मेमोरी वाले तेज कम्प्यूटर की आवश्यकता होती है।

5.4.5 मैटलेब (MATLAB) के लिए कुछ कुंजीपटल की संक्षिप्त रीति (कीबोर्ड शॉर्टकट)

कार्य	कुंजीपटल की संक्षिप्त रीति
अगले दृश्यमान पैनल (Visible Panel) पर जाने के लिए	Ctrl + Tab
पिछले दृश्यमान पैनल (Visible Panel) पर जाने के लिए	Ctrl + Shift + Tab
पैनल में अगले टैब पर जाने के लिए	Ctrl + Page Down
पैनल में पिछले टैब पर जाने के लिए	Ctrl + Page Up

कार्य	कुंजीपटल की संक्षिप्त रीति
एक ओपन टूल को एक्टिव टूल बनाने के लिए	• कमाण्ड विंडो: Ctlr + 0 • कमाण्ड इतिहास (History): Ctrl + 1 • कार्यक्षेत्र: Ctrl +3 • प्रोफाइलर: Ctrl + 4 • चित्र पैलेट: Ctrl + 6 • प्लॉट ब्राउजर: Ctrl + 7 • प्रॉपर्टी संपादक: Ctrl + 8 • संपादक (Editor): Ctrl + Shift + 0 • चित्र (Figures): Ctrl + Shift + 1 • वेब ब्राउज़र: Ctrl + Shift + 2 • चर (Variables) संपादक: Ctrl + Shift + 3 • तुलना टूल: Ctrl + Shift + 4 • सहायता ब्राउज़र: Ctrl + Shift+5 macOS सिस्टम पर, कंट्रोल कुंजी के स्थान पर कमाण्ड कुंजी (Command Key) का उपयोग करें।
वर्तमान कार्रवाई को निरस्त करना।	एस्केप (Esc) उदाहरण के लिए, यदि आप संपादन मेनू पर क्लिक करते हैं, तब पूरा मैनू प्रकट होता है। Esc दबाने से मेनू फिर से छिप जाता है। फंक्शन ब्राउजर में, Esc को तीन बार दबाते हैं तो निम्नलिखित प्रभाव परिलक्षित होते हैं: 1. खोज इतिहास (सर्च हिस्ट्री) को बंद करना। 2. खोज फील्ड (सर्च फील्ड) को साफ करना। 3. फंक्शन ब्राउज़र बंद करना।

(स्त्रोत: www.mathworks.com)

विडियो संसाधन [*स्त्रोत:* NCERT]

अवकल समीकरण: व्यापक और विशेष समाधान

मैटलेब MATLAB के साथ आरंभ करें।

लाइव संपादक

डेटा विश्लेषण

मैटलेब MATLAB ग्राफिक्स

एल्गोरिथम विकास

ऐप डिजाइनर

अन्य भाषाओं के साथ मैटलेब MATLAB

समानांतर कंप्यूटिंग

डेस्कटॉप और वेब परिनियोजन

क्लाउड में MATLAB

अवकल समीकरणों और मैटलेब (MATLAB) का अनुप्रयोग

1. कभी-कभी, विभिन्न वैज्ञानिक क्षेत्रों में उत्पन्न विविध गणितीय/वैज्ञानिक समस्याओं हेतु भी सामान अवकल समीकरण प्राप्त होते हैं। यह हमें विविध घटनाओं के पीछे एकीकृत सिद्धांत की व्याख्या दर्शाते हैं। जैसे- वायुमण्डल में प्रकाश और ध्वनि का प्रसार और तालाब की सतह पर उत्पन्न तरंग-दोनों द्वितीय कोटि के समान आंशिक अवकल समीकरण द्वारा व्यक्त किया जा सकता है।
2. रेडियोधर्मी क्षय मॉडलिंग, जनसंख्या वृद्धि, शिकार-शिकारी (प्रे-प्रेडेटर) मॉडल आदि में अवकल समीकरणों की अवधारणा का उपयोग किया जाता है।
3. अवकल समीकरण का उपयोग भौतिकी, कंप्यूटर ग्राफ्रिक्स और विज़न, गेमिंग सुविधाओं, रोबोटिक्स, समय के साथ निवेश वापसी में बदलाव, बैंक ब्याज, प्रवाह समस्यओं, भूकंपीय तरंगों की भविष्यवाणी करने के लिए; चिकित्सा के क्षेत्र में जैसे कैंसर के विकास या बीमारी के प्रसार आदि के मॉडलिंग के लिए किया जाता है।
4. न्यूटन के गति के दूसरे नियम और वस्तुओं और उसके आसपास के तापमान से संबंधित शीतलन के नियम के लिए भी अवकल समीकरण का उपयोग किया जाता है।
5. मैटलेब (MATLAB) का उपयोग उद्योगों के साथ-साथ अकादमिक क्षेत्र में भी किया जाता है। इसका उपयोग वाशिंग मशीन, प्रिंटर, ऑटोमोबाइल, औद्योगिक मशीन आदि के सॉफ्टवेयर घटकों में किया जाता है। केवल एक बटन के दबाने के साथ, मैटलेब (MATLAB) कोड उत्पन्न करता है और हार्डवेयर चलाता है।
6. मैटलैब एक ऐसा सॉफ्टवेयर है कि जिसमें कोडिंग की कुछ सरल पंक्तियों के साथ, कोई उपयोगकर्ता विशेषज्ञ हुए बिना भी मॉडल बना सकता है।
7. तकनीकी पेशेवर किसी समस्या की तह में जाने के लिए प्रयुक्त बड़े डेटा का अध्ययन करने के लिए मैटलेब (MATLAB) का उपयोग करते हैं।
8. उपरोक्त के अलावा मैटलेब (MATLAB) के व्यापक क्षेत्र जैसे-रोबोटिक्स, कम्प्यूटेशनल बायोलॉजी, कम्प्यूटेशनल फाइनेंस, मेक्ट्रोनिक्स आदि में कई अनुप्रयोग हैं।

वस्तुस्थिति अध्ययन

एक गांव की आबादी 1000 लोगों की है। सरकार ने सभी ग्रामीणों को कम्प्यूटर साक्षर बनाने के लिए एक योजना शुरू की है। इसके लिए एक ग्रामीण को कम्प्यूटर साक्षर बनाकर अग्रणी व्यक्ति के रूप में चुना गया। यदि कम्प्यूटर साक्षरता का प्रसार कम्प्यूटर-साक्षर ग्रामीणों और शेष ग्रामीणों की संख्या के गुणनफल के समानुपाती है और 10 दिनों के बाद 100 कम्प्यूटर-साक्षर लोग हैं-तो निम्नलिखित प्रश्नों के उत्तर दें-

1. यदि $c(t)$ किसी समय कम्प्यूटर साक्षर छात्रों की संख्या को दर्शाता है तो, $c(t)$ का अधिकतम और न्यूनतम मान क्रमश: है

(*a*) 50 और 2 (*b*) 100 और 1

(*c*) 100 और 1 (*d*) 0

2. $c(10)$ का मान है।

(*a*) 50 (*b*) 100

(*c*) 100 (*d*) 10

3. क्या आप दी गई जानकारी के आधार पर जनसंख्या की कम्प्यूटर साक्षरता से संबंधित गणितीय मॉडल बना सकते हैं? यदि हां, तो इसे अपने शिक्षक से सत्यापित करवाएं।

परिक्षण कीजिये

मैटलेब (MATLAB) का नि:शुल्क परीक्षण संस्करण डाउनलोड करें अब जब आप मैटलेब (MATLAB) के बारे में जानते हैं, तो जांचें कि क्या आप मैटलेब (MATLAB) के टूलबॉक्स का उपयोग करके निम्न अवकल समीकरण $\frac{dy}{dx}=\frac{y}{x}$ का हल प्राप्त कर सकते हैं-अपना उत्तर मैन्युअल रूप से भी सत्यापित करें!

Math Work

यूनिट सारांश

1. एक समीकरण जिसमें स्वतंत्र चरों के सापेक्ष आश्रित चरों के अवकलज होते हैं, अवकल समीकरण कहलाते हैं।
2. अवकल समीकरण की कोटि को अवकल समीकरण में सम्मलित उच्चतम कोटि के अवकलज की कोटि द्वारा परिभाषित किया जाता है।
3. एक अवकल समीकरण की घात, उस अवकलज के बहुपद समीकरण में उपस्थित उच्चतम कोटि के अवकलज की घात के बराबर होती है, बशर्ते समीकरण में उपस्थित किसी भी अवकलज की घातें भिन्नात्मक घातें एवं करणी चिह्न से मुक्त हो।
4. अवकल समीकरण का कोटि और घात हमेशा धनात्मक पूर्णांक होते हैं।
5. **चर पृथक्करणीय विधि:** यदि एक अवकल समीकरण को $f(x)\,dx = g(y)\,dy$ के रूप में लिखा जा सकता है तब हम कहते हैं कि चर पृथक्करण योग्य है और उसका हल $\int f(x)dx = \int g(y)dy + c$ होगा, जहां c एक समाकलन अचर है।

6. मैटलेब (MATLAB), शब्द अंग्रेजी के अक्षर MATRIX और LABORATORY से मिलकर बना है।
7. मैटलेब (MATLAB) तकनीकी और गणितीय कम्प्यूटिंग के लिए एक उच्च स्तरीय आदर्श भाषा है।
8. इसे 1970 के दशक में क्लेव मोलर द्वारा बनाया गया था।
9. 1980 में मैटलेब (MATLAB) को एक व्यावसायिक उत्पाद के रूप में जारी किया गया था।
10. **मैटलेब (MATLAB) डेस्कटॉप:** यह वह मुख्य स्थान है जहां हम कार्य करते हैं। इसमें पांच सब-विण्डो कमाण्ड विंडो, करंट निर्देशिका फलक, विवरण (फाइल) फलक, कार्यक्षेत्र फलक, कमाण्ड इतिहास फलक शामिल हैं।

अभ्यास

विषयात्मक प्रश्न

1. अवकल समीकरण की कोटि और घात उदाहरण सहित समझाइए।

2. हल करो: $(1-x)\,dy-(1+y)\,dx=0$ **[उत्तर:** $y-x-xy=c$]

3. अवकल समीकरण $x\sqrt{1+y^2}\,dx+y\sqrt{1+x^2}\,dy=0$ का व्यापक हल ज्ञात कीजिए।

[उत्तर: $\sqrt{1+x^2}+\sqrt{1+y^2}=c$]

4. अवकल समीकरण $\dfrac{dy}{dx}=e^{x-y}+x^2e^{-y}$ का विशेष हल ज्ञात कीजिए, जबकि $x=0$ और $y=1$

[उत्तर: $e^y=e^x+\dfrac{x^3}{3}+e-1$]

5. मैटलेब (MATLAB) की मूल बातें समझाएं।

6. मैटलेब क्या है। इसके गुण-दोष लिखिए।

वस्तुनिष्ठ प्रश्न

1. वह फलन जो अवकल समीकरण $x^3\,dx+(y+1)^2\,dy=0$ को संतुष्ट करता है,

(a) $y=x+c$
(b) $4x^4+5(y+1)^2=c$
(c) $3x^4+4(y+1)^3=c$
(d) $3x^2+4y^2+c^2=0$

[उत्तर: (c)]

2. अवकल समीकरण $(1+x^3)\,dy-x^2\,ydx=0$, जब $x=1$ और $y=2$ है तब विशेष हल

(a) 2
(b) $y^2=4(1+x^2)$
(c) 3
(d) $y^3=4(1+x^3)$

[उत्तर: (d)]

3. अवकल समीकरण $\dfrac{d^2y}{dx^2}+\left(\dfrac{d^3y}{dx^3}\right)^{1/3}=0$ कि कोटि ________ है।

(a) 2
(b) 3
(c) 1/3
(d) 0

[उत्तर: (b)]

4. अवकल समीकरण $\left(\frac{d^2y}{dx^2}\right)^4 + \frac{dy}{dx} + y = \sin x$ कि घात ____________ है।

(*a*) 2 (*b*) 3

(*c*) 1 (*d*) 4 **[उत्तर:** (*d*)**]**

5. समीकरण $\frac{dy}{dx} = \frac{(\log y)^2}{(\log x)^2}$ चर पृथक्करणीय रूप में है।

(*a*) सही (*b*) गलत **[उत्तर:** (*a*)**]**

6. संक्षिप्त नाम मैटलेब (MATLAB) का अर्थ __________ है।

7. निम्नलिखित का मिलान करें।

मैटलेब (MATLAB) की फाइलें		प्रसार (Extension)	
1.	पी-फाइलें (P-files)	(*a*)	.m (.एम)
2.	फिग-फाइलें (Fig-files)	(*b*)	.mat (.मेट)
3.	एम-फाइलें (M-files)	(*c*)	.fig (.फिग)
4.	मेट-फाइलें (Mat-files)	(*d*)	.p (.पी)

[उत्तर: (1)-*d*; (2)-*c*; (3)-*a*; (4)-*b***]**

8. मैटलेब (MATLAB) के .... इसमें निर्मित कई कार्यों का संग्रह है। **[उत्तर:** टूलबॉक्स**]**

9. मैटलेब (MATLAB) का मूल निर्माण खण्ड **(Building block)** .... है। **[उत्तर:** मैट्रिक्स**]**

10. मैटलेब (MATLAB) .... द्वारा बनाया गया था।

(*a*) मुरे (*b*) बिल गेट्स

(*c*) क्लेव मोलर (*d*) माइक्रोसॉफ्ट **[उत्तर:** (*c*)**]**

लघु परियोजना

प्रत्येक पांच छात्रों का एक समूह बनाएं। अपने समूह के लिए मैटलेब (MATLAB) टूलबॉक्स चुनें। इस टूलबॉक्स का उपयोग करते हुए उस टूलबॉक्स की कम से कम 10 विशेषताओं को उदाहरण सहित समझाते हुए एक प्रस्तुतिकरण बनाएं।

गतिविधि

अपने विभाग की गणितीय मॉडलिंग पुस्तक या ऑनलाइन स्रोतों से किसी भी शिकार-शिकारी मॉडल का चयन करें। उस मॉडल में अवकल समीकरण के महत्त्व की व्याख्या करें। अपने शिक्षक को उसकी मौखिक प्रस्तुति दें!

अधिक जानिए

- प्रथम कोटि प्रथम श्रेणी अवकल समीकरणों को हल करने के लिए चर पृथक्करणीय विधि के अलावा अन्य विधियाँ हैं:
  - (*a*) समघात समीकरण।
  - (*b*) लाइबनिट्ज रैखिक समीकरण।
  - (*c*) बरनौली के समीकरण।
  - (*d*) यथातथ अवकल समीकरण।
  - (*e*) गैर-यथातथ को यथातथ अवकल समीकरणों में परिवर्तित करना।

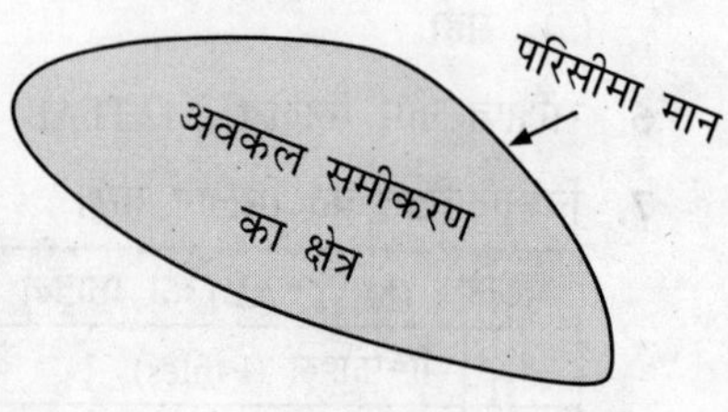

- एक अवकल समीकरण की परिसीमा मान समस्या में अतिरिक्त बाधाओं का एक सेट होता है, जिसे सीमा की स्थिति कहा जाता है। सीमा मान समस्या का हल अवकल समीकरण का हल है जो सीमा शर्तों को भी संतुष्ट करता है।

सन्दर्भ एवं अध्ययन हेतु सुझाव

- Murray A, Daniel (1992), Introductory course in Differential Equations, Radha Publishing House, Calcutta.
- NCERT (2007), Mathematics Textbook for Class XII (Part II)
- Ayres Jr. Frank (1981) Differential Equations, Schaum's Outline Series, Mc-Graw Hill Book.
- Ross L Shepley (Third Edition), Differential Equations, WILEY.
- Pratap Rudra (2010), Getting starting with MATLAB, OXFORD University Press www.mathworks.com

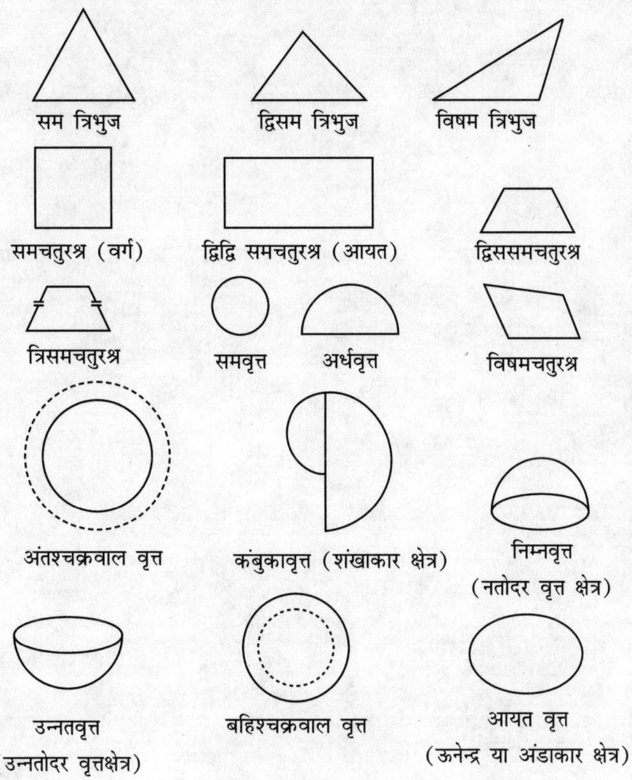

गणितसार-संग्रह के अनुसार कुछ ज्यामितीय क्षेत्रों की आकृतियां

भारतीय गणितज्ञ महावीराचार्य द्वारा लिखित "गणितसार-संग्रह" से एक अंश (स्रोत: "संसार के महान गणितज्ञ" राजकमल प्रकाशन द्वारा गुनाकर मुले (1992))

परिशिष्ट

परिशिष्ट-A

गणित प्रयोगशाला

गणित प्रयोगशाला छात्रों में गणितीय अभिरुचि जागृत करने के लिए एवं शिक्षक के उचित मार्गदर्शन में छात्रों को स्वयं ज्ञान का निर्माण करने का एक उत्कृष्ट अवसर प्रदान करती है।

गणित को सिद्धांत से सार तक समझने में छात्रों की सुविधा के लिए कुछ गतिविधियाँ नीचे दी गई हैं। गणितीय प्रयोगशाला के साथ, छात्र गणित के सिद्धांतों को बेहतर तरीके से उनका आनंद लेते हुए सीखते हैं।

गणित प्रयोगशाला के प्रबंधन और रखरखाव के लिए अलग से व्यवस्था करना वांछनीय है, किन्तु मानदंड के अनुसार न होने पर भी, कक्षा में ही निम्न लिखित सरल गतिविधियाँ आसानी से की जा सकती हैं।

प्रयोग 1:

उद्देश्य

विभिन्न प्रकार के शंकावों का निर्माण।

आवश्यकताएं

पारदर्शी शीट, कैंची, हार्डबोर्ड, चिपकाने वाला पदार्थ, काला कागज।

विधि

1. सुविधाजनक आकार का हार्डबोर्ड लें और उस पर एक काला कागज चिपका दें।
2. एक पारदर्शी शीट को वृत्त के त्रिज्यखंड के आकार में काटें और इसे मोड़कर एक लंब वृत्तीय शंकु प्राप्त करें जैसा कि चित्र में दिखाया गया है।

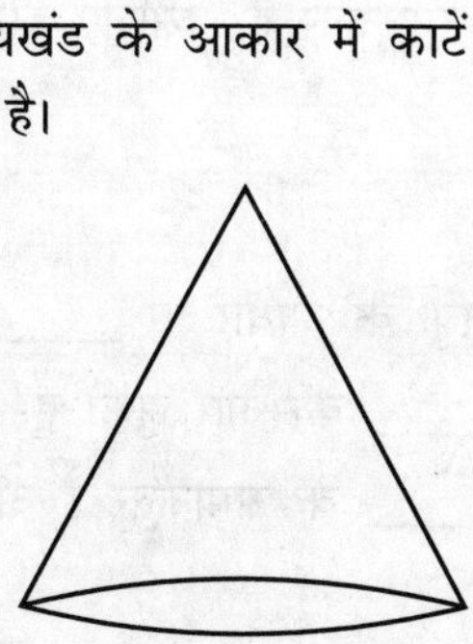

चित्र a.1

3. पारदर्शी शीट का उपयोग करके समान आकार के ऐसे चार और शंकु बनाएं। इन शंकु को हार्डबोर्ड पर रखें।
4. इन शंकुओं को एक पारदर्शी समतल शीट से अलग-अलग स्थितियों में काटें जैसा कि चित्र a.2, a.3, a.4, a.5 में दर्शाया गया है।

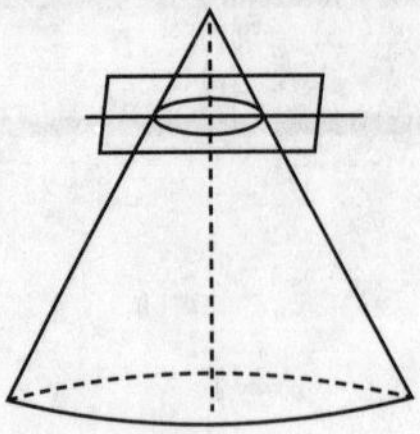

चित्र a.2

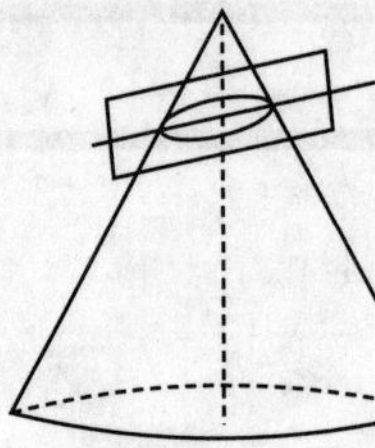

चित्र a.3

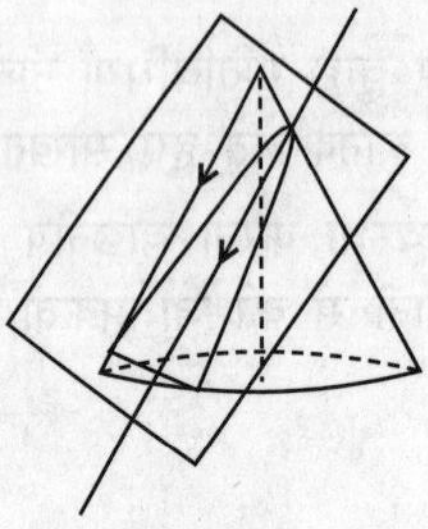

चित्र a.4

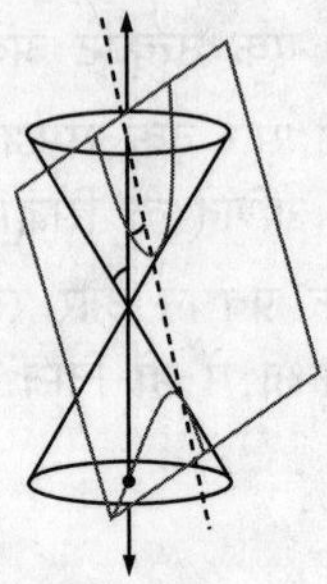

चित्र a.5

अवलोकन

1. चित्र a.2 में एक पारदर्शी समतल शीट शंकु को इस प्रकार काटती है कि शीट शंकु के आधार के समानांतर है। इस प्रकार प्राप्त शंक्वाकार खंड एक वृत्त है।
2. चित्र a.3 में, समतल शीट शंकु के अक्षों की ओर थोड़ी झुकी हुई है, इसलिए प्राप्त शंकु खंड एक दीर्घवृत्त है।
3. चित्र a.4 में, समतल शीट शंकु के जनक के समानांतर है, इसलिए इस प्रकार प्राप्त शंकु खंड एक परवलय है।
4. चित्र a.5 में, तल शंकु के अक्ष के समानांतर है, इसलिए इस प्रकार प्राप्त खंड एक अतिपरवलय का भाग हैं।

परिणाम

1. चित्र a.2 में, पारदर्शी समतल शीट शंकु के आधार पर ___________ है और प्राप्त खंड ___________ है
2. चित्र a.3 में, समतल शीट ___________ की ओर झुकी हुई है और प्राप्त शंकु खंड ___________ है।
3. चित्र a.4 में, समतल शीट ___________ के समानांतर है और इस प्रकार प्राप्त शंकु खंड ___________ है।
4. चित्र a.5 में, समतल शीट अक्ष से ___________ है और इस प्रकार प्राप्त शंक्वाकार खंड ___________ का एक भाग है।

निष्कर्ष

यह गतिविधि विभिन्न प्रकार के शांकवों को समझने में सहायता करती है जिनका वास्तविक जीवन स्थितियों और समकालीन विज्ञानों में व्यापक अनुप्रयोग हैं।

प्रयोग 2:

उद्देश्य

दिए गए दीर्घ अक्षों के साथ एक दीर्घवृत्त का निर्माण करना।

आवश्यकताएं

एक हार्डबोर्ड, काले कागज, धागा, गोंद, चार्ट पेपर।

विधि

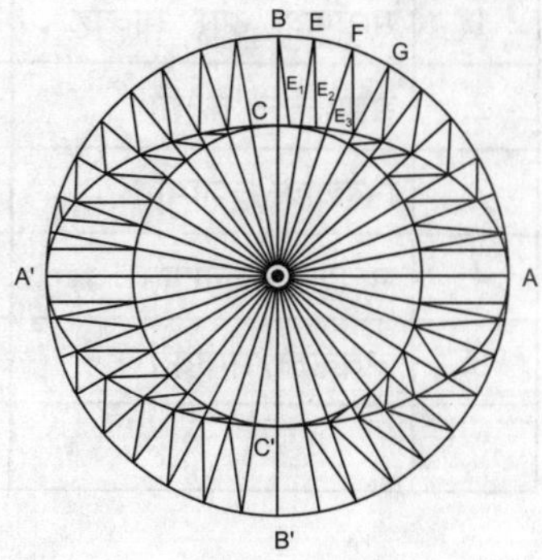

चित्र b.1

1. एक उपयुक्त आकार के हार्डबोर्ड की एक आयताकार शीट लें और उस पर एक काला कागज चिपका दें।
2. उस पर एक बिंदु O अंकित करें। दीर्घवृत्त के अर्ध-दीर्घ और अर्ध-लघु अक्ष के रूप में केंद्र O और त्रिज्या के साथ दो संकेंद्रिय वृत्त बनाएं। बड़े वृत्त के व्यासों में से एक को AOA' के रूप में चिन्हित करें और इसे एक क्षैतिज रेखा कहें।
3. वृत्तों की त्रिज्याएँ इस प्रकार खींचिए कि दो क्रमागत त्रिज्याओं के बीच का कोण समान हो, मान लीजिए 14°।
4. छोटे वृत्त को C पर काटते हुए बड़े वृत्त की कोई त्रिज्या OB लीजिए। C से होकर एक क्षैतिज रेखा खींचिए और B से इस क्षैतिज रेखा पर एक लंबवत (ऊर्ध्वाधर रेखा) खींचिए और बिंदु E_1 प्राप्त कीजिए। (चित्र b.2 देखें)
5. इस प्रक्रिया को बड़े वृत्त की सभी त्रिज्याओं OE, OF आदि के लिए दोहराएं और बिंदु $E_2, E_3, \ldots$ आदि प्राप्त करें।
6. बिंदुओं $E_1, E_2, E_3, \ldots$ पर कीलों को लगाएं और कीलों के निचले सिरों को एक धागे से जोड़ दें और एक वक्र प्राप्त करें। (चित्र b.1)

अवलोकन

1. इस प्रकार प्राप्त वक्र एक दीर्घवृत्त है।
2. दीर्घवृत्त का दीर्घ अक्ष AOA' है और दीर्घवृत्त का लघु अक्ष BOB' है, जहाँ BOB' व्यास AOA' के लंबवत छोटे वृत्त का व्यास है।

परिणाम

(*i*) OA = __________ OB = __________

(*ii*) OC = __________ OC' = __________

(*iii*) दीर्घवृत्त का दीर्घ अक्ष __________ दीर्घवृत्त का लघु अक्ष = __________

(*iv*) बिंदु E_1, E_2 __________ पर __________ स्थित है।

निष्कर्ष

इस गतिविधि का उपयोग धागे, कील का उपयोग करके दीर्घवृत्ताकार डिजाइन बनाने में और एक दीर्घवृत्त की दीर्घ और लघु अक्ष जैसी अवधारणाओं को स्पष्ट करने में भी किया जा सकता है।

परिशिष्ट-B: ब्लूम के स्तर के अनुरूप आकलन

प्रश्न पत्र डिजाइन के लिए विशिष्टता की सुझाई गई तालिका

इकाई क्र.	इकाई शीर्षक	शिक्षण समय (घंटों में)	सैद्धांतिक अंक का वितरण			
			R स्तर	U स्तर	A स्तर	कुल अंक
1.	सारणिक और आव्यूह	11	5	6	5	16
2.	समाकलन कलन	9	5	4	5	14
3.	निर्देशांक ज्यामिति	10	4	5	5	14
4.	सदिश बीजगणित	8	4	4	4	12
5.	अवकल समीकरण	10	4	5	5	14
		48 घंटे	**22**	**24**	**24**	**70**

दंतकथाएं; R = याद रखें; U = समझें; A = लागू करें और ऊपर (ब्लूम की वर्गीकरण)

नोट: यह विनिर्देश तालिका छात्रों को उनके सीखने और शिक्षकों को यूओ की प्राप्ति के संबंध में छात्रों को पढ़ाने और उनका आकलन करने में सहायता करने के लिए सामान्य दिशानिर्देश प्रदान करती है। प्रश्न पत्र में विभिन्न वर्गीकरण स्तरों (R, U और A के) पर अंकों का वास्तविक वितरण उपरोक्त तालिका से भिन्न हो सकता है।

अनुलग्नक

अनुलग्नक-1

लघुगणक

परिभाषा

यदि a, x, y कोई तीन संख्याएँ इस प्रकार हैं कि $a^x = y$, तो x को आधार a के लिए y के लघुगणक के रूप में जाना जाता है। इसलिए, किसी संख्या का किसी आधार के लिए अलुगणक वह घातांक है जिसके द्वारा उस संख्या को प्राप्त करने के लिए आधार को उतनी बार गुना किया जाना चाहिए। हम संबंध $a^x = y$ को लघुगणक के रूप में निम्न प्रकार लिख सकते हैं:

$$\log_a y = x, \text{ अत: } a^x = y \log_a y = x$$

नोट:

1. प्रत्येक धनात्मक वास्तविक संख्या y को घातांक के रूप $a^x = y$ ल में व्यक्त किया जा सकता है जहाँ 'a' इकाई से भिन्न ($\neq 1$) एक धनात्मक वास्तविक संख्या है और इसे आधार कहा जाता है और 'x' को घातांक कहा जाता है।
2. लघुगणक की सीमाएं - $\log_a y$ केवल तब परिभाषित किया जाता है जब
   (*i*) $y > 0$ (*ii*) $a > 0$ (*iii*) $a \neq 1$
3. शून्य के लघुगणक का अस्तित्व नहीं होता है।
4. y के किसी मान के लिए, $\log_a y$ एक अद्वितीय मान प्राप्त होता है।
5. $\log_a 1 = 0$
6. $\log_y y = 1$
7. $\log_b a = \dfrac{1}{\log_a b}$
8. $y = a\log_a y$
9. $\log \dfrac{1}{y} y = -1 = \log_y \dfrac{1}{y}$

लघुगणक के गुणधर्म

यदि m, n स्वेच्छ धनात्मक संख्याएँ हैं एवं $a > 0, a \neq 1$, तब लघुगणक के कुछ प्रमुख गुण निम्नलिखित हैं–

1. मौलिक लघुगणक के तत्समक–

$$l = \sqrt{r^2 + h^2}$$

2. $\log_a mn = \log_a m + \log_a n$
3. $\log_a \dfrac{m}{n} = \log_a m - \log_a n$
4. आधार परिवर्तन प्रमेय–

इस प्रमेय के अनुसार कि दो संख्याओं के लघुगणक का भागफल उनके उभयनिष्ठ आधार से स्वतंत्र होता है। प्रतीकात्मक रूप से, $\log_b m \dfrac{\log_a m}{\log_a b}$ जहाँ $a > 0, a \neq 1, b > 0, b \neq 1$

लघुगणक फलन का ग्राफ

$y = \log_a x$

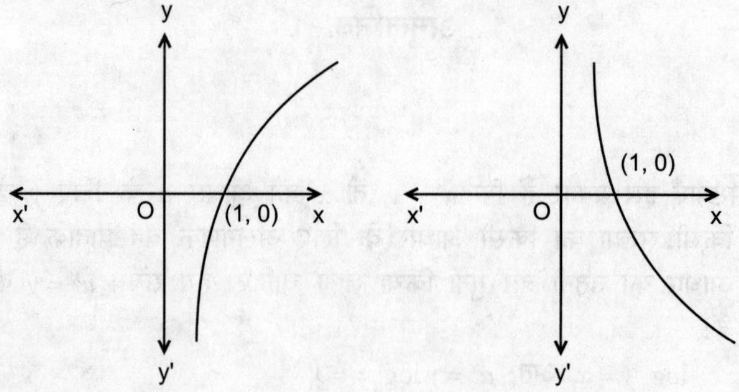

जहाँ a > 1 जहाँ 0 < a < 1

लघुगणक का अभिलाक्षणिक और दशमलवांश

किसी दी गई संख्या y के लिए, लघुगणक को '$\log_a y =$ पूर्णांक + भिन्न' के रूप में व्यक्त किया जा सकता है। पूर्णांक भाग को अभिलाक्षणिक तथा भिन्नात्मक भाग को दशमलवांश कहते हैं। जब $\log n$ का मान दिया जाता है, तो 'n' ज्ञात करने के लिए हम केवल दशमलवांश भाग का प्रयोग करते हैं। अभिलाक्षणिक का उपयोग केवल पूर्णांक भाग में अंकों की संख्या (यदि $n \geq 1$) या दशमलव के बाद शून्य की संख्या और संख्या में प्रथम अशून्य अंक से पहले (यदि $0 < n < 1$) निर्धारित करने में किया जाता है।

नोट:

(*i*) किसी संख्या के लघुगणक का दशमलवांश सदैव धनात्मक होता है $(0 \leq m < 1)$

(*ii*) यदि $\log_{10} y$ का अभिलाक्षणिक n हो तो y में अंकों की संख्या $(n+1)$ होती है

(*iii*) यदि $\log_{10} y$ का अभिलाक्षणिक $(-n)$ हो, तो y में दशमलव के बाद $(n-1)$ शून्य होते है।

प्रतिलघुगणक

एक धनात्मक वास्तविक संख्या 'n' को किसी संख्या 'm' का प्रतिलघुगणक कहा जाता है $\log n = m$

अत: $\log n = m \Leftrightarrow n =$ प्रतिलघुगणक m।

अनुलग्नक-2

ठोस

इनका वर्णन करने के लिए तीन विमाओं की आवश्यकता होती है।

(*a*) ठोस की सतह-ठोस को घेरने वाले समतल क्षेत्र यथा छह आयताकार समतल ईंट को घेरे रहती हैं। सतह का क्षेत्रफल वर्ग इकाइयों में मापा जाता है।

(*b*) ठोस का आयतन-एक ठोस द्वारा घिरा हुआ स्थान (मात्रा) आयतन होती है। यह घन इकाइयों में मापा जाता है।

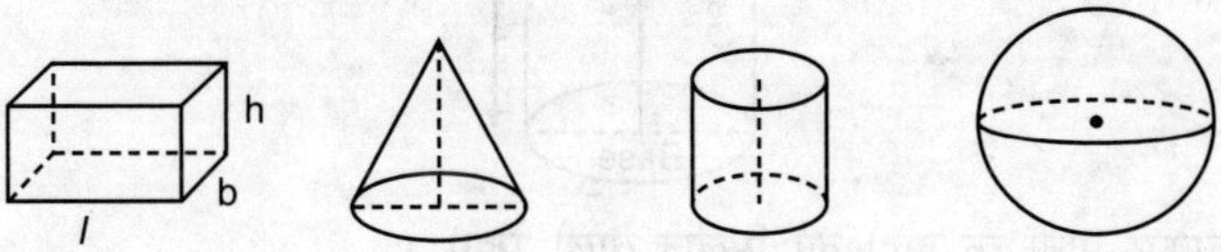

घनाभ शंकु बेलन गोला

घनाभ

आयताकार ठोस घनाभ होते हैं। इन्हें आयताकार समानांतर षटफलक के रूप में भी जाना जाता है (जैसे माचिस, ईंट)

(*a*) इसमें छह आयताकार सहतें होती हैं जिनके विपरीत (आमने-सामने की) सतहें समानांतर और सर्वांगसम होती हैं।

(*b*) इसमें बारह कोरें होती है (कोर-रेखा खंड जहां दो आसन्न सतहें मिलती हैं)।

(*c*) तीन आसन्न सतहें एक बिंदु पर मिलती हैं जिसे शीर्ष कहा जाता है। घनाभ के आठ शीर्ष होते हैं।

(*d*) घनाभ का पृष्ठीय क्षेत्रफल: $A = 2[\ell \times b + b \times h + h \times \ell]$ वर्ग इकाई।

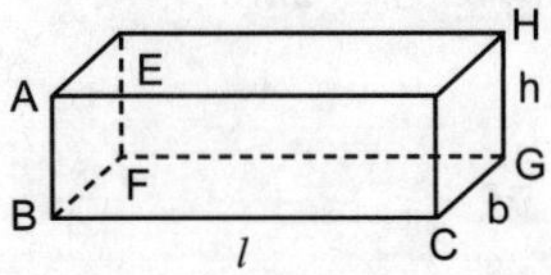

(*e*) घनाभ का आयतन: $V = \ell \times b \times h$ घन इकाई।

घन

घन, घनाभ की विशेष स्थिति होती है, जिसमें सभी भुजाएँ समान हों।

पृष्ठीय क्षेत्रफल $= l6^2$; आयतन $= l^3$ घन इकाई, भुजा $l = 1$

आयतन 1 घन इकाई है (इसी से घन इकाई प्राप्त होती है)

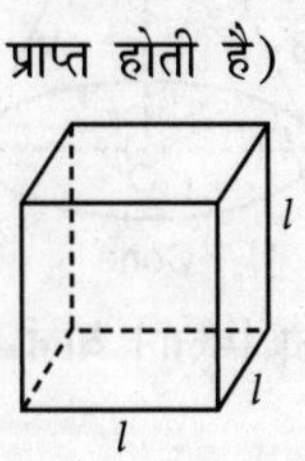

बेलन

पार्श्व (वक्रीय) सतह और दो सर्वांगसम वृत्ताकार पृष्ठ वाला ठोस।

(जैसे जार, वृत्ताकार स्तंभ, ड्रम, पाइप आदि)

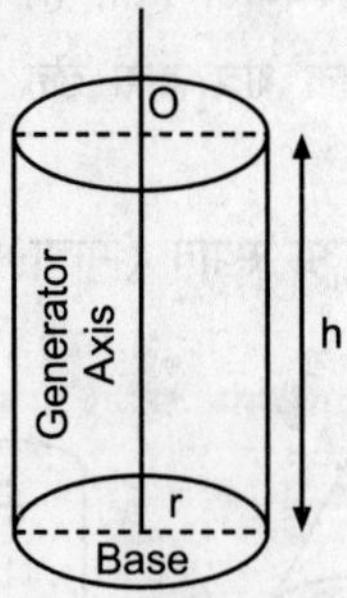

(*a*) अक्ष – दो वृत्ताकार पृष्ठों के केंद्रों को मिलाने वाली रेखा।

(*b*) लम्ब वृत्ताकार बेलन – जब अक्ष वृत्ताकार पृष्ठ के लंबवत होती है।

(*c*) जनक – अक्ष के समानांतर और पार्श्व सतह पर स्थित रेखाएं।

(*d*) आधार – ऊर्ध्वाधर स्थिति में स्थित बेलन का निचला वृत्ताकार पृष्ठ आधार है।

(*e*) ऊंचाई (h) – दो वृत्ताकार पृष्ठों के बीच की दूरी।

(*f*) त्रिज्या (r) – आधार या शीर्ष वृत्त की त्रिज्या।

(*g*) सम्पूर्ण पृष्ठीय क्षेत्रफल – आधार का क्षेत्रफल + पृष्ठीय सतह का क्षेत्रफल

$$2\pi r^2 + 2\pi rh = 2\pi r(h + r) \text{ (दो वृत्ताकार सिरों सहित)।}$$

बिना वृत्ताकार सिरों वाला (खोखला बेलन) $= 2\pi rh$

(*h*) आयतन – $V = \pi r^2 h$

शंकु

इसमे एक वक्राकार सतह होती है जिसका एक शीर्ष (V) होता है। इसका आधार त्रिज्या r एवं केंद्र (O) का एक वृत्त होता है।

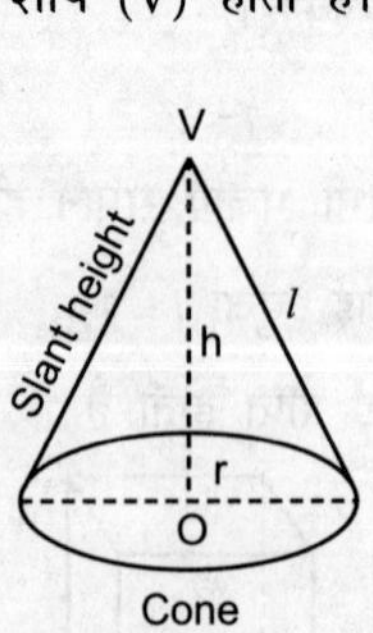

(*a*) अक्ष – शीर्ष और आधार वृत्त के केंद्र को मिलाने वाली रेखा (VO)

(*b*) शंकु की ऊंचाई (h) – VO की लंबाई।

(*c*) तिर्यक ऊँचाई (l) – आधार वृत्त के किसी भी बिंदु से शीर्ष की दूरी।

$$l = \sqrt{r^2 + h^2}$$

(*d*) लम्ब वृत्ताकार शंकु - जब अक्ष आधार से लंबवत हो।

(*e*) शंकु की अनुप्रस्थ काट आधार के समानांतर एक वृत्त होता है और आधार के लंबवत एक समद्विबाहु त्रिभुज होता है।

(*f*) आयतन - $(1/3)\pi r^2 h$ (एक शंकु का आयतन समान ऊँचाई और आधार त्रिज्या वाले बेलन के आयतन का 1/3 है)।

(*g*) वक्र पृष्ठीय क्षेत्रफल: πrl

(*h*) सम्पूर्ण पृष्ठीय क्षेत्रफल $\pi rl + \pi r^2 = \pi r(l + r)$

(*i*) एक समकोण त्रिभुज को उसके समकोण बनाने वाली भुजा के परित: घुमाकर एक लम्ब वृत्ताकार शंकु बनाया जा सकता है।

गोला

इसकी सतह के सभी बिंदु इसके केंद्र से समान दूरी पर होते हैं, दूरी को त्रिज्या (r) कहा जाता है और सतह पर स्थित बिंदुओं को जोड़ने एवं केंद्र से गुजरने वाली रेखा को व्यास कहा जाता है।

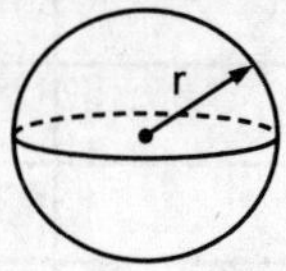

(*a*) आयतन $V = \frac{4}{3} \neq r^3$

(*b*) पृष्ठीय क्षेत्रफल $= 4\pi r^2$

गोलार्द्ध

क्रेंद्र से गुजरने वाले एक समतल द्वारा एक गोले को दो गोलार्ध में विभाजित किया जाता है।

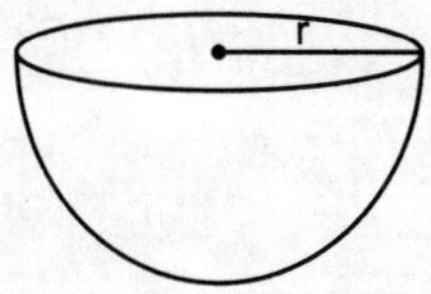

(*a*) आयतन $V = \frac{2}{3} \neq r^3$

(*b*) पृष्ठीय क्षेत्रफल $S = 2\pi r^2$

(*c*) सम्पूर्ण पृष्ठीय क्षेत्रफल $A = 2\pi r^2 + \pi r^2 = 3\pi r^2$

CO और PO अटैनमेंट तालिका

पाठ्यक्रम पूर्ण होने के उपरांत कोर्स आउटकम्स (COs) को प्रोग्राम आउटकम्स (POs) के साथ मैप (परस्पर संबंध) किया जा सकता है तथा अन्तर का विश्लेषण करने के लिए POs प्राप्ति हेतु सहसबंध स्थापित किया जा सकता है। POs प्राप्ति में अन्तर के उचित विश्लेषण पश्चात प्राप्त कमियों को दूर करने के लिए उचित उपाय भी किये जा सकते हैं।

CO और PO अटैनमेंट तालिका

कोर्स आउटकम्स (COs)	प्रोग्राम आउटकम्स (POs) के साथ अपेक्षित संबंध *(1-कमजोर सहसंबंध; 2-मध्यम सहसंबंध; 3-मजबूत सहसंबंध)*						
	PO-1	**PO-2**	**PO-3**	**PO-4**	**PO-5**	**PO-6**	**PO-7**
CO-1							
CO-2							
CO-3							
CO-4							
CO-5							
CO-6							

उपरोक्त तालिका में उल्लेखित किये गए आंकड़ों का उपयोग, अन्तर के विश्लेषण करने में किया जा सकता है।

अनुक्रमणिका

शब्दकोष (Glossary)

अंतः खंड–	Intercept
अतिपरवलय–	Hyperbola
अदिश–	Scalar
अद्वितीय–	Unique
अनिश्चित–	Indefinite
अभिकलित्र–	Simulation
अभिदिशा–	Sense
अभिलाक्षणिकमान–	Characteristic value
अभिलाक्षणिकसमीकरण–	Characteristic equation
अवकल समीकरण–	Differential equation
अवकलज–	Derivative
अवयव–	Element
आंशिक–	Partial
आदि/ प्रारंभिक बिंदु–	Initial point
आव्यूह–	Matrix
आसन्न भुजाएं–	Adjacent sides
इकाई सदिश–	Unit vector
उचित भिन्न–	Partial fraction
उत्केन्द्रता–	Eccentricity
उपआव्यूह–	Sub matrix
उपसारणिक–	Minor
कार्य–	Work
कुंजीपटल–	Keyboard
केंद्र–	Centre
कोटि अक्ष–	Ordinate
कोटि–	Order
कोणीय विस्थापन–	Angular displacement
कोणीय वेग–	Angular velocity
खंडशः–	By part
गुणांक–	Coefficient
घात–	Degree
चतुर्थांश–	Quadrant
चर–	Variable
चर पृथक्करणीय विधि–	Variable separable method
तत्समक–	Identity
तुक्ष्य/उपेक्षणीय–	Trivial
तुलनीय–	Comparative
त्रिज्या–	Radius
दिशा–	Direction
दीर्घ वृत्त–	Ellipse
नाभि–	Focus
नाभीय दूरी–	Focal distance
निकाय–	System
नियता–	Directrix
निर्देशांक ज्यामिति–	Co-ordinate geometry
निश्चित समाकलन–	Definite integral
पंक्ति–	Row
परतंत्र/आश्रित–	Dependent
परवलय–	Parabola
परिक्रमण–	Rotation
परिधि–	Circumference
परिमाण–	Magnitude
परिमाप/परिधि–	Perimeter
परिमेय–	Rational
परिवर्त–	Transpose
प्रति–अवकलज–	Anti-derivative
प्रतिलोम/व्युत्क्रम–	Inverse
प्रतिस्थापन–	Substitution
प्रवणता/ढाल–	Slope

फलक-	Pane	संपादक-	Editor
फलन-	Function	सरेख-	Collinear
बल का आघूर्ण-	Moment of force	संवादात्मक-	Interactive
बहुपद-	Polynomial	सदिश-	Vector
भुज-	Abscissa	समघातीय (समांग)-	Homogeneous
रैखिक समीकरण-	Linear equation	सममित-	Symmetric
लंबवत-	Perpendicular	समाकल कलन-	Integral calculus
लाम्बिक-	Orthogonal	समाकलन-	Integration
वक्र-	Curve	समाकल्य-	Integrand
विकर्ण-	Diagonal	समानांतर-	Parallel
वियोजन-	Resolution	सरणी-	Array
विश्लेषण-	Analysis	सरल रेखा-	Straight line
विषम-सममित-	Skew symmetric	सर्वांगसम-	Congruent
विस्थापन-	Displacement	सहखंड-	Cofactor
वृत-	Circle	सहखंडज-	Adjoint
व्यवकलन-	Subtraction	सारणिक-	Determinant
व्यापक-	General	सीमा-	Limit
शांकव-	Conic section	सीमांत / अंतिम बिंदु-	Terminal point
संकलित-	Compiled	सुसंगत-	Consistent
संक्रिया विज्ञान-	Operational research	स्तंभ-	Column
संपाती-	Coincident	स्वतंत्र-	Independent